저자소개

심현성(Albert Shim) 선생님은

수능수학과 경시수학을 가르치다가 미국수학 전문가가 되었다. 레카스 아카데미를 거쳐 블루키프렙과 TOPSEM학원 대표이사였던 그는 Reach Prep학원 대표이사 겸 Math 대표강사이기도 하다. 2008년 한국에서는 처음으로 "Math Level 2"를 출간 하였고 연이어 2009년에는 처음으로 "AP Calculus"출간하였다. 현재는 10개국 이상의 나라에 Math관련 교재를 출간하고 있다. 특히, "Math Level 2 10 Practice Tests" , "AP Calculus AB&BC 핵심편", "AP Calculus AB&BC 심화편", "AMC10 & 12 특강"등은 미국 대학을 준비하는 거의 모든 학생들의 필수서적이 될 만큼 중요한 교재이며 베스트셀러 교재이기도 하다.

2008년부터 지금까지 10개국 이상에 출간한 책이 20권 이상이며 압구정에서 가장 많은 수강생을 가르치는 유명강사이다. 오프라인에서는 압구정에 위치한 Reach Prep학원에서 강의하고 있으며 온라인에서는 SAT,AP,IB 즉 미국대학 입시 전문 인터넷 동영상 강의 전문업체인 마스터프렙(www.masterprep.net)에서 Math의 거의 모든 분야를 강의하고 있으며 해당 사이트에서도 No.1 수학강사로 차별성 있는 톡톡 뛰는 강의로 정평이 나 있다.

수업문의

Reach Prep학원   (02-2039-6363, www.reachprep.co.kr)
인터넷 동영상업체 마스터프렙   (www.masterprep.net)

1. Vol.1과 Vol.2로 구분이 되어 있다. Vol.1에는 Limit, ,Differentiation Vol.2에는 Integration, Differential Equation, Differentiation&Integration응용, Series로 구성되어 있다.

2. 누구나 이해하기 쉽게 자세한 설명을 하였다.

3. 문제는 Example, Problem, Exercise로 구성되어 있다.

4. Problem을 통해 익힌 내용을 Exercise에서 다시 확인해 볼 수 있게 문제들을 구성하였다.

5. 계산기를 필요로 하는 문제에는 계산기 그림을 넣었다.

6. BC파트의 문제와 단원에 BC표기를 하였다.

7. 부록으로 Precalculus과정인 Conics를 실었다.

8. EXERCISE 문제 바로 뒤에 자세한 해설을 실었다.

심선생의 잔소리

AP Calculus에 대해서...

 AP Calculus는 AB과정과 BC과정으로 나뉜다. 5월 AP시험만을 준비하는 국내생들의 경우 AB와 BC를 정확히 구분하여 공부해야 하지만 미국의 보딩스쿨이나 국내 또는 외국의 International School에 다니는 학생들은 AB와 BC를 구별하지 말고 공부하여야 한다. 대부분의 학교에서 쓰는 교재는 AB와 BC가 구분되어 있지 않다. 또한 미국의 교사들은 학교 수업시에 AB와 BC를 크게 구분하여 수업하지 않는다. AB와 BC가 내용상으로 70~80% 겹치고 BC는 AB의 내용을 알아야 공부를 할 수 있기 때문에 보통 미국 교사들은 AB Class에서는 진도를 차근차근 나가고 BC Class의 경우에는 메뚜기 뛰듯이 여기저기를 수업하는 경우가 많다. 그러므로, 학교 성적을 신경쓰는 학생이라면 AB와 BC를 구별하지 말고 모든 내용을 공부해가는 것이 유리하다.

 AP Calculus는 대학에서 필요로 하는 모든 수학의 기초를 다루는 과목이다. 한국의 경우 문과 이과로 구별이 되고 공부하는 수학의 양에도 차이가 있지만 미국의 경우에는 문과 이과 개념이 없다. 즉, 문과 성향이 짙은 과로 진학을 하더라도 AP Calculus과목은 필수이다.
 대학에서 다루게 될 기본이다 보니 어려운 문제를 많이 푸는 것이 중요한 것이 아니라 숙달되는 것이 중요하다. 수능을 준비하다가 AP Calculus를 공부하는 학생들의 경우 어려운 문제집을 구해서 풀려고 하지만 이는 좋은 방법이 아니다. 같은 내용을 여러 번 반복하여 완벽하게 숙지하는 것이 더 중요하다. 수능에서는 한 개만 틀려도 대학의 합격 여부가 결정되지만 AP Calculus의 경우에는 어느 정도 틀려도 만점을 주는 시험이다. 즉, 대학 공부를 따라가는데 지장 없을 정도로 숙달 되어 있는 학생에게 만점을 주는 시험이다.

 한국의 교과 과정과 비교하기에는 다소 문제가 있지만 굳이 비교를 한다면 이과 고교과정보다는 범위가 넓다는 특징이 있다. 대학교 1학년 1학기 범위 정도로 보면 얼추 맞을 듯 하다.대신 응용문제 보다는 숙달도에 초점이 맞추어져 있다. 필자가 느끼기에는 한국 고교과정의 미적분학이 너무 범위가 좁지 않나라는 생각이 든다.

 외고생들이 시험을 직전에 앞두고 찾아올때가 있다. 한국수학으로 미적분학을 마스터 했으니 파이널 테스트로 몇 시간 만에 끝내 달라는 학생들을 종종 볼 수가 있다. 수학전문학원 선생님께 그렇게 들었다고들 하는 부모님들과 학생들이 꽤 있다. 이럴 때마다 상당히 난감하다. 미적분 계산에는 어느 정도 도움이 되었겠지만 계산법부터 범위가 상당히 다른 부분들이 있기 때문이다. 실제로 수능 모의고사 1등급 학생에게 바로 AP Calculus BC시험을 보게 하면 평균3점 정도가 나온다. 수학을 못한 다기 보다 내용 자체를 아예 모르고 있기 때문이다. 그러므로, 한국수학을 공부한 학생이고 아무리 수학을 잘한다 하여도 최소 시험 몇 달 전부터 차근히 준비를 하여야 한다. 필자의 경우 무조건 최단시간 완성을 목표로 수업을 진행하는 특징이 있다. 이유는 대부분의 학생들이 이 시험에만 집중할 처지가 안되기 때문이다. 하지만 준비가 안 된 상태에서 바로 파이널 수업을 부탁하는 경우는 AP Calculus를 가르치는 어떠한 선생도 감당하기 힘든 수업이 된다.

Preface

필자는 수능수학과 경시수학을 강의했던 강사였다. 2005년 어느 날, 우연히 외국어 고등학생 한명에게 MATH LEVEL 2와 AP CALCULUS를 가르치게 되었고 그 학생 어머님의 소개로 유학생들을 만날 수 있었다. 그 이후 많은 유학생들을 만나게 되면서 필자도 유학생들에 대해서 알아가기 시작하였다.

유학생들을 가르치면서 가장 어려웠던 점은 체계적으로 정리가 잘 되어 있는 교재를 선택하는 것이었다. 필자도 처음 수업을 준비할 때 교재를 정하지 못하고 수입교재 3~4권을 연구하고 나름대로 수정,편집,재해석하여 수업하였다. 학생들에게 꼭 필요한 책을 만들어야겠다고 마음을 먹고 이때부터 노트에 책을 쓰기 시작하였는데 꾸준히 써 내려간 노트가 여러 권이 되었고 그 중 일부 내용으로 2009년 4월 처음으로 AP CALCULUS "한방에 정복하자"를 발간하였다.

AP CALCULUS를 누구나 쉽게 공부할 수 있도록 간단명료하게 쓰려고 무척이나 애를 썼던 교재였다. 이번 책은 AP CALCULUS를 심도 있게 공부하고 싶어 하는 학생들을 위해 집필하였다. AP CALCULUS 시험 범위가 아니더라도 학교 선생님들이 조금이라도 수업했던 부분들과 AP CALCULUS에서 출제되었던 문제 중에 난이도가 높았던 문제들을 모두 실어보려고 노력하였다.

어려운 책을 쉽고 자세하게 설명이 되어 있는 책을 만들고 싶었고 체계적으로 정리가 잘 되어 있는 책을 만들고 싶었다. 유학생들뿐만 아니라 AP CALCULUS를 준비하는 모든 학생들 그리고 미국의 대학생들에게 없어서는 안 될 책이 탄생하기를 바라면서 이 책을 쓰게 되었다.

많은 학생들과 학부모님들의 요구도 있었다. 2009년 AP CALCULUS "한방에 정복하자"를 발간한 이후 여러 독자들로부터 격려의 메일과 더욱 깊이 있는 책에 대한 요구가 있었다.

Preface

AP CALCULUS에 대해 느끼는 것은..

필자는 많은 학생들과 학부모님들로부터 "PRECALCULUS 기초가 많이 부족한데 AP CALCULUS를 공부할 수 있나요?" 라는 질문을 받는다. 선생님들마다 생각이 있어서 이에 대한 대답은 여러 가지 일 것이라고 생각된다. 필자의 대답은 "YES"이다. 물론 PRECALCULUS 기초가 부족하면 따라가기 어려운 것은 사실이다.

하지만 수업을 하다 보면 아무리 PRECALCULUS를 A+를 받았다고 해도 대부분의 학생들은 비행기를 타고 오면서 절반 이상을 까맣게 잊어버리고 온다. A+를 받은 학생이나 B를 받은 학생이나 별 차이가 없어보였다. 그렇다고 하여 PRECALCULUS를 다시 복습하고 AP CALCULUS를 공부한다는 것은 너무 시간 낭비이다. AP CALCULUS를 공부하면서 부족한 부분을 그때 그때 같이 봐 나가야 한다.

필자도 AP CALCULUS 수업을 하다보면 수업 중에 PRECALCULUS 내용을 가끔씩 수업하게 된다. 또한 필자의 경험으로 봤을 때, ALGEBRA 2를 끝내고 온 학생이 AP CALCULUS를 공부하는데도 큰 문제는 없었다. PRECALCULUS나 ALGEBRA 2는 많은 부분 내용이 중복되기 때문이다.

대부분의 미국 학교 선생님들은 AP CALCULUS를 수업함에 있어서 AB/BC를 구별하여 수업하지 않는다. AB과정에서도 BC부분을 많이 수업하며 심지어는 AP CALCULUS 범위가 아닌 부분까지도 수업을 한다. 학기가 시작하기 전 선행을 하려는 학생들은 AB/BC를 구별하지 말고 모두 공부해야 한다.

뿐만 아니라, AP CALCULUS 범위가 아닌 부분들도 일부 공부를 해야 수업을 따라가기가 편해진다. AP 라고 하여 대단히 어렵거나 수학적인 능력이 뛰어난 학생들이 공부하는 과목이 아니다. 어느 정도 수학이 부족한 학생들도 꾸준히 연습하면 충분히 잘할 수 있는 과목이다. 즉, 수학적인 능력도 중요하지만 어떻게 보면 성실한 학생들에게 더욱 유리한 과목이기도 하다.

Preface

네 번째 개정판 집필을 마치면서...

2009년 첫 출간 이후 네 번째 개정판을 내 놓게 되었다. 교과 범위도 약간 바뀐 부분도 있었고 이전 책의 장점과 단점들을 수업과 독자들의 문의를 통해 알 수 있었다. 이전 책에 비해 문제수도 늘어났고 자세한 설명도 늘리다보니 책이 약간 두꺼워진 감이 없지 않다. 그 동안의 학생들의 질문 사항과 어려워하는 부분들을 최대한 자세하게 설명하기 위해 노력하였다. 필자는 수업중간에 떠 오른 아이디어와 학생들의 생생한 현장 반응을 매일같이 메모하였고 4년간 쌓여진 노트들을 토대로 본 개정판을 집필하였다. 한 가지 자신할 수 있는 것은 본 책을 집필하면서 인간으로써 할 수 있는 모든 노력은 다했다고 말씀드리고 싶다.

학생들이 암기해야 할 부분은 최대한 암기가 수월하게 하기 위해 밤새 고민하였고 수업 전에 학생들의 이해를 쉽게 하기 위해 아직도 고민하고 연구하는 중이다. 수능을 준비하는 학생들과 달리 외국대학 진학을 원하는 학생들은 수학에 많은 시간을 들이지 못하므로 과제를 많이 낼 수 없다는 어려움이 있다 보니 어떻게 하든 수업 시간내에 모든 내용들을 이해시킬 수 밖에 없었고 그러다 보니 조금 유치한 감이 있더라도 도움이 된다고 확신되는 부분은 이 책에 싣게 되었다.

본 책의 온라인 강의를 허락해 주신 인터넷 동영상업체 마스터프렙 권주근 대표님께도 감사드리며 제 수업에 소중한 자녀들을 맡겨주신 학부모님들께도 감사드린다.

항상 아들을 위해 애쓰시는 부모님께 감사드리며 잘 놀아주지도 못하는 아빠를 좋아하는 규리 기환이... 집안일을 못 도와주는 남편을 항상 응원하고 도와주는 사랑하는 아내에게도 감사한 마음을 전한다.

이 책이 학생들에게 꼭 필요한 길잡이가 되기를 바라는 바이다.

2020.05

심 현 성 (Albert Shim)

Contents...

Integration   P.9

1. Indefinite Integrals ----- P.11
2. Definite Integrals ----- P.69
3. Area ----- P.129
4. Volume ----- P.155
5. Arc Length (BC) ----- P.201
6. More Applications of Definite Integrals ----- P.209

Differential equation   P.239

1. Separable Differential Equations ----- P.241
2. Euler's Method (BC) ----- P.246
3. Slope Fields ----- P.250
4. Exponential Growth and Logistic Differential Equations (BC) ----- P.253

Differentiation과 Integration의 응용   P.239

1. $f(b) - f(a) = \int_a^b f'(t)dt$ ----- P.241
2. $\int$를 포함한 Graph해석 ----- P.246
3. Related Rate ----- P.250
4. Absolute Maximum, Absolute Minimum ----- P.253
5. Table 해석 ----- P.287
6. Motion과 Intermediate Value Theorem Motion과 Mean Value Theorem ----- P.289

Series (BC)   P.299

1. Series? ----- P.301
2. Convergence Test ----- P.305
3. Series의 계산 ----- P.351
4. Power Series ----- P.368
5. Taylor Series and MacLaurin Series ----- P.379
6. Error Bound ----- P.413

Supplement – conics   P.439

Questions & Answers   P.451

Integration

Integration

1. Indefinite Integrals

2. Definite Integrals

3. Area

4. Volume

5. Arc Length (BC)

6. More Applications of Definite Integrals

1. Indefinite Integrals

1. Integral?

2. Formula

3. 기본적인 공식 문제

4. 미분관계(U-Substitution)

5. 약간 복잡한 공식형태

6. Fraction 형태의 Integration

7. Integration by Parts (BC)

8. Partial Fraction (BC)

시작에 앞서서...

"Indefinite Integrals" 를 한국 수학에서는 "부정적분" 이라고 한다. 적분은 곡선으로 둘러싸인 부분의 면적이나 부피 등을 구할 때 쓰는 이론이지만 부정적분(Indefinite Integrals)에서는 범위가 없어서 어디부터 어디까지 구해야 하는지 알 수가 없다.

하지만 구구단을 알아야 다른 계산들도 할 수 있듯이 부정적분(Indefinite Integrals)에 나오는 모든 계산 방법을 마스터해야만 뒤에 나오는 모든 문제를 해결할 수 있게 된다.

많은 학생들이 Integration 단원이 어렵다고들 한다. 문제를 보는 순간 무엇부터 해야 할지 감이 안 온다고 말하는 학생들이 많다. 이에 필자는 문제풀이를 최대한 필자 나름대로 풀이 방법에 따라 위의 1~8처럼 소단원으로 분류하여 보았다. 이 책에서 필자가 제시하는 방법대로 따라해 보기 바란다.

1. Integral?

" 'Integral(적분)'은 처음에 미분과 몇 개의 분야로 시작하였다가 적분 값을 나타내는 함수가 역도함수와 같다는 것이 미적분학(CALCULUS)의 기본정리를 통해 증명되면서 미적분학으로 발전되었다. …"
백과사전을 찾아보면 이와 같이 설명이 되어 있을 것이다. 이를 한마디로 말하자면

적분(Integral)은 미분(Differentiation)의 반대다!!
즉, Anti-differentiation!

Integral은 어떤 함수 사이의 면적이나 부피를 구할 때 사용된다.

다음 그림에서 구간 $[a, b]$에서 함수 $y = f(x)$와 x축 사이의 면적을 구한다면

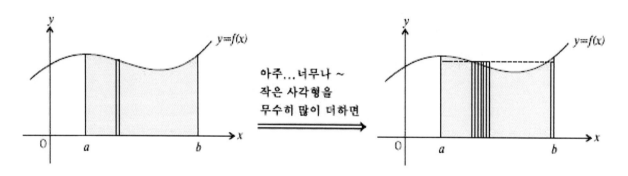

우리가 구하고자 하는 면적은 정확히 구할 수 없지만 얼추 비슷하게 구할 수는 있다. 앞으로 우리가 Integral을 통해서 구한 면적, 부피 등은 정확한 값이 아니라 근사값인 것들이다.

다음의 두 경우를 비교해 보았을 때...

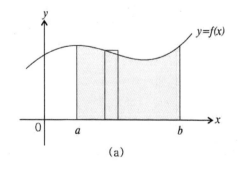

(a)

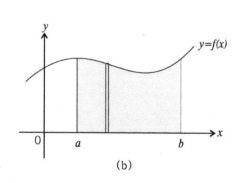

(b)

(a)의 경우 보다 (b)의 경우 사각형의 밑변을 작게 하여 더하게 되면 $y=f(x)$와 x축 사이의 면적은 (b)의 경우가 좀 더 실제 면적과 비슷하게 될 것이다. 이처럼 사각형의 밑변을 아주 작게($=dx$)하여 무한 번 더하면 더욱 더 실제 면적과 비슷하게 될 것이다.

다음을 보자.

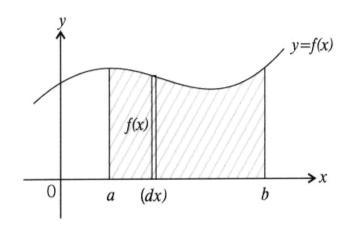

빗금 친 부분의 면적

$=[a,b]$무한 합	~의	작은 사각형면적	
$=\text{Sum} + \text{Integration}$			
$=S+I$			$\Rightarrow \displaystyle\int_a^b f(x)dx$
$=\displaystyle\int_a^b$	of	$f(x)dx$	

(즉, $\int$은 S와 I의 합성어) ⇐ 여러분들이 생소하게 느끼는 $\int$은 이렇게 만들어진 것이다.)

즉, 빗금 친 부분의 면적은 $\displaystyle\int_a^b f(x)dx$가 된다.

우리가 Indefinite Integrals에서는 범위가 주어지지 않으므로 구체적인 면적, 부피 등을 구할 수 없다. 구체적인 면적, 부피 등은 Definite Integral에서 다루게 된다.

이 단원에서는 Integral의 계산법을 익히도록 하자.

<AP CALCULUS AB&BC>

2. Formula

앞에서 "적분(Integral)은 미분(Differentiation)의 반대"라고 공부했다. 여기에서부터 기본적인 공식이 시작된다.

$$\frac{1}{2}x^2 + C \xleftarrow[\text{적분}(integral)]{\text{미분}(Differentiation)} x \quad (\text{※ } C \text{ is a constant})$$

즉, x를 적분하면 $\frac{1}{2}x^2 + C$ 가 된다.

$$\Rightarrow x^1 \xrightarrow{\text{적분}(Integral)} \frac{1}{1+1}x^{1+1} + C \quad \text{이고 이를 공식화 시키면…}$$

 반드시 암기하자!

$$\int x^n dx = \frac{1}{n+1}x^{n+1} + C$$

Integral은 다음과 같은 성질들도 있다. 반드시 알아두자.

 반드시 암기하자!

$$\cdot \int (f(x) \pm g(x))dx = \int f(x)dx \pm \int g(x)dx$$

$$\cdot \int af(x)dx = a\int f(x)dx$$

다음의 간단한 예제들을 통해서 위의 공식들을 확실하게 해 두자.

① $\int (x^2 - 2x + 3)dx = \int x^2 dx - 2\int x dx + \int 3dx = \frac{1}{3}x^3 - 2 \cdot \frac{1}{2}x^2 + 3x + C$

$(\int 3dx = \int 3x^0 dx = 3 \times \frac{1}{0+1}x^{0+1} + C = 3x + C$ $)$

② $\int (x^5 - 2x^4 + 7)dx = \frac{1}{6}x^6 - \frac{2}{5}x^5 + 7x + C$

③ $\int (t^3 - 2t)dt = \frac{1}{4}t^4 - t^2 + C$

다음에 소개하는 공식들은 모두 알아야 하지만 그렇다고 무턱대고 암기 했다가는 실수를 할 경우가 많다. 필자가 암기하라고 하는 것만 직접 암기하기 바란다. 그 외에는 미분공식을 거꾸로 읽기만 하면된다. 그래야 실수를 줄일 수 있다.

다음을 알아두자!

Integral Formulas

① $\int \sin x\, dx = -\cos x + C$ $\qquad (\cos x \xrightleftharpoons[\text{Integral}]{\text{Differentiation}} -\sin x$ or $\cos x \rightleftarrows -\sin x)$

② $\int \cos x\, dx = \sin x + C$ $\qquad (\sin x \xrightleftharpoons[\text{Integral}]{\text{Differentiation}} \cos x$ or $\sin x \rightleftarrows \cos x)$

③ $\int \sec^2 x\, dx = \tan x + C$ $\qquad (\tan x \xrightleftharpoons[\text{Integral}]{\text{Differentiation}} \sec^2 x$ or $\tan x \rightleftarrows \sec^2 x)$

④ $\int \csc^2 x\, dx = -\cot x + C$ $\qquad (\cot x \xrightleftharpoons[\text{Integral}]{\text{Differentiation}} -\csc^2 x$ or $\cot x \rightleftarrows -\csc^2 x)$

⑤ $\int \sec x \tan x\, dx = \sec x + C$ $\qquad (\sec x \xrightleftharpoons[\text{Integral}]{\text{Differentiation}} \sec x \tan x$ or $\sec x \rightleftarrows \sec x \tan x)$

⑥ $\qquad\qquad\qquad\qquad\qquad\qquad \int \csc x \cot x\, dx = -\csc x + C$

$(\csc x \xrightleftharpoons[\text{Integral}]{\text{Differentiation}} -\csc x \tan x$ or $\csc x \rightleftarrows -\csc x \cot x)$

⑦ $\int \frac{1}{x}\, dx = \ln|x| + C$ $\qquad (\ln x \xrightleftharpoons[\text{Integral}]{\text{Differentiation}} \frac{1}{x}$ or $\ln x \rightleftarrows \frac{1}{x})$

⑧ $\int e^x\, dx = e^x + C$ $\qquad (e^x \xrightleftharpoons[\text{Integral}]{\text{Differentiation}} e^x$ or $e^x \rightleftarrows e^x)$

다음을 알아두자!

Integral Formulas

⑨ $\int a^x dx = \dfrac{a^x}{\ln a} + C \quad (a > 0)$

$(a^x \xleftrightarrow[Integral]{Differentiation} a^x \ln a \text{ or } a^x \rightleftarrows a^x \ln a)$

⑩ $\int \dfrac{1}{\sqrt{1-x^2}} dx = \sin^{-1}x + C$

$(\sin^{-1}x \xleftrightarrow[Integral]{Differentiation} \dfrac{1}{\sqrt{1-x^2}}, \ 1 < x < 1 \ \text{ or }$

$\sin^{-1}x \rightleftarrows \dfrac{1}{\sqrt{1-x^2}}, \ -1 < x < 1)$

⑪ $\int \dfrac{1}{1+x^2} dx = \tan^{-1}x + C$

$(\tan^{-1}x \xleftrightarrow[Integral]{Differentiation} \dfrac{1}{1+x^2} \ \text{ or } \tan^{-1}x \rightleftarrows \dfrac{1}{1+x^2})$

⑫ $\int \dfrac{1}{|x|\sqrt{x^2-1}} dx = \sec^{-1}x + C$

$(\sec^{-1}x \xleftrightarrow[Integral]{Differentiation} \dfrac{1}{|x|\sqrt{x^2-1}}, \ |x| > 1 \ \text{ or }$

$\sec^{-1}x \rightleftarrows \dfrac{1}{|x|\sqrt{x^2-1}}), \ |x| > 1)$

⑬ $\int \sec x\, dx = \ln|\underline{\sec x} + \underline{\tan x}| + C$
시커먼것은   석   탄

⑭ $\int \csc x\, dx = \ln|\underline{\csc x} - \underline{\cot x}| + C$
코시커먼것은   코탄것이다

① ~ ⑫까지는 미분 공식을 활용하도록 하고, ⑬ ~ ⑭는 암기하기 바란다.

심 선생의 보충설명 코너

$$f(x) \xleftrightarrow[\text{Integral(일부만 직접 계산 가능)}]{\text{Differentiation(100\% 직접 계산 가능)}} \int f'(x)dx$$

어느 식이 주어지더라도 우리는 100% 직접 Differentiation이 가능하지만 그 반대로 계산하는 Integral은 일부만 직접 계산이 가능하기 때문에 Integral을 계산하는데 있어서 계산기를 많이 사용하게 된다.

우리가 배우는 Integral의 계산법들은 직접 계산이 가능한 경우만 배우는 것이므로 숙달 될 때까지 반복해서 공부하여야 한다. Integral 계산법이 어렵다고 느끼는 이유는 직접 풀리는 문제와 아닌 문제가 섞여 있기 때문이다.

3. 기본적인 공식 문제

앞에서 공부한 공식들을 가지고 다음의 예제들을 풀어보자. Integration Formula를 다른 종이에 써놓고 같이 보면서 풀어보자.

(EX 1) Evaluate the following integrals.

(1) $\int (\sin y - \cos y)dy$

(2) $\int (e^x + \csc^2 x)dx$

(3) $\int (\sec x \tan x - x^2 + 1)dx$

(4) $\int (\frac{3}{x} - 5^x)dx$

(5) $\int (2x + e^x)dx$

(6) $\int (\sec u + \csc u)du$

(7) $\int (\frac{2}{1+x^2} - 2x + 3)dx$

(8) $\int (\sec^2 x + \csc^2 x)dx$

(9) $\int (\csc x \cot x + \sec^2 x)dx$

(10) $\int (\frac{1}{x^2} - \sqrt{x} + \frac{1}{x})dx$

Solution

1. $-\cos y - \sin y + C$

2. $e^x - \cot x + C$

3. $\sec x - \frac{1}{3}x^3 + x + C$

4. $3\ln|x| - \frac{5^x}{\ln 5} + C$

5. $x^2 + e^x + C$

6. $\ln|\sec u + \tan u| + \ln|\csc u - \cot u| + C$ or $\ln|(\sec u + \tan u)(\csc u - \cot u)| + C$

7. $2\tan^{-1}x - x^2 + 3x + C$

8. $\tan x - \cot x + C$

9. $-\csc x + \tan x + C$

10. $\int (x^{-2} - x^{\frac{1}{2}} + \frac{1}{x})dx = -\frac{1}{x} - \frac{2}{3}x^{\frac{3}{2}} + \ln|x| + C$

<AP CALCULUS AB&BC>

Shim's Tip

다음의 두 가지 경우는 필자가 제시하는 방법대로 바꾸어서 계산하기 바란다.

$$① \int \sqrt[n]{f(x)}\,dx \Rightarrow \int \{f(x)\}^{\frac{1}{n}}\,dx$$

$$② \int \frac{1}{(f(x))^n}\,dx = \int (f(x))^{-n}\,dx$$

4. U-Substitution

Integral을 계산하는데 있어서 가장 중요한 부분이다. 이 소단원은 필자가 따로 마련한 단원이다. 필자가 소개하는 방법대로 하기 바란다. 많은 학생들이 Integral을 계산할 때 사소한 부분을 자주 실수하는데 이는 무턱대고 공식 따라 해결하려고 하기 때문에 그런 일이 발생한다.

조금 귀찮더라도 다음에 소개하는 7가지가 눈에 보인다면 바로 "치환(Substitution)"을 하여야 한다.

치환(Substitution)을 해야 하는 7가지 규칙

①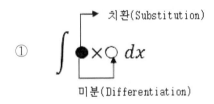

$$\left(\text{EX 2}\right) \quad \int \underbrace{(x^3 + 2x - 3)}_{\text{미분 (Differentiation)}}(6x^2 + 4)dx$$

Solution

$x^3 + 2x - 3$ 을 미분(Differentiation)하면 $3x^2 + 2$ 이므로

$6x^2 + 4 = 2(3x^2 + 2)$ 와 미분(Differentiation) 결과가 같다.

그러므로, $x^3 + 2x - 3 = u$ 라고 치환(Substitution)하고 양변을 x에 대해서 미분(Differentiation)하면 $3x^2 + 2 = \dfrac{du}{dx}$.

그러므로, $dx = \dfrac{1}{3x^2 + 2}du$. 그러므로, $\displaystyle\int 2u(3x^2 + 2)\dfrac{1}{3x^2 + 2}du = 2\int u\,du = u^2 + C$,

$u = x^3 + 2x - 3$ 이므로 결과는 $(x^3 - 2x - 3)^2 + C$

정답 $(x^3 - 2x - 3)^2 + C$

◨◧ U-Substitution

② $\displaystyle\int \frac{\bigcirc}{\bullet}\,dx$ 미분(Differentiation)   치환(Substitution)   or $\displaystyle\int \frac{\bigcirc}{\sqrt{\bullet}}\,dx$ 미분(Differentiation)   치환(Substitution)

EX 3 $\displaystyle\int \frac{t-1}{\sqrt{t^2-2t}}\,dt$

Solution

t^2-2t을 미분(Differentiation)하면 $2t-2=2(t-1)$ 이므로 $t^2-2t=u$ 라고 치환(Substitution)하고 양변을 t에 대해서 미분(Differentiation)하면 $2t-2=\dfrac{du}{dt}$ 에서 $dt=\dfrac{1}{2(t-1)}du$ 이다.

그러므로, $\displaystyle\int \frac{t-1}{\sqrt{u}}\cdot\frac{1}{2(t-1)}\,du=\frac{1}{2}\int u^{-\frac{1}{2}}\,du=\frac{1}{2}\times\frac{1}{1-\frac{1}{2}}u^{-\frac{1}{2}+1}+C=u^{\frac{1}{2}}+C$

$u=t^2-2t$이므로 결과는 $\sqrt{t^2-2t}+C$

정답 $\sqrt{t^2-2t}+C$

③   미분(Differentiation)   치환(Substitution) $\displaystyle\int \bigcirc\cdot a^{\bullet}\,dx$

EX 4 $\displaystyle\int \sin x\, e^{\cos x}\,dx$

Solution

$\cos x$를 미분(Differentiation)하면 $-\sin x$ 이므로 $\cos x=u$ 라고 치환(Substitution)하고 양변을 x에 대해서 미분(Differentiation)하면 $-\sin x=\dfrac{du}{dx}$에서 $dx=-\dfrac{1}{\sin x}du$ 이다.

그러므로, $\displaystyle\int \sin x\times e^{u}\times\left(-\frac{1}{\sin x}\right)du=-\int e^{u}\,du=-e^{u}+C$ 이고 $u=\cos x$ 이므로 결과는 $-e^{\cos x}+C$

정답 $-e^{\cos x}+C$

④
$$\int \bigcirc \sin \bullet \, dx$$
미분(Differentiation)
치환(Substitution)

EX 5 $\int (x-3)\sin(x^2-6x)dx$

Solution

x^2-6x를 미분(Differentiation)하면 $2x-6=2(x-3)$ 이므로

$x^2-6x=u$ 라고 치환(Substitution)하고

양변을 x에 대해서 미분(Differentiation)하면 $2x-6=\dfrac{du}{dx}$에서 $dx=\dfrac{1}{2(x-3)}du$ 이다.

그러므로, $\int (x-3)\times \sin u \times \dfrac{1}{2(x-3)}du = \dfrac{1}{2}\int \sin u\,du = -\dfrac{1}{2}\cos u + C$ 이고 $u=x^2-6x$이므로

결과는 $-\dfrac{1}{2}\cos(x^2-6x)+C$

정답 $\quad -\dfrac{1}{2}\cos(x^2-6x)+C$

⑤
$$\int \frac{\bigcirc}{1+\bullet^2} \, dx \qquad \text{or} \qquad \int \frac{\bigcirc}{\sqrt{1-\bullet^2}} \, dx$$
미분(Differentiation) 치환(Substitution) 미분(Differentiation) 치환(Substitution)

EX 6 $\int \dfrac{15x^2}{1+(5x^3)^2}dx$

Solution

$5x^3$를 미분(Differentiation)하면 $15x^2$이므로 $5x^3=u$ 라고 치환(Substitution)하고 양변을 x에

대해서 미분(Differentiation)하면 $15x^2=\dfrac{du}{dx}$에서 $dx=\dfrac{1}{15x^2}du$ 이다.

그러므로, $\int \dfrac{15x^2}{1+u^2} \cdot \dfrac{1}{15x^2}du = \tan^{-1}u + C$ 이므로 결과는 $\tan^{-1}5x^3 + C$

정답 $\quad \tan^{-1}5x^3 + C$

⑥ $\int (일차식)^n dx$ 에서 (일차식)은 무조건 치환(Substitution)!

(EX 7) $\int (7x-5)^5 dx$

Solution

$7x-5=u$ 라고 치환(Substitution)하고 양변을 x에 대해서 미분(Differentiation)하면 $7=\dfrac{du}{dx}$

에서 $dx=\dfrac{1}{7}du$ 이므로 $\dfrac{1}{7}\int u^5 du = \dfrac{1}{7}\times \dfrac{1}{6}u^6 + C = \dfrac{1}{42}u^6 + C$, $u=7x-5$ 이므로

결과는 $\dfrac{1}{42}(7x-5)^6 + C$

정답 $\dfrac{1}{42}(7x-5)^6 + C$

⑦ ax꼴은 무조건 치환(Substitution)!

(EX 8) $\int \dfrac{3}{\sqrt{1-(5x)^2}} dx$

Solution

$5x=u$ 라고 치환(Substitution)하고 양변을 x에 대해서 미분(Differentiation)하면 $5=\dfrac{du}{dx}$ 에

서 $dx=\dfrac{1}{5}du$ 이므로 $\int \dfrac{3}{\sqrt{1-u^2}} \cdot \dfrac{1}{5}du = \dfrac{3}{5}\int \dfrac{1}{\sqrt{1-u^2}} du = \dfrac{3}{5}\sin^{-1}u + C$ 이고 $u=5x$ 이므로

결과는 $\dfrac{3}{5}\sin^{-1}5x + C$

정답 $\dfrac{3}{5}\sin^{-1}5x + C$

심 선생의 보충설명 코너

U-Substitution의 계산법이 Integral계산의 대부분을 차지한다. 앞에서 설명한 모양들을 보면 기본 공식 형태가 아니고 무엇인가 서로 얽혀있는 모양이면 우리는 서로 Differentiate결과가 존재하는지를 따져봐야 한다. $(x^2+x)' \Rightarrow 2x+1$에서와 같이 화살을 쏘는 것들을 항상 U로 두면 된다. 예를 들어, $\int xe^{x^2}dx$의 계산에서는 $(x^2)' \Rightarrow 2x$가 되므로 x^2가 U가 된다. 그렇다면, $\int xe^x dx$ 또는 $\int \dfrac{\sin^3 x}{\ln(x)\tan x}dx$의 경우처럼 화살을 쏘는 것이 안 보일때는 어떻게 할 것인가? 실제로 Integral을 계산할 때, 이와 같은 경우가 더 많다. 이럴 때에는 뒤에 나오는 "Integration by parts"를 이용하던가 아니면 계산기를 이용하여야 한다. 앞에서도 말했듯이 우리는 직접 풀 수 있는 경우의 문제들만 골라서 배우고 있는 것이다.

U-Substitution 문제를 푸는데 있어서 많은 학생들이 다음의 "Differentiation" 결과를 빨리 찾아내지 못하는 것 같아서 다음과 같이 정리해 보았다.

Shim's Tip

잘 보이지 않는 Differentiation

- $\sin^{-1}x \xrightarrow{\ Differentiation\ } \dfrac{1}{\sqrt{1-x^2}}$

- $\tan^{-1}x \xrightarrow{\ Differentiation\ } \dfrac{1}{1+x^2}$

- $\sin^2 x \xrightarrow{\ Differentiation\ } \sin 2x$

- $\cos^2 x \xrightarrow{\ Differentiation\ } -\sin 2x$

- $\sqrt{x} \xrightarrow{\ Differentiation\ } \dfrac{1}{2\sqrt{x}}$

- $\dfrac{1}{x} \xrightarrow{\ Differentiation\ } -\dfrac{1}{x^2}$

- $\ln x \xrightarrow{\ Differentiation\ } \dfrac{1}{x}$

위의 경우는 모두 $\sin^{-1}x$, $\tan^{-1}x$, $\sin^2 x$, $\cos^2 x$, $\sqrt{x}$, $\dfrac{1}{x}$, $\ln x$를 치환(Substitution) 하여야 한다. 뻔히 알고 있는 결과인데도 Integral 문제를 풀다가 보면 특히 위의 일곱 가지가 눈에 확 안 들어올 때가 많다. **그러므로, 확~ 외워버려!**

5. 약간 복잡한 공식 형태

앞의 소단원 (3)기본적인 공식문제, (4)미분관계가 아닌 것 같은 문제는 약간 복잡한 공식 형태의 문제인지 의심해봐야 한다.
다음의 경우에는 기본적인 공식문제도 U-Substitution도 아닌 유형들이다.

> **약간 복잡한 공식 형태 유형들**
>
> ① $\int \sin^2 x \, dx, \int \cos^2 x \, dx \Rightarrow$　$\boxed{\sin^2\frac{x}{2} = \frac{1-\cos x}{2}, \ \cos^2\frac{x}{2} = \frac{1+\cos x}{2} \ \text{이용!}}$
>
> ② $\int (\blacksquare)^n dx$ 에서 $\blacksquare$가 $ax+b$의 꼴이 아닐 때 (EX) $\int (\sqrt{x} + \frac{1}{x^2})^2 dx$

(EX 9) Evaluate $\int \cos^2 x \, dx$

Solution

Integral 공식에서 $\cos^2 x$를 적분(Integration)하는 공식은 보지 못했을 것이다.
$\cos x, \cos 2x, \cdots$ 등은 적분이 가능하다. 삼각함수의 Power-reduce 공식을 사용하자!!

$\cos^2 x = \frac{1+\cos 2x}{2}$ 이므로 $\int \cos^2 x \, dx = \int \frac{1+\cos 2x}{2} = \int \frac{1}{2} dx + \frac{1}{2} \int \cos 2x \, dx$ 에서 $2x$를 u라

고 치환하고 양변을 x에 대해서 미분하면 $2 = \frac{du}{dx}$에서 $dx = \frac{1}{2} du$

$\frac{1}{2} x + \frac{1}{2} \int \cos u \cdot \frac{1}{2} du = \frac{1}{2} x + \frac{1}{4} \int \cos u \, du = \frac{1}{2} x + \frac{1}{4} \sin u + C$, $u = 2x$이므로

결과는 $\frac{1}{2} x + \frac{1}{4} \sin 2x + C$

정답　$\frac{1}{2} x + \frac{1}{4} \sin 2x + C$

(EX 10) Evaluate $\int (\sqrt{t} + \frac{2}{\sqrt{t}})^2 dt$

Solution

$\int (t + 4 + \frac{4}{t}) dt = \frac{1}{2} t^2 + 4t + 4\ln|t| + C$

6. Fraction 형태의 Integral

Fraction 형태의 Integral의 문제 형태를 보면 다음과 같이 분류할 수 있다. 다소 복잡해 보일 수 있지만 중요한 내용이니 한 번씩 눈여겨보도록 하자. 뒤에 나오는 Problem들을 풀어보면서 숙달하도록 하자.

Fraction 형태의 Integral (1)

① $\int \dfrac{g(x)}{f(x)}dx, \dfrac{d}{dx}f(x)=g(x) \Rightarrow f(x)$를 t로 치환(Substitution)!

(EX) $\int \dfrac{x+1}{x^3+3x}dx$

② $\int \dfrac{g(x)}{f(x)}dx$에서 $f(x)=a^2+(bx)^2$꼴이면서 $g(x)$가 상수(Constant)인 경우.

$\Rightarrow \int \dfrac{1}{1+x^2}dx = \tan^{-1}x + C$ 이용!

(EX) $\int \dfrac{1}{3^2+x^2}dx$

③ $\int \dfrac{g(x)}{f(x)}dx$에서 $f(x)=ax^2+bx+c$꼴이면서 인수분해(Factorization)가 안 되고

$g(x)$가 상수(Constant)인 경우

$\Rightarrow \int \dfrac{1}{1+(ax+p)^2}dx = \tan^{-1}() + C$

(EX) $\int \dfrac{1}{5+4x+x^2}dx = \int \dfrac{1}{1+(x+2)^2}dx$

④ $\int \dfrac{g(x)}{f(x)}dx$에서 $f(x)=a^2+(bx)^2$꼴이면서 $f(x)$의 Derivative가 $g(x)$가 아니면서 $g(x)$가 $cx+d$ 꼴인 경우

$\Rightarrow \int \dfrac{cx+d}{a^2+(bx)^2}dx = \int \dfrac{cx}{a^2+(bx)^2}dx + \int \dfrac{d}{a^2+(bx)^2}dx$ 로 분리!

(EX) $\int \dfrac{5x+1}{4^2+(3x)^2}dx = \int \dfrac{5x}{4^2+(3x)^2}dx + \int \dfrac{1}{4^2+(3x)^2}dx$

⑤ $\int \dfrac{g(x)}{\sqrt{f(x)}}dx$에서 $f(x)=a^2-(bx)^2$ 꼴이면서 $g(x)$가 상수(Constant)인 경우

$\Rightarrow \int \dfrac{1}{\sqrt{1-x^2}}dx = \sin^{-1}x + C$ 이용!

(EX) $\int \dfrac{3}{\sqrt{9-x^2}}dx$

Fraction 형태의 Integral (2)

⑥ $\int \dfrac{g(x)}{\sqrt{f(x)}}\,dx$ 에서 $f(x)=a^2-(bx)^2$ 꼴이면서 $g(x)$ 가 $cx+d$ 꼴인 경우

⇒ $\int \dfrac{cx+d}{\sqrt{a^2-(bx)^2}}\,dx = \int \dfrac{cx}{\sqrt{a^2-(bx)^2}}\,dx + \int \dfrac{d}{\sqrt{a^2-(bx)^2}}\,dx$ 로 분리!

(EX) $\int \dfrac{3x+3}{\sqrt{9-4x^2}}\,dx = \int \dfrac{3x}{\sqrt{9-4x^2}}\,dx + \int \dfrac{3}{\sqrt{9-4x^2}}\,dx$

⑦ $\int \dfrac{g(x)}{f(x)}\,dx$ 에서 $f(x)=Ax^n$ 꼴이고 $g(x)=ax^n+bx^{n-1}+\cdots$ 인 경우

⇒ $\int \dfrac{ax^n}{Ax^n}\,dx + \int \dfrac{bx^{n-1}}{Ax^n}\,dx + \cdots + \int \dfrac{z}{Ax^n}\,dx$ 로 분리!

(EX) $\int \dfrac{2x^3+\sqrt{x}+x}{3x^2}\,dx = \dfrac{2}{3}\int x\,dx + \dfrac{1}{3}\int x^{-\frac{3}{2}}\,dx + \dfrac{1}{3}\int \dfrac{1}{x}\,dx$

⑧ $\int \dfrac{\cos\theta}{\sqrt{1-\sin^2\theta}}\,d\theta$ or $\int \dfrac{\sin\theta}{\sqrt{1-\cos^2\theta}}\,d\theta$ 인 경우

⇒ 분모(Denominator)의 $\sqrt{1-\sin^2\theta}$ or $\sqrt{1-\cos^2\theta}$ 에서 $\sin\theta$ or $\cos\theta$ 를 t 로 치환(Substitution)!

⑨ $\int \dfrac{\cos\theta}{1+\sin^2\theta}\,d\theta$ or $\int \dfrac{\sin\theta}{1+\cos^2\theta}\,d\theta$ 인 경우

⇒ 분모(Denominator)의 $1+\sin^2\theta$ or $1+\cos^2\theta$ 에서 $\sin\theta$ or $\cos\theta$ 를 t 로 치환(Substitution)!

⑩ $\int \dfrac{g(x)}{f(x)}\,dx$ 에서 $f(x)$ 가 인수분해(Factorization)가 되고 $g(x)$ 가 $cx+d$ or 상수(Constant)일 때

⇒ $\int \dfrac{k}{(ax+b)(cx+d)}\,dx = \int \dfrac{A}{ax+b}\,dx + \int \dfrac{B}{cx+d}\,dx$ 로 분리!

(EX) $\int \dfrac{1}{x^2-3x+2}\,dx = \int \dfrac{1}{(x-1)(x-2)}\,dx = \int \dfrac{A}{x-1}\,dx + \int \dfrac{B}{x-2}\,dx$

⇒ "Partial Fraction" 에서 다시 설명

7. Integration by parts(BC)

기본공식 형태도 아니면서 U-Substitution도 아니고 약간 복잡한 공식형태도 아니라면 "Integration by parts" 인지 의심해본다.

그러나 다행히도 Integration by parts는 어느 정도 모양이 정해져 있다.

뿐만 아니라, 풀이 방법도 어느 정도 정해져 있다. 원래 이 부분은 AB과정에는 없고 BC과정에만 있지만 대부분 미국학교 수학 선생님들은 AB과정에서 이 부분을 수업한다. 본론으로 들어가면...

$(f(x)g(x))' = f'(x) \cdot g(x) + f(x) \cdot g'(x)$ 에서 $f'(x) \cdot g(x) = (f(x)g(x))' - f(x) \cdot g'(x)$ 양변에 $\int$ 을 붙이면 $\int f'(x) \cdot g(x)dx = f(x)g(x) - \int f(x) \cdot g'(x)dx$

유도 과정이 중요한 것이 아니라 다음의 것들을 암기해서 문제를 해결하는 것이 중요하다.

Shim's Tip

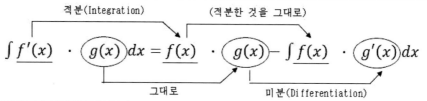

① 미분(Differentiation)할 것에 ○표를 한 후 "그대로 ⇒ 미분(Differentiation)"
② 나머지 것은 "적분(Integral) ⇒ 그대로"
③ 1. "그대로 → Differentiation"
   2. "Integration → 그대로" 순으로 진행하자.
④ 누구를 "그대로 → Differentiation" 을 할 것인가?
• 우선순위 : $\sin x$, $\cos x$, ... $< e^x < x^n < \ln x$, $\sin^{-1}x$
• $\int f'(x)g(x)dx$에서 ( )'이 적은 것을 우선으로 한다.

(EX) • $\int f'(x)g(x)dx \Rightarrow g(x)$가 우선!

  • $\int f'(x)g''(x)dx \Rightarrow f'(x)$가 우선!

이것이 무슨 말인지는 다음의 예제들을 통해서 알아보자. 예제들을 보다 보면 알겠지만 Integration by Parts는 어느 정도 모양이 정해져 있다.

※ Integration은 Calculator가 아니면 계산이 안 되는 경우가 많기에 이처럼 풀 수 있게 모양이 정해진 것들만 공부를 하는 것이다.

$\left(\textbf{EX 11}\right)$ Evaluate $\displaystyle\int xe^{x}dx$ $\left(\text{※}\displaystyle\int xe^{x^{2}}dx\right)$

Solution

$\displaystyle\int xe^{x}dx$ 의 경우 공식에 있는 모양도 아니고 U-Substitution도 아니다.

($\displaystyle\int xe^{x^{2}}dx$의 경우 x^{2}를 미분(Differentiation)하면 $2x$이므로 U-substitution!

이 경우에는 x^{2}를 치환(Substitution)한다.)

$$\int x \cdot e^{x}\,dx = x \cdot e^{x} - \int 1 \cdot e^{x}\,dx = xe^{x} - e^{x} + C$$

②적분(Integration) 그대로

①그대로 미분(Differentiation)

미분 우선순위 : $e^{x} < x$ 이므로

정답 $\quad xe^{x} - e^{x} + C$

$\left(\textbf{EX 12}\right)$ Evaluate $\displaystyle\int x\ln x dx$ $\left(\text{※}\displaystyle\int \frac{1}{x}\ln x dx\right)$

Solution

공식에 있는 모양도 아니고 U-Substitution도 아니다.
미분(Differentiation) 우선순위 : $x < \ln x$ 이므로

②적분(Integration) 그대로

$$\int x \cdot \ln x\,dx = \frac{1}{2}x \cdot \ln x - \int \frac{1}{2}x^{2} \cdot \frac{1}{x}\,dx = \frac{1}{2}x^{2}\ln x - \frac{1}{4}x^{2} + C$$

①그대로 미분(Differentiation)

($\displaystyle\int \frac{1}{x}\ln x dx$의 경우 $\ln x$를 미분(Differentiation)하면 $\frac{1}{x}$이므로 U-substitution!

이 경우에는 $\ln x$를 치환(Substitution)한다.)

정답 $\quad \dfrac{1}{2}x^{2}\ln x - \dfrac{1}{4}x^{2} + C$

$\left(\text{EX 13}\right)$ Evaluate $\int x\cos x\,dx$ ($※ \int x\cos x^2 dx$)

Solution

$\int x\cos x\,dx$ 공식에 있는 모양도 아니고 U-Substitution도 아니다.

($\int x\cos x^2 dx$ 의 경우 x^2 를 미분(Differentiation)하면 $2x$ 이므로 U-substitution!

이 경우에는 x^2 를 치환(Substitution)한다.)

미분(Differentiation) 우선순위 : $\cos x < x$ 이므로

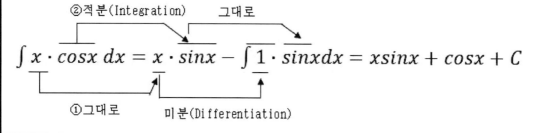

$$\int x\cdot \cos x\,dx = x\cdot \sin x - \int 1\cdot \sin x\,dx = x\sin x + \cos x + C$$

①그대로 　　미분(Differentiation)

$\left(\text{EX 14}\right)$ Evaluate $\int \ln x\,dx$

Solution

다른 것들과는 조금 모양이 다른 특이한 형태이다.

②적분(Integration)　　　그대로

$$\int 1\cdot \ln x\,dx = x\cdot \ln x - \int x\cdot \frac{1}{x}\,dx = x\ln x - x + C$$

①그대로　　　미분(Differentiation)

$\left(\textbf{EX 15}\right)$ Evaluate $\int e^x \cos x \, dx$

Solution

공식에 있는 모양도 아니고 U-Substitution도 아니다.

미분(Differentiation) 우선순위 : $\cos x < e^x$ 이므로

②적분(Integration)　　그대로

$$\int e^x \cdot \cos x \, dx = e^x \cdot \sin x - \int e^x \cdot \sin x \, dx$$

①그대로　　　미분(Differentiation)

에서 $\int e^x \sin x \, dx$ 를 한 번 더 적분(Integral)하면

②적분(Integration)　　그대로

$$\int e^x \cdot \sin x \, dx = e^x \cdot (-\cos x) - \int e^x \cdot (-\cos x) \, dx$$

①그대로　　　미분(Differentiation)

이므로

$$\int e^x \cos x \, dx = e^x \sin x + e^x \cos x - \int e^x \cos x \, dx \quad \text{에서}$$

$$2\int e^x \cos x \, dx = e^x \sin x + e^x \cos x \quad \text{이므로} \quad \int e^x \cos x \, dx = \frac{e^x}{2}(\sin x + \cos x) + C$$

8. Partial Fraction (BC)

$\int \dfrac{g(x)}{f(x)}dx$ 에서 $f(x)=ax^2+bx+c$ 형태로 Factorization이 가능하고 $g(x)$의 Highest Degree가 1 또는 $g(x)$가 Constant 일 때 계산하는 방법에 대해 알아보자.

$\left(\text{EX 16}\right)$ 을 통해 알아보도록 하자.

$\left(\text{EX 16}\right)$ Evaluate $\int \dfrac{x+1}{x^2-3x+2}dx$.

Solution

$\int \dfrac{x+1}{(x-1)(x-2)}dx$ 에서 $\int \left(\dfrac{A}{x-1}+\dfrac{B}{x-2}\right)dx$ $\cdots$ ① 로 분리!

$\int \dfrac{A(x-2)+B(x-1)}{(x-1)(x-2)}dx = \int \dfrac{(A+B)x-2A-B}{(x-1)(x-2)}dx = \int \dfrac{x+1}{(x-1)(x-2)}dx$

이므로 $A+B=1$, $-2A-B=1$ 이므로 $A=-2$, $B=3$

$A=-2$, $B=3$ 을 ①에 대입하면

$\int \left(\dfrac{3}{x-2}-\dfrac{2}{x-1}\right)dx = 3\ln|x-2|-2\ln|x-1|+C$

정답 $3\ln|x-2|-2\ln|x-1|+C$

Problem 1 Evaluate the following integrals.

(1) $\displaystyle\int (t - 2x + y^2)dy$

(2) $\displaystyle\int (\frac{2}{y} + 3^y)dy$

(3) $\displaystyle\int (\frac{2}{1+x^2} + \frac{5}{\sqrt{1-x^2}})dx$

(4) $\displaystyle\int (\csc y \cot y - 10ty)dy$

(5) $\displaystyle\int (2^x - \csc x)dx$

Solution

(1) $ty - 2xy + \dfrac{1}{3}y^3 + C$

(2) $2\ln|y| + \dfrac{3^y}{\ln 3} + C$

(3) $2\tan^{-1}x + 5\sin^{-1}x + C$

(4) $-\csc y - 5ty^2 + C$

(5) $\dfrac{2^x}{\ln 2} - \ln|\csc x - \cot x| + C$

Problem 2   Evaluate the following integrals.

(1) $\int \sin 5t\, dt$

(2) $\int (5x+1)^{\frac{1}{3}}\, dx$

(3) $\int \dfrac{\cos x}{\sin x + 2}\, dx$

(4) $\int \dfrac{\ln x}{10x}\, dx$

(5) $\int (\cos \pi x) \cdot e^{\sin \pi x}\, dx$

(6) $\int \tan \dfrac{x}{2} \sec^2 \dfrac{x}{2}\, dx$

(7) $\int \dfrac{\cos\left(\dfrac{1}{x}\right)}{x^2}\, dx$

(8) $\int \dfrac{\sin^{-1} y}{\sqrt{1-y^2}}\, dy$

(9) $\int \dfrac{2u}{\sqrt{3u^2+1}}\, du$

(10) $\int \dfrac{e^u - e^{-u}}{e^u + e^{-u}}\, du$

Solution

(1) $-\dfrac{1}{5}\cos 5t + C$

$5t = u,\ 5 = \dfrac{du}{dt}$ 에서 $dt = \dfrac{1}{5}du$ 이므로

$\int \sin u \cdot \dfrac{1}{5}du = \dfrac{1}{5}\int \sin u\, du = -\dfrac{1}{5}\cos u + C = -\dfrac{1}{5}\cos(5t) + C$

(2) $\dfrac{3}{20}(5x+1)^{\frac{4}{3}} + C$

$5x+1 = u,\ 5 = \dfrac{du}{dt}$ 에서 $dt = \dfrac{1}{5}du$ 이므로

$\int u^{\frac{1}{3}} \cdot \dfrac{1}{5}du = \dfrac{1}{5}\times \dfrac{1}{1+\dfrac{1}{3}}u^{\frac{1}{3}+1} + C = \dfrac{3}{20}u^{\frac{4}{3}} + C = \dfrac{3}{20}(5x+1)^{\frac{4}{3}} + C$

(3) $\ln|\sin x + 2| + C$

$\sin x + 2 = u,\ \cos x = \dfrac{du}{dt}$ 에서 $dx = \dfrac{1}{\cos x}du$, $\int \dfrac{\cos u}{u} \cdot \dfrac{1}{\cos x}du = \int \dfrac{1}{u}du = \ln|u| + C$ 에서

$\ln|\sin x + 2| + C$

Solution

(4) $\frac{1}{20}(\ln x)^2 + C$ $\qquad \ln x = u, \ \frac{1}{x} = \frac{du}{dx}$ 에서 $dx = x\,du$ 이므로

$\int \frac{1}{10x} ux\,du = \frac{1}{10}\int u\,du = \frac{1}{10}\cdot\frac{1}{2}u^2 + C = \frac{1}{20}(\ln x)^2 + C$

(5) $\frac{1}{\pi}e^{\sin\pi x} + C$ $\qquad \sin\pi x = u, \ \pi\cos\pi x = \frac{du}{dx}$ 에서 $dx = \frac{1}{\pi\cos\pi x}du$ 이므로

$\int (\cos\pi x)e^u \cdot \frac{1}{\pi\cos\pi x}du = \frac{1}{\pi}\int e^u\,du = \frac{1}{\pi}e^u + C = \frac{1}{\pi}e^{\sin\pi x} + C$

(6) $\tan^2\frac{x}{2} + C$ $\qquad \tan\frac{x}{2} = u, \ \frac{1}{2}\sec^2\frac{x}{2} = \frac{du}{dx}$ 에서 $dx = \frac{2}{\sec^2\frac{x}{2}}du$ 이므로

$\int u\sec^2\frac{x}{2}\cdot\frac{2}{\sec^2\frac{x}{2}}du = 2\int u\,du = u^2 + C = \tan^2\frac{x}{2} + C$

(7) $-\sin\frac{1}{x} + C$ $\qquad \frac{1}{x} = u, \ -\frac{1}{x^2} = \frac{du}{dx}$ 에서 $dx = -x^2\,du$ 이므로

$\int \frac{1}{x^2}\cos u\cdot(-x^2)du = -\int\cos u\,du = -\sin u + c = -\sin\frac{1}{x} + C$

(8) $\frac{1}{2}(\sin^{-1}y)^2 + C$ $\qquad \sin^{-1}y = u, \ \frac{1}{\sqrt{1-y^2}} = \frac{du}{dy}$ 에서 $dy = \sqrt{1-y^2}\,dy$ 이므로

$\int \frac{u}{\sqrt{1-y^2}}\cdot\sqrt{1-y^2}\,du = \int u\,du = \frac{1}{2}u^2 + C = \frac{1}{2}(\sin^{-1}y)^2 + C$

(9) $\frac{2}{3}\sqrt{3u^2+1} + C$ $\qquad 3u^2+1 = t, \ 6u = \frac{dt}{du}$ 에서 $du = \frac{1}{6u}dt$ 이므로

$\int \frac{2u}{\sqrt{t}}\cdot\frac{1}{6u}dt = \frac{1}{3}\int t^{-\frac{1}{2}}dt = \frac{1}{3}\times\frac{1}{-\frac{1}{2}+1}t^{\frac{1}{2}} + C = \frac{2}{3}\sqrt{3u^2+1} + C$

(10) $\ln(e^u + e^{-u}) + C$ $\qquad e^u+e^{-u} = t, \ e^u-e^{-u} = \frac{dt}{du}$ 에서 $du = \frac{1}{(e^u-e^{-u})}dt$ 이므로

$\int \frac{e^u-e^{-u}}{t}\cdot\frac{1}{e^u-e^{-u}}dt = \int\frac{1}{t}dt = \ln|t| + C = \ln(e^u+e^{-u}) + C$

Problem 3 Evaluate the following integrals.

(1) $\displaystyle\int \frac{\sin\theta}{1+\cos^2\theta}\,d\theta$

(2) $\displaystyle\int \frac{\cos\theta}{\sqrt{1-\sin^2\theta}}\,d\theta$

Solution

(1) $-\tan^{-1}(\cos\theta)+C$

$\cos\theta=u$ 라고 치환(Substitution)하고 양변을 θ에 대해서 미분(Differentiation)하면

$-\sin\theta=\dfrac{du}{d\theta}$ 에서 $d\theta=-\dfrac{1}{\sin\theta}\,du$.

$\displaystyle\int \frac{\sin\theta}{1+u^2}\left(-\frac{1}{\sin\theta}\,du\right)=-\int \frac{1}{1+u^2}\,du=-\tan^{-1}u+C,\ u=\cos\theta$ 이므로 결과는

$-\tan^{-1}(\cos\theta)+C$

(2) $\sin^{-1}(\sin\theta)+C$

$\sin\theta=u$ 로 치환(Substitution)하면 $\cos\theta=\dfrac{du}{d\theta}$ 에서 $\displaystyle\int \frac{\cos x}{\sqrt{1-u^2}}\frac{1}{\cos\theta}\,du$ 이므로

$\displaystyle\int \frac{1}{\sqrt{1-u^2}}\,du$ 에서 $\sin^{-1}u+C$ $u=\sin\theta$ 이므로

$\sin^{-1}(\sin\theta)+C$

정답   (1) $-\tan^{-1}(\cos\theta)+C$ (2) $\sin^{-1}(\sin\theta)+C$

Problem 4 Evaluate the following integrals.

(1) $\displaystyle\int \frac{1}{\sqrt{9-4x^2}}\,dx$

(2) $\displaystyle\int \frac{1-2x}{\sqrt{1-x^2}}\,dx$

Solution

(1) $\dfrac{1}{2}\sin^{-1}\left(\dfrac{2x}{3}\right)+C$

$\displaystyle\int \frac{1}{\sqrt{9\left(1-\left(\frac{2x}{3}\right)^2\right)}}\,dx$ 에서 $\dfrac{2x}{3}=u$ 로 치환(Substitution)하면 $\dfrac{2}{3}=\dfrac{du}{dx}$

$\dfrac{1}{3}\displaystyle\int \frac{1}{\sqrt{1-u^2}}\,\frac{3}{2}\,du=\frac{1}{2}\int \frac{1}{\sqrt{1-u^2}}\,du=\frac{1}{2}\sin^{-1}u+C$ 에서 $u=\dfrac{2x}{3}$ 이므로 $\dfrac{1}{2}\sin^{-1}\left(\dfrac{2x}{3}\right)+C$

(2) $\sin^{-1}x+2\sqrt{1-x^2}+C$

$\displaystyle\int \frac{1-2x}{\sqrt{1-x^2}}\,dx$ 를 $\displaystyle\int \frac{1}{\sqrt{1-x^2}}\,dx-\int \frac{2x}{\sqrt{1-x^2}}\,dx$ 로 나누면

① $\displaystyle\int \frac{1}{\sqrt{1-x^2}}\,dx=\sin^{-1}x+C$

② $\displaystyle\int \frac{2x}{\sqrt{1-x^2}}\,dx$ [미분(Differentiation) / 치환(Substitution)] , $1-x^2=u$ 로 치환(Substitution)하고 양변을 x에 대해서

미분(Differentiation)하면 $-2x=\dfrac{du}{dx}$ 에서 $dx=-\dfrac{1}{2x}\,du$

$\displaystyle\int \frac{2x}{\sqrt{u}}\times\left(-\frac{1}{2x}\right)du=-\int u^{-\frac{1}{2}}\,du=-\frac{1}{-\frac{1}{2}+1}u^{-\frac{1}{2}+1}+C=-2\sqrt{u}+C$

$u=1-x^2$ 이므로 $-2\sqrt{1-x^2}+C$

그러므로 $\displaystyle\int \frac{1-2x}{\sqrt{1-x^2}}\,dx=\sin^{-1}x+2\sqrt{1-x^2}+C$

정답   (1) $\dfrac{1}{2}\sin^{-1}\left(\dfrac{2x}{3}\right)+C$ (2) $\sin^{-1}x+2\sqrt{1-x^2}+C$

Problem 5 Evaluate the following integrals.

(1) $\displaystyle\int \frac{5}{9+4x^2}dx$

(2) $\displaystyle\int \frac{1}{x^2+6x+10}dx$

(3) $\displaystyle\int \frac{1+16x}{1+4x^2}dx$

Solution

(1) $\dfrac{5}{6}\tan^{-1}\left(\dfrac{2x}{3}\right)+C$

$5\displaystyle\int \frac{1}{3^2+(2x)^2}dx = \frac{5}{9}\int \frac{1}{1+(\frac{2x}{3})^2}dx$ 에서 $\dfrac{2x}{3}=u$ 로 치환(Substitution)하면 $\dfrac{2}{3}=\dfrac{du}{dx}$ 에서

$dx=\dfrac{3}{2}du$

$\dfrac{5}{9}\displaystyle\int \frac{1}{1+u^2}\frac{3}{2}du = \frac{5}{6}\int \frac{1}{1+u^2}du = \frac{5}{6}\tan^{-1}u+C$ 에서 $u=\dfrac{2}{3}x$ 이므로 $\dfrac{5}{6}\tan^{-1}\left(\dfrac{2x}{3}\right)+C$

(2) $\tan^{-1}(x+3)+C$

$\displaystyle\int \frac{1}{1+x^2+6x+9}dx = \int \frac{1}{1+(x+3)^2}dx$ 에서 $x+3=u$ 로 치환(Substitution)하면

$x+3=u$ 에서 $1=\dfrac{du}{dx}$ $\displaystyle\int \frac{1}{1+u^2}du=\tan^{-1}u+C$ 에서 $u=x+3$ 이므로 $\tan^{-1}(x+3)+C$

(3) $\dfrac{1}{2}\tan^{-1}(2x)+2\ln(1+4x^2)+C$

· $\displaystyle\int \frac{1}{1+4x^2}dx + \int \frac{16x}{1+4x^2}dx \Rightarrow \int \frac{1}{1+(2x)^2}dx$ 에서 $2x=u$ 로 치환(Substitution)하면

$2=\dfrac{du}{dx}$ 이고 $\dfrac{1}{2}\displaystyle\int \frac{1}{1+u^2}du = \frac{1}{2}\tan^{-1}u+C$ 에서 $u=2x$ 이므로 $\dfrac{1}{2}\tan^{-1}(2x)+C$

· $\displaystyle\int \frac{16x}{1+4x^2}dx$ 에서 $1+4x^2=u$ 로 치환(Substitution)하면 $8x=\dfrac{du}{dx}$ 이고

$\displaystyle\int \frac{16x}{u}\frac{du}{8x} = 2\int \frac{1}{u}du = 2\ln|u|+C$ $u=1+4x^2$ 이므로 $2\ln(1+4x^2)+C$

그러므로 $\dfrac{1}{2}\tan^{-1}(2x)+2\ln(1+4x^2)+C$

정답   (1) $\dfrac{5}{6}\tan^{-1}\left(\dfrac{2x}{3}\right)+C$ (2) $\tan^{-1}(x+3)+C$ (3) $\dfrac{1}{2}\tan^{-1}(2x)+2\ln(1+4x^2)+C$

(BC) Problem 6 Evaluate the following integrals.

(1) $\int x\sec^2 x\,dx$

(2) $\int x\sin(2x)\,dx$

(3) $\int x^2\cos x\,dx$

(4) $\int \arcsin x\,dx$

Solution

(1) $x\tan x + \ln|\cos x| + C$ or $x\tan x - \ln|\sec x| + C$

②적분(Integral) 그대로

$$\int x\sec^2 x\,dx = x\tan x - \int 1\cdot\tan x\,dx$$

①그대로 미분(Differentiation) 에서 $\tan x = \dfrac{\sin x}{\cos x}$ 이므로

$\cos x = u$ 라고 치환(Substitution)하면 $-\displaystyle\int \dfrac{\sin x}{u}\cdot\dfrac{1}{\sin x}\,du$ ($\ast\ \cos x = u \Rightarrow -\sin x = \dfrac{du}{dx}$) 에서

$-\displaystyle\int\dfrac{1}{u}\,du = -\ln u + C,\ u = \cos x$ 이므로 $-\ln|\cos x| + C$ or $\ln|\sec x| + C$

($\ast\ -\ln|\cos x| = \ln|\cos x|^{-1} = \ln|\dfrac{1}{\cos x}| = \ln|\sec x|$)

그러므로 $\displaystyle\int x\sec^2 x\,dx = x\tan x + \ln|\cos x| + C$ or $x\tan x - \ln|\sec x| + C$

(2) $-\dfrac{1}{2}x\cos(2x) + \dfrac{1}{4}\sin(2x) + C$

②적분(Integral) 그대로

$$\int x\sin(2x)\,dx = x\left\{-\dfrac{1}{2}\cos(2x)\right\} - \int 1\cdot\left\{-\dfrac{1}{2}\cos(2x)\right\}dx$$

①그대로 미분(Differentiation)

에서 $-\dfrac{1}{2}x\cos(2x) + \dfrac{1}{2}\displaystyle\int\cos(2x)x$ 이므로 $-\dfrac{1}{2}x\cos(2x) + \dfrac{1}{4}\sin(2x) + C$

Solution

(3) $(x^2-2)\sin x + 2x\cos x + C$

②적분(Integral)　　　　　그대로

$$\int x^2 \cos x\,dx = x^2\sin x - \int (2x)\sin x\,dx$$

①그대로　　　미분(Differentiation)　　에서

②적분(Integral)　　　그대로

$$\int 2x\sin x\,dx = 2\int x\sin x\,dx = x(-\cos x) - \int 1(-\cos x)\,dx$$

①그대로　　미분(Differentiation)　　이므로

$$\int 2x\sin x\,dx = -2x\cos x + 2\sin x + C$$

그러므로, $x^2\sin x + 2x\cos x - 2\sin x + C$ 에서 $(x^2-2)\sin x + 2x\cos x + C$

(4) $x\sin^{-1}x + \sqrt{1-x^2} + C$

②적분(Integral)　　　　그대로

$$\int 1\cdot \sin^{-1}x\,dx = x\sin^{-1}x - \int \frac{1}{\sqrt{1-x^2}}\cdot x\,dx$$

①그대로　　　미분(Differentiation)

$\displaystyle\int \frac{x}{\sqrt{1-x^2}}\,dx$ 에서 $1-x^2=u$ 라고 치환(Substitution)하면 $\displaystyle\int \frac{x}{\sqrt{u}}\left(-\frac{1}{2x}\right)du$ $\left(※\ -2x=\dfrac{du}{dx}\right)$

따라서 $-\dfrac{1}{2}\displaystyle\int u^{-\frac{1}{2}}\,du = -\sqrt{u} + C$ 에서 $u=1-x^2$ 이므로 $-\sqrt{1-x^2}+C$

그러므로 $x\sin^{-1}x + \sqrt{1-x^2} + C$

정답

(1) $x\tan x + \ln|\cos x| + C$ or $x\tan x - \ln|\sec x| + C$

(2) $-\dfrac{1}{2}x\cos(2x) + \dfrac{1}{4}\sin(2x) + C$

(3) $(x^2-2)\sin x + 2x\cos x + C$

(4) $x\sin^{-1}x + \sqrt{1-x^2} + C$

Problem 7

(BC)

(1) Let f and g be twice-differentiable functions. If $f''(x) = 10$ for all values of x, which of the following is equal to $\int f'(x)g'''(x)dx$?

ⓐ $f'(x)g'(x) - 10g'(x) + C$ ⓑ $f'(x)g''(x) - 10g'(x) + C$

ⓒ $f(x)g'(x) - 10g(x) + C$ ⓓ $f'(x)g''(x) - 10g(x) + C$

(2) Evaluate $\int \dfrac{1}{x^2 + 4x + 3}dx$

Solution

(1) ⓑ

$\int f'(x)g'''(x)dx = f'(x)g''(x) - \int f''(x)g''(x)dx$ 에서 $f''(x) = 10$ 이므로

$f'(x)g''(x) - 10\int g''(x)dx$. 그러므로, $f'(x)g''(x) - 10g'(x) + C$

(2) $\dfrac{1}{2}\ln\dfrac{|x+1|}{|x+3|} + C$

$\int \dfrac{1}{x^2+4x+3}dx = \int \dfrac{1}{(x+1)(x+3)}dx = \int (\dfrac{A}{x+1} + \dfrac{B}{x+3})dx$ ···①

$\int \dfrac{A(x+3) + B(x+1)}{(x+1)(x+3)}dx = \int \dfrac{(A+B)x + 3A+B}{(x+1)(x+3)}dx = \int \dfrac{1}{(x+1)(x+3)}dx$ 에서

$A+B = 0$, $3A+B = 1$. $A = \dfrac{1}{2}$, $B = -\dfrac{1}{2}$ 이므로 이를 ①에 대입하면

$\dfrac{1}{2}\int (\dfrac{1}{x+1} - \dfrac{1}{x+3})dx = \dfrac{1}{2}(\ln|x+1| - \ln|x+3|)$ $= \dfrac{1}{2}\ln\dfrac{|x+1|}{|x+3|} + C$

정답   (1) ⓑ   (2) $\dfrac{1}{2}\ln\dfrac{|x+1|}{|x+3|} + C$

Problem 8 Evaluate $\displaystyle\int \frac{x^2}{x^2+1}dx$

Solution

U-Substitution도 아니고 공식형태도 아니다.

더구나 분모(Denominator)가 인수분해(Factorization)도 안 된다.

다행이도 분모(Denominator)가 눈에 익은 형태이다.

즉, $\boxed{\displaystyle\int \frac{1}{x^2+1}dx = \tan^{-1}x + C}$ 의 공식이 약간 변형된 경우이다.

$\displaystyle\int \frac{x^2+1-1}{x^2+1}dx = \int \frac{x^2+1}{x^2+1}dx - \int \frac{1}{x^2+1}dx = x - \int \frac{1}{x^2+1}dx$ 에서

$x - \tan^{-1}x + C$

정답 $x - \tan^{-1}x + C$

심선생의 주절주절 잔소리 1

수학을 잘 한다는 학생의 기준은 무엇일까?
한국에서는 문과 이과로 나뉘며 이과 학생들이 수학을 더 많이 공부한다는 것은 누구나 알고있는 사실이다. 미국 대학에서는 사실 문과 이과를 크게 구별하지 않는다. 어느 정도의 구별은 있으나 한국처럼 확실하게 나누지는 않는다.

필자가 수능강의를 하던 시절에 재수생들을 지도하면서 아쉬운 점이 상당히 많았다. 이미 한국에서 대학을 다니고 있으면서 의대 진학에 꿈을 가지고 다시 재수하는 학생들이 그러했는데 항상 모의고사를 보면 만점인 학생들이 실제 수능시험을 봤을 때 그 점수가 안 나온다는 것이었다. "처음 보는 유형 1~2개를 못 풀었다...."이 말을 들을때마다 가슴이 매우 쓰라리게 아팠던 기억이 있다. 그렇다면, 문제가 쉬우나 어려우나 항상 점수가 일정한 학생들은 과연 어떻게 공부를 한 것일까? 고액과외를 많이 받았던 것인지 아니면 수학 문제집을 정말 많이 푼 것인지..아니면 고난이도 문제만 잘 선별해서 풀었던 학생들인지...

미국대학 진학을 원하는 유학생이나 한국의 수능시험으로 대학에 진학하려는 학생이나 공통점이 있는데 수학을 정말 잘하는 학생들은 선행을 빨리해서 그런 것이 아니라는 것이다. 물론 어느 정도의 선행 학습도 중요하지만 그 보다 더 중요한 것은 바로 독서와 글쓰기이다. 정말 공부를 잘 하는 학생들은 본인이 왜 공부를 잘하는지 이유를 모르는 경우가 있다. 그냥 배웠는데 시험때 그냥 잘 풀어지고 써지는 것인데..

어려서부터 글을 많이 읽고 글을 써 본 학생들은 무한대의 환상적인 글을 써낸다. 즉, 문과적인 학생들은 머릿속에 범위가 없다. 수학이라는 과목은 우리가 사용하는 단어가 한정되어 있다. Real number, Trigonometry, Vector..등등...이런것들로 정해진 범위내에서 Equation을 쓰는게 수학이다. 그러다 보니 독서와 글쓰기가 자연스러운 학생들은 수학에서의 몇 가지 내용들만 알면 상황에 맞는 Equation을 쉽게 쓸 수 있는 것이다. 이는 필자의 AMC Class에서도 잘 드러난다. 쉬운 문제를 주고 풀어보라 할 때 대부분의 학생들은 빨리 풀고 다음 문제를 달라고 하지만 정말 잘하는 학생들은 쉬운 문제 조차도 그냥 넘기지 않고 꼼꼼히 써 내려간다. 어려운 문제를 제시하더라도 그 학생들이 써 내려가는 양과 방식에는 차이가 보이지 않는다. 즉, 어떠한 경우라도 꼼꼼히 쓰는게 확실한 학생들인 것이다.

미국대학에 진학하려는 학생들에게 스탠다드 한 시험들인 SAT I MATH, Math Level 2, AP Calculus의 경우에는 사실 어느 정도 기초가 부족하더라도 충분히 좋은 성적을 거둘 수 있는 시험들이다. 하지만 만약 그 이상의 수학에서 좋은 성적과 결과를 기대한다면 어려서부터 많은 독서를 해 온 학생들이 유리하다는 점을 말씀드리고 싶다. HighSchool학생이라도 늦지 않았으니 반드시 시간을 내서 틈틈이 독서를 하기를 권장해 드리고 싶다. 그 분야가 무엇이든 상관없다. 잡지이던, 소설이던지 말이다.

1. Evaluate the following integrals.

(1) $\displaystyle\int (e^x - \sec x \tan x)dx$

(2) $\displaystyle\int (5\cos x + 3\sin x)dx$

(3) $\displaystyle\int (\sec^2 y - \csc^2 y)dy$

(4) $\displaystyle\int \left(\frac{5}{|t|\sqrt{t^2-1}} + \frac{1}{t}\right)dt$

(5) $\displaystyle\int (\sec y + \sec^2 y)dy$

2. Evaluate the following integrals.

(1) $\int \dfrac{\cos x}{\sin^2 x} dx$

(2) $\int \sec u (\sec u + \tan u) du$

(3) $\int \dfrac{7y^2}{y^3 - 1} dy$

(4) $\int 2\sec^2 x \sqrt{\tan x}\, dx$

(5) $\int 3x^2 \cos(x^3) dx$

(6) $\displaystyle\int e^{(5x+1)}dx$

(7) $\displaystyle\int x^3 7^{x^4}dx$

(8) $\displaystyle\int 10x\sec(5x^2)\tan(5x^2)dx$

(9) $\displaystyle\int 3^{5x}dx$

(10) $\displaystyle\int 2x\sqrt{x^2+1}\,dx$

(11) $\displaystyle\int \sqrt{2x-3}\,dx$

(12) $\displaystyle\int \sec^2 7x\,dx$

(13) $\displaystyle\int \sec^2(10x+5)\,dx$

(14) $\displaystyle\int x\cos(5x^2-3)\,dx$

(15) $\displaystyle\int \frac{3}{(x+1)^5}\,dx$

(16) $\displaystyle\int \frac{1}{\sqrt{t}}\sin\sqrt{t}\,dt$

(17) $\displaystyle\int \sin(\sin y)\cos y\,dy$

(18) $\displaystyle\int \frac{1-3y}{\sqrt{2y-3y^2}}\,dy$

(19) $\displaystyle\int \frac{2}{\sqrt{u}\,(1-2\sqrt{u})}\,du$

(20) $\displaystyle\int \sin\theta\cos\theta\,d\theta$

(21) $\displaystyle\int \frac{\sin t}{\cos t}\,dt$

(22) $\displaystyle\int \sqrt{\sec u}\,\sec u\tan u\,du$

(23) $\displaystyle\int \frac{3\sin 2u}{\sqrt{1-\cos^2 u}}\,du$

(24) $\displaystyle\int y\cos(5y)^2\,dy$

(25) $\displaystyle\int \frac{e^t}{e^t+1}\,dy$

(26) $\int \tan\theta \, d\theta$

(27) $\int e^{5\theta} \cos(e^{5\theta}) d\theta$

(28) $\int t e^{t^2} dt$

(29) $\int \frac{e^{\sqrt{t}}}{\sqrt{t}} dt$

(30) $\int \frac{\ln x}{x} dx$

(31) $\displaystyle\int \frac{\ln \sqrt{t}}{t}\,dt$

(32) $\displaystyle\int \frac{1}{x\ln x}\,dx$

(33) $\displaystyle\int \frac{1}{x\left(3+\ln x^5\right)}\,dx$

3. Evaluate the following integrals.

(1) $\displaystyle\int \sin^2 t\,dt$

(2) $\int \cos^2 2x\,dx$

(3) $\int (\sqrt{u} + \frac{1}{\sqrt{u}})^2\,du$

(4) $\int (2x^{\frac{1}{3}} - 3x^{\frac{3}{2}} + x^{-\frac{1}{2}})\,dx$

4. Evaluate the following integrals.

(BC) (1) $\int \frac{2}{(x-2)(x+1)}\,dx$

(BC) (2) $\displaystyle\int \frac{1}{x^2 + 4x + 3}\, dx$

(BC) (3) $\displaystyle\int \frac{5}{x^2 + 5x - 14}\, dx$

(4) $\displaystyle\int \frac{2 - 5x}{9 + x^2}\, dx$

(5) $\displaystyle\int \frac{10 - 3x}{\sqrt{81 - 25x^2}}\, dx$

(6) $\displaystyle\int \frac{x^2+x+2}{x^2}\,dx$

(7) $\displaystyle\int \frac{3\cos t}{1+\sin^2 t}\,dt$

(8) $\displaystyle\int \frac{3}{x^2-4x+5}\,dx$

(9) $\displaystyle\int \frac{2}{1+y^2}\,dy$

(BC) 5. Evaluate the following integrals.

(1) $\displaystyle\int t\ln t\,dt$

(2) $\displaystyle\int x^2 e^x\,dx$

(3) $\displaystyle\int x\sec^2 x\,dx$

(4) $\displaystyle\int \ln x^2\,dx$

(5) $\displaystyle\int \frac{\ln u}{u^2}du$

(6) $\displaystyle\int te^{-t}dt$

(7) $\displaystyle\int e^y \sin y\, dy$

(8) $\displaystyle\int \cos^{-1}t\, dt$

(BC) 6.

Let f and g are twice-differentiable functions. If $f'(x)=2$ for all values of x, which of the following is equal to $\int f(x)g''(x)dx$?

ⓐ $f'(x)g'(x)-2g'(x)+C$
ⓑ $f(x)g(x)-2g'(x)+C$
ⓒ $f(x)g'(x)-2g(x)+C$
ⓓ $f'(x)g(x)-2g(x)+C$

Exercise 1

1.

   (1) $e^x - \sec x + C$

   (2) $5\sin x - 3\cos x + C$

   (3) $\tan y + \cot y + C$

   (4) $5\sec^{-1} t + \ln|t| + C$

   (5) $\ln|\sec y + \tan y| + \tan y + C$

2.

   (1) $-\csc x + C$

$$\int \frac{\cos x}{\sin x} \cdot \frac{1}{\sin x} dx = \int \cot x \csc x \, dx = -\csc x + C$$

   (2) $\tan u + \sec u + C$

$$\int (\sec^2 u + \sec u \tan u) du = \tan u + \sec u + C$$

   (3) $\dfrac{7}{3}\ln|y^3 - 1| + C$

$y^3 - 1 = u$, $3y^2 = \dfrac{du}{dy}$ 에서 $dy = \dfrac{1}{3y^2} du$ 이므로

$$\int \frac{7y^2}{u} \cdot \frac{1}{3y^2} du = \frac{7}{3}\int \frac{1}{u} du = \frac{7}{3}\ln|u| + C = \frac{7}{3}\ln|y^3 - 1| + C$$

   (4) $\dfrac{4}{3}\tan x \sqrt{\tan x} + C$

$\tan x = u$, $\sec^2 x = \dfrac{du}{dx}$ 에서 $dx = \dfrac{1}{\sec^2 x} du$ 이므로

$$\int 2\sec^2 x \sqrt{u} \frac{1}{\sec^2 x} du = 2\int u^{\frac{1}{2}} du = 2 \cdot \frac{1}{1 + \frac{1}{2}} u^{\frac{3}{2}} + C = \frac{4}{3}\tan x \sqrt{\tan x} + C$$

   (5) $\sin(x^3) + C$

$x^3 = u$, $3x^2 = \dfrac{du}{dx}$ 에서 $dx = \dfrac{1}{3x^2} du$ 이므로

$$\int 3x^2 \cos u \frac{1}{3x^2} du = \int \cos u \, du = \sin u + C = \sin(x^3) + C$$

(6) $\dfrac{1}{5}e^{5x+1}+C$

$5x+1=u$, $5=\dfrac{du}{dx}$ 에서 $dx=\dfrac{1}{5}du$ 이므로 $\displaystyle\int e^u\cdot\dfrac{1}{5}du=\dfrac{1}{5}\int e^u du=\dfrac{1}{5}e^u+C=\dfrac{1}{5}e^{5x+1}+C$

(7) $\dfrac{7^{x^4}}{4\ln 7}+C$

$x^4=u$, $4x^3=\dfrac{du}{dx}$ 에서 $dx=\dfrac{1}{4x^3}du$ 이므로

$\displaystyle\int x^3\cdot 7^u\cdot\dfrac{1}{4x^3}du=\dfrac{1}{4}\int 7^u du=\dfrac{1}{4}\cdot\dfrac{7^u}{\ln 7}+C=\dfrac{7^{x^4}}{4\ln 7}+C$

(8) $\sec(5x^2)+C$

$5x^2=u$, $10x=\dfrac{du}{dx}$ 에서 $dx=\dfrac{1}{10x}du$ 이므로

$\displaystyle\int (10x)\sec u\tan u\dfrac{1}{10x}du=\int\sec u\tan u\,du=\sec u+C=\sec(5x^2)+C$

(9) $\dfrac{3^{5x}}{5\ln 3}+C$

$5x=u$, $5=\dfrac{du}{dx}$ 에서 $dx=\dfrac{1}{5}du$ 이므로 $\displaystyle\int 3^u\cdot\dfrac{1}{5}du=\dfrac{1}{5}\int 3^u du=\dfrac{1}{5}\cdot\dfrac{3^u}{\ln 3}+C=\dfrac{3^{5x}}{5\cdot\ln 3}+C$

(10) $\dfrac{2}{3}(x^2+1)\sqrt{x^2+1}+C$

$x^2+1=u$, $2x=\dfrac{du}{dx}$ 에서 $dx=\dfrac{1}{2x}du$ 이므로

$\displaystyle\int 2x\cdot\sqrt{u}\cdot\dfrac{1}{2x}du=\int u^{\frac{1}{2}}du=\dfrac{1}{1+\dfrac{1}{2}}u^{\frac{1}{2}+1}+C=\dfrac{2}{3}(x^2+1)\sqrt{x^2+1}+C$

(11) $\dfrac{1}{3}(2x-3)\sqrt{2x-3}+C$

$2x-3=u$, $2=\dfrac{du}{dx}$ 에서 $dx=\dfrac{1}{2}du$ 이므로

$\displaystyle\int\sqrt{u}\cdot\dfrac{1}{2}du=\dfrac{1}{2}\int u^{\frac{1}{2}}du=\dfrac{1}{2}\cdot\dfrac{1}{1+\dfrac{1}{2}}u^{\frac{3}{2}}=\dfrac{1}{3}(2x-3)\sqrt{2x-3}+C$

(12) $\dfrac{1}{7}\tan 7x+C$

$7x=u$, $7=\dfrac{du}{dx}$ 에서 $dx=\dfrac{1}{7}du$ 이므로

$\displaystyle\int\sec^2 u\cdot\dfrac{1}{7}du=\dfrac{1}{7}\int\sec^2 u\,du=\dfrac{1}{7}\tan u+C=\dfrac{1}{7}\tan(7x)+C$

Explanations and Answers for Exercises

(13) $\dfrac{1}{10}\tan(10x+5)+C$

$10x+5=u$, $10=\dfrac{du}{dx}$ 에서 $dx=\dfrac{1}{10}du$ 이므로 $\displaystyle\int \sec^2 u \cdot \dfrac{1}{10}du = \dfrac{1}{10}\tan(10x+5)+C$

(14) $\dfrac{1}{10}\sin(5x^2-3)+C$

$5x^2-3=u$, $10x=\dfrac{du}{dx}$ 에서 $dx=\dfrac{1}{10x}du$ 이므로

$\displaystyle\int x \cdot \cos u \cdot \dfrac{1}{10x}du = \dfrac{1}{10}\int \cos u\, du = \dfrac{1}{10}\sin u + C = \dfrac{1}{10}\sin(5x^2-3)+C$

(15) $-\dfrac{3}{4(x+1)^4}+C$

$x+1=u$, $1=\dfrac{du}{dx}$ 에서 $dx=du$ 이므로

$\displaystyle\int \dfrac{3}{-t^5}du = 3\int u^{-5}du = 3 \cdot \dfrac{1}{-5+1}u^{-4}+C = -\dfrac{3}{4(x+1)^4}+C$

(16) $-2\cos\sqrt{t}+C$

$\sqrt{t}=u$, $\dfrac{1}{2\sqrt{t}}=\dfrac{du}{dt}$ 에서 $dt=2\sqrt{t}\,du$ 이므로

$\displaystyle\int \dfrac{1}{\sqrt{t}} \cdot \sin u \cdot 2\sqrt{t}\,du = 2\int \sin u\, du = -2\cos u + C = -2\cos\sqrt{t}+C$

(17) $-\cos(\sin y)+C$

$\sin y=u$, $\cos y=\dfrac{du}{dy}$ 에서 $dy=\dfrac{1}{\cos y}du$ 이므로

$\displaystyle\int \sin u \cdot \cos y \cdot \dfrac{1}{\cos y}du = \int \sin u\, du = -\cos u + C = -\cos(\sin y)+C$

(18) $\sqrt{2y-3y^2}+C$

$2y-3y^2=u$, $2-6y=\dfrac{du}{dy}$ 에서 $dy=\dfrac{1}{2(1-3y)}du$ 이므로

$\displaystyle\int \dfrac{1-3y}{\sqrt{u}} \cdot \dfrac{du}{2(1-3y)} = \dfrac{1}{2}\int u^{-\frac{1}{2}}du = \dfrac{1}{2} \cdot \dfrac{1}{-\dfrac{1}{2}+1}u^{\frac{1}{2}}+C = \sqrt{u}+C = \sqrt{2y-3y^2}+C$

(19) $-2\ln|1-2\sqrt{u}|+C$

$1-2\sqrt{u}=t$, $-\dfrac{1}{\sqrt{u}}=\dfrac{dt}{du}$ 에서 $du=-\sqrt{u}\,dt$ 이므로

$\displaystyle\int \dfrac{2}{\sqrt{u} \cdot t} \cdot (-\sqrt{u}\,dt) = -2\int \dfrac{1}{t}dt = -2\ln|t|+C = -2\ln|1-2\sqrt{u}|+C$

(20) $\dfrac{1}{2}\sin^2\theta + C$

$\sin\theta = u$, $\cos\theta = \dfrac{du}{d\theta}$ 에서 $d\theta = \dfrac{1}{\cos\theta}du$ 이므로

$\displaystyle\int u \cdot \cos\theta \cdot \dfrac{1}{\cos\theta}du = \int u\,du = \dfrac{1}{2}u^2 + C = \dfrac{1}{2}\sin^2\theta + C$

(21) $-\ln|\cos t| + C$

$\cos t = u$, $-\sin t = \dfrac{du}{dt}$ 에서 $dt = -\dfrac{du}{\sin t}$ 이므로

$\displaystyle\int \dfrac{\sin t}{u} \cdot \left(-\dfrac{du}{\sin t}\right) = -\ln|u| + C = -\ln|\cos t| + C$

(22) $\dfrac{2}{3}\sec u\sqrt{\sec u} + C$

$\sec u = t$, $\sec u\tan u = \dfrac{dt}{du}$ 에서 $du = \dfrac{1}{\sec u \cdot \tan u}dt$ 이므로

$\displaystyle\int \sqrt{t} \cdot \sec u \cdot \tan u \cdot \dfrac{1}{\sec u \cdot \tan u}dt = \int \sqrt{t}\,dt = \dfrac{1}{\frac{1}{2}+1}t^{\frac{1}{2}+1} + C = \dfrac{2}{3}\sec u\sqrt{\sec u} + C$

(23) $6\sqrt{1-\cos^2 u} + C$

$1-\cos^2 u = t$, $2\cos u\sin u = \sin 2u = \dfrac{dt}{du}$ 에서 $du = \dfrac{1}{\sin 2u}dt$ 이므로

$\displaystyle\int \dfrac{3\sin 2u}{\sqrt{t}} \cdot \dfrac{1}{\sin 2u}dt = 3\int t^{-\frac{1}{2}}dt = 3 \cdot \dfrac{1}{1-\frac{1}{2}}t^{-\frac{1}{2}+1} + C = 6\sqrt{1-\cos^2 u} + C$

(24) $\dfrac{1}{50}\sin(25y^2) + C$

$(5y^2) = u$, $25y^2 = u$ 에서 $50y = \dfrac{du}{dy}$ 에서 $dy = \dfrac{1}{50y}du$ 이므로

$\displaystyle\int y \cdot \cos u \cdot \dfrac{1}{50y}du = \dfrac{1}{50}\int \cos u\,du = \dfrac{1}{50}\sin u + C = \dfrac{1}{50}\sin 25y^2 + C$

(25) $\ln(e^t + 1) + C$

$e^t + 1 = u$, $e^t = \dfrac{du}{dt}$ 에서 $dt = \dfrac{1}{e^t}du$ 이므로

$\displaystyle\int \dfrac{e^t}{u} \cdot \dfrac{1}{e^t}du = \int \dfrac{1}{u}du = \ln|u| + C = \ln(e^t + 1) + C$

(※ $e^t + 1$은 항상 Positive이므로 $|e^t + 1|$이라고 쓰지 않아도 된다.)

(26) $-\ln|\cos\theta| + C$ or $\ln|\sec\theta| + C$

$\tan\theta = \dfrac{\sin\theta}{\cos\theta}$ 이므로 $\cos\theta = u$, $-\sin\theta = \dfrac{du}{d\theta}$ 에서 $d\theta = -\dfrac{1}{\sin\theta}du$

$\displaystyle\int \dfrac{\sin\theta}{u} \cdot \dfrac{1}{-\sin\theta}du = -\int \dfrac{1}{u}du = -\ln|u| + C = -\ln|\cos\theta| + C = \ln|\sec\theta| + C$

(27) $\dfrac{1}{5}\sin(e^{5\theta}) + C$

$e^{5\theta} = u$, $5e^{5\theta} = \dfrac{du}{d\theta}$ 에서 $d\theta = \dfrac{1}{5e^{5\theta}}du$ 이므로

$\displaystyle\int e^{5\theta}\cos u \dfrac{1}{5e^{5\theta}}du = \dfrac{1}{5}\int \cos u\,du = \dfrac{1}{5}\sin u + C = \dfrac{1}{5}\sin(e^{5\theta}) + C$

(28) $\dfrac{1}{2}e^{t^2} + C$

$t^2 = u$, $2t = \dfrac{du}{dt}$ 에서 $dt = \dfrac{1}{2t}du$ 이므로 $\displaystyle\int t \cdot e^u \cdot \dfrac{1}{2t}du = \dfrac{1}{2}\int e^u du = \dfrac{1}{2}e^u + C = \dfrac{1}{2}e^{t^2} + C$

(29) $2e^{\sqrt{t}} + C$

$\sqrt{t} = u$, $\dfrac{1}{2\sqrt{t}} = \dfrac{du}{dt}$ 에서 $dt = 2\sqrt{t}\,du$ 이므로

$\displaystyle\int \dfrac{e^u}{\sqrt{t}} \cdot 2\sqrt{t}\,du = 2\int e^u du = 2e^u + C = 2e^{\sqrt{t}} + C$

(30) $\dfrac{1}{2}(\ln x)^2 + C$

$\ln x = u$, $\dfrac{1}{x} = \dfrac{du}{dx}$ 에서 $dx = x\,du$ 이므로 $\displaystyle\int \dfrac{u}{x} \cdot x\,du = \int u\,du = \dfrac{1}{2}u^2 + C = \dfrac{1}{2}(\ln x)^2 + C$

(31) $\dfrac{1}{4}(\ln t)^2 + C$

$\ln\sqrt{t} = \ln t^{\frac{1}{2}} = \dfrac{1}{2}\ln t$ 이므로 $\dfrac{1}{2}\displaystyle\int \dfrac{\ln t}{t}dt$이므로 30번 결과에 $\dfrac{1}{2}$ 을 곱한다. $\dfrac{1}{4}(\ln t)^2 + C$

(32) $\ln|\ln x| + C$

$\ln x = u$, $\dfrac{1}{x} = \dfrac{du}{dx}$ 에서 $dx = x\,du$ 이므로 $\displaystyle\int \dfrac{1}{x} \cdot \dfrac{1}{u}x\,du = \int \dfrac{1}{u}du = \ln|u| + C = \ln|\ln x| + C$

(33) $\dfrac{1}{5}\ln\left|3+\ln\left(x^5\right)\right|+C$

$3+\ln\left(x^5\right)=u$, $3+5\ln x=u$ 에서 $\dfrac{5}{x}=\dfrac{du}{dx}$ 이므로 $dx=\dfrac{x}{5}du$

$\displaystyle\int\dfrac{1}{x}\cdot\dfrac{1}{u}\cdot\dfrac{x}{5}du=\dfrac{1}{5}\int\dfrac{1}{u}du=\dfrac{1}{5}\ln|u|+C=\dfrac{1}{5}\ln\left|3+\ln\left(x^5\right)\right|+C$

3.

(1) $\dfrac{1}{2}t-\dfrac{1}{4}\sin 2t+C$

$\sin^2 t=\dfrac{1-\cos 2t}{2}$ 이므로 $\displaystyle\int(\dfrac{1}{2}-\dfrac{1}{2}\cos 2t)dt$ 에서

$\displaystyle\int\dfrac{1}{2}dt-\dfrac{1}{2}\int\cos(2t)dt=\dfrac{1}{2}t-\dfrac{1}{2}\int\cos u\cdot\dfrac{1}{2}du=\dfrac{1}{2}t-\dfrac{1}{4}\sin 2t+C$

(※ $2t=u$ 로 치환! : $u=2t\Rightarrow\dfrac{du}{dt}=2\Rightarrow dt=\dfrac{1}{2}du$)

(2) $\dfrac{1}{2}x+\dfrac{1}{8}\sin 4x+C$

$\cos^2 2x=\dfrac{1+\cos 4x}{2}$ 이므로 $\displaystyle\int(\dfrac{1}{2}+\dfrac{1}{2}\cos 4x)dx$ 에서

$\displaystyle\int\dfrac{1}{2}dx+\dfrac{1}{2}\int\cos 4x\,dx=\dfrac{1}{2}\int\cos u\cdot\dfrac{1}{4}du=\dfrac{1}{2}x+\dfrac{1}{8}\sin 4x+C$

(※ $4x=u$ 로 치환! $u=4x\Rightarrow\dfrac{du}{dx}=4\Rightarrow dx=\dfrac{1}{4}du$)

(3) $\dfrac{1}{2}u^2+2u+\ln|u|+C$

$\displaystyle\int(u+2+\dfrac{1}{u})du=\dfrac{1}{2}u^2+2u+\ln|u|+C$

(4) $\dfrac{3}{2}x^{\frac{4}{3}}-\dfrac{6}{5}x^{\frac{5}{2}}+2x^{\frac{1}{2}}+C$

$\displaystyle\int(2x^{\frac{1}{3}}-3x^{\frac{3}{2}}+x^{-\frac{1}{2}})dx=2\cdot\dfrac{1}{1+\dfrac{1}{3}}x^{\frac{4}{3}}-3\cdot\dfrac{1}{1+\dfrac{3}{2}}x^{\frac{5}{2}}+\dfrac{1}{1-\dfrac{1}{2}}x^{\frac{1}{2}}+C$

$=\dfrac{3}{2}x^{\frac{4}{3}}-\dfrac{6}{5}x^{\frac{5}{2}}+2x^{\frac{1}{2}}+C$

4.

(1) $\dfrac{2}{3}\ln\dfrac{|x-2|}{|x+1|}+C$

$2\displaystyle\int \dfrac{1}{(x-2)(x+1)}dx = 2\int (\dfrac{a}{x-2}+\dfrac{b}{x+1})dx$ 에서

$\dfrac{a}{x-2}+\dfrac{b}{x+1}=\dfrac{a(x+1)+b(x-2)}{(x-2)(x+1)}=\dfrac{(a+b)x+(a-2b)}{(x-2)(x+1)}=\dfrac{1}{(x-2)(x+1)}$ 이므로 $a+b=0$,

$a-2b=1 \Rightarrow b=-\dfrac{1}{3}$, $a=\dfrac{1}{3}$ 에서

$2\displaystyle\int (\dfrac{1}{3})\cdot\dfrac{1}{(x-2)}dx + 2\int (-\dfrac{1}{3})\cdot\dfrac{1}{(x+1)}dx$

$=\dfrac{2}{3}\displaystyle\int \dfrac{1}{x-2}dx - \dfrac{2}{3}\int \dfrac{1}{x+1}dx = \dfrac{2}{3}(\ln|x-2|-\ln|x+1|)+C = \dfrac{2}{3}\ln\dfrac{|x-2|}{|x+1|}+C$

(2) $\dfrac{1}{2}\ln\dfrac{|x+1|}{|x+3|}+C$

$\dfrac{1}{x^2+4x+3}=\dfrac{1}{(x+1)(x+3)}=\dfrac{a}{x+1}+\dfrac{b}{x+3}$ 에서

$\dfrac{a(x+3)+b(x+1)}{(x+1)(x+3)}=\dfrac{(a+b)x+(3a+b)}{(x+1)(x+3)}=\dfrac{1}{(x+1)(x+3)}$ 이므로 $a+b=0$, $3a+b=1$에서

$a=\dfrac{1}{2}$, $b=-\dfrac{1}{2}$에서

$\dfrac{1}{2}\displaystyle\int \dfrac{1}{x+1}dx - \dfrac{1}{2}\int \dfrac{1}{x+3}dx = \dfrac{1}{2}\ln|x+1|-\dfrac{1}{2}\ln|x+3|+C=\dfrac{1}{2}\ln\dfrac{|x+1|}{|x+3|}+C$

(3) $\dfrac{1}{9}\ln\dfrac{|x-2|}{|x+7|}+C$

$\displaystyle\int \dfrac{5}{x^2+5x-14}dx = 5\int \dfrac{1}{(x-2)(x+7)}dx$ 에서

$\dfrac{a}{x-2}+\dfrac{b}{x+7}=\dfrac{ax+7a+bx-2b}{(x-2)(x+7)}=\dfrac{(a+b)x+(7a-2b)}{(x-2)(x+7)}=\dfrac{1}{(x-2)(x+7)}$ 이므로 $a+b=0$,

$7a-2b=1$에서 $a=\dfrac{1}{9}$, $b=-\dfrac{1}{9}$,

$5(\dfrac{1}{9}\displaystyle\int \dfrac{1}{x-2}dx - \dfrac{1}{9}\int \dfrac{1}{x+7}dx) = \dfrac{5}{9}\ln|x-2|-\dfrac{5}{9}\ln|x+7|+C = \dfrac{5}{9}\ln\dfrac{|x-2|}{|x+7|}+C$

(4) $\dfrac{2}{3}\tan^{-1}\dfrac{x}{3}-\dfrac{5}{2}\ln(9+x^2)+C$

$$\int\dfrac{2}{9+x^2}dx-\int\dfrac{5x}{9+x^2}dx=2\int\dfrac{1}{9\left(1+\dfrac{x^2}{9}\right)}dx-\int\dfrac{5x}{9+x^2}dx$$

($9+x^2$ 을 u로 치환하면 $9+x^2=u$ 에서 $2x=\dfrac{du}{dx}$ 이므로 $dx=\dfrac{1}{2x}du$)

$$=\dfrac{2}{9}\int\dfrac{1}{1+(\dfrac{x}{3})^2}dx-\int\dfrac{5x}{u}\cdot\dfrac{1}{2x}du$$

($\dfrac{x}{3}$ 을 k로 치환하면 $\dfrac{x}{3}=k$ 에서 $\dfrac{1}{3}=\dfrac{dk}{dx}$ 이므로 $dx=3dk$)

$$=\dfrac{2}{9}\int\dfrac{1}{1+k^2}\cdot3dk-\dfrac{5}{2}\int\dfrac{1}{u}du=\dfrac{2}{3}\tan^{-1}k-\dfrac{5}{2}\ln|u|+C=\dfrac{2}{3}\tan^{-1}(\dfrac{x}{3})-\dfrac{5}{2}\ln(9+x^2)+C$$

(5) $2\sin^{-1}(\dfrac{5}{9}x)+\dfrac{3}{25}\sqrt{81-25x^2}+C$

① $\displaystyle\int\dfrac{10}{\sqrt{81-25x^2}}dx$ 에서

$\sqrt{81(1-(\dfrac{5}{9}x)^2)}=9\sqrt{1-(\dfrac{5}{9}x)^2}\Rightarrow\dfrac{5}{9}x=u$ 로 치환하면, $\dfrac{5}{9}x=u$ 에서 $\dfrac{5}{9}=\dfrac{du}{dx}$ 에서 $dx=\dfrac{9}{5}du$

② $\displaystyle\int\dfrac{3x}{\sqrt{81-25x^2}}dx$ (※$81-25x^2=k$ 로 치환하면 $-50x=\dfrac{dk}{dx}$ 에서 $dx=-\dfrac{1}{50x}dk$)

$$\int\dfrac{10-3x}{\sqrt{81-25x^2}}dx=\dfrac{10}{9}\int\dfrac{1}{\sqrt{1-u^2}}\cdot\dfrac{9}{5}du-\int\dfrac{3x}{\sqrt{k}}\cdot(-\dfrac{1}{50x}dk)$$

$$=2\int\dfrac{1}{\sqrt{1-u^2}}du+\dfrac{3}{50}\int k^{-\frac{1}{2}}dk=2\sin^{-1}u+\dfrac{3}{50}\times\dfrac{1}{1-\dfrac{1}{2}}k^{\frac{1}{2}}+C$$

$$=2\sin^{-1}(\dfrac{5}{9}x)+\dfrac{3}{25}\sqrt{81-25x^2}+C$$

(6) $x+\ln|x|-\dfrac{2}{x}+C$

$$\int(1+\dfrac{1}{x}+2x^{-2})dx=x+\ln|x|-\dfrac{2}{x}+C$$

(7) $3\tan^{-1}(\sin t)+C$

$\sin t=u,\quad\cos t=\dfrac{du}{dt}$ 에서 $dt=\dfrac{1}{\cos t}du$ 이고

$$\int\dfrac{3\cos t}{1+u^2}\cdot\dfrac{1}{\cos t}du=3\int\dfrac{1}{1+u^2}du=3\tan^{-1}(u)+C=3\tan^{-1}(\sin t)+C$$

(8) $3\tan^{-1}(x-2)+C$

$3\int \dfrac{1}{1+x^2-4x+4}dx = 3\int \dfrac{1}{1+(x-2)^2}dx,\ x-2=u,\ 1=\dfrac{du}{dx}$ 에서 $dx=du$ 이므로

$=3\int \dfrac{1}{1+u^2}du = 3\tan^{-1}u+C = 3\tan^{-1}(x-2)+C$

(9) $2\tan^{-1}y+C$

$2\int \dfrac{1}{1+y^2}dy = 2\tan^{-1}y+C$

5.

(1) $\dfrac{1}{2}t^2\ln t - \dfrac{1}{4}t^2+C$

$\int t\cdot\ln t\,dt = \dfrac{1}{2}t^2\ln t - \int \dfrac{1}{2}t^2\cdot\dfrac{1}{t}dt = \dfrac{1}{2}t^2\ln t - \dfrac{1}{4}t^2+C$

(2) $x^2e^x - 2xe^x - 2e^x+C$

$\int x^2e^x dx = x^2e^x - \int 2xe^x dx$ 에서 $\int xe^x dx = xe^x - \int 1\cdot e^x dx = x\cdot e^x - e^x+C$ 이므로

$\int x^2\cdot e^x dx = x^2\cdot e^x - 2(x\cdot e^x - e^x)+C$ 에서 $x^2e^x - 2xe^x + 2e^x+C$

(3) $x\tan x - \ln|\sec x|+C$ or $x\tan x+\ln|\cos x|+C$

$\int x\cdot\sec^2 x\,dx = x\cdot\tan x - \int 1\cdot\tan x\,dx = x\tan x - \ln|\sec x|+C$ or $x\tan x+\ln|\cos x|+C$

(4) $2(x\ln x - x)+C$

$2\int 1\cdot\ln x\,dx = 2\left(x\ln x - \int x\cdot\dfrac{1}{x}dx\right) = 2(x\ln x - x)+C$

(5) $-\dfrac{\ln u}{u} - \dfrac{1}{u}+C$

$\int u^{-2}\cdot\ln u\,du = -\dfrac{1}{u}\cdot\ln u - \int \left(-\dfrac{1}{u}\right)\dfrac{1}{u}du = -\dfrac{\ln u}{u} - \dfrac{1}{u}+C$

(6) $-te^{-t} - e^{-t}+C$

$\int te^{-t}dt = t(-e^{-t}) - \int 1\cdot(-e^{-t})dt = -te^{-t} - e^{-t}+C$

(7) $\dfrac{e^y}{2}(\sin y - \cos y) + C$

$\displaystyle\int e^y \sin y \, dy = e^y(-\cos y) - \int e^y(-\cos y)dy = -e^y \cos y + \int e^y \cos y \, dy$ 에서

$\displaystyle\int e^y \cos y \, dy = e^y \sin y - \int e^y \sin y \, dy$ 이므로

$\displaystyle\int e^y \sin y \, dy = -e^y \cos y + (e^y \sin y - \int e^y \sin y \, dy)$ 에서

$2\displaystyle\int e^y \sin y \, dy = e^y \sin y - e^y \cos y$ 이므로 $\displaystyle\int e^y \sin y \, dy = \dfrac{e^y}{2}(\sin y - \cos y) + C$

(8) $t\cos^{-1}t - \sqrt{1-t^2} + C$

$\displaystyle\int 1 \cdot \cos^{-1}t \, dt = t\cos^{-1}t - \int t \cdot (-\dfrac{1}{\sqrt{1-t^2}})dt . \int \dfrac{t}{\sqrt{1-t^2}}dt$ 에서 $1-t^2 = u$ 로 치환

(Substitution)하면 $-2t = \dfrac{dy}{dt}$ 이므로 $\displaystyle\int \dfrac{t}{\sqrt{u}} \cdot \dfrac{1}{-2t}du$ 에서 $-\dfrac{1}{2}\int u^{-\frac{1}{2}}du = \dfrac{-1}{2} \times 2\sqrt{u} + C$ 에

서 $u = 1-t^2$ 이므로 $-\sqrt{1-t^2} + C$. 그러므로, $t\cos^{-1}t - \sqrt{1-t^2} + C$

6. ⓒ

$\displaystyle\int f(x)g''(x)dx = f(x)g'(x) - \int f'(x)g'(x)dx$ 에서 $f'(x) = 2$ 이므로

$f(x)g'(x) - 2\displaystyle\int g'(x)dx$ 에서 $f(x)g'(x) - 2g(x) + C$

심선생의 주절주절 잔소리 2

필자는 학원 현장에서 여러 학부모님들과 학생들을 만나게 된다. 그 중 면담을 하다보면 답답한 경우가 여러 가지가 있는데 여기에서 그 일화를 소개하고자 한다.

한국에서 고교 수학과정을 거의 선행한 학생으로서 수학을 잘하는데 미국의 학교로 가는 학생들의 경우 큰 착각에 빠지는 경우가 많다. 9학년으로 입학을 하게 되는 경우 학교 과정을 무시하고 바로 AP Calculus BC반으로 들어가겠다고 우기는 경우가 그 대표적이다. 이런 경우 대부분의 학교에서는 Algebra2부터 들으라고 권유를 하지만 이를 뿌리치고 끝까지 우기거나 시험을 봐서 바로 AP반으로 들어가려 한다. 과연 이게 옳은 방법일까?

미국으로 공부를 하러 갔으면 미국스타일에 맞추어야 한다. 뿐만 아니라 필자가 알고 있는 지식으로는 Precalculus를 공부하지 않은 학생을 좋아할 대학은 없다. 사실 AP Calculus는 대학에서 배울 내용을 미리 숙달해서 가는 과정이고 Algebra2나 Precalculus는 미국 중고교 전체를 공부하는 과정이라 해도 될 만큼 중요한 과목이다. 미국 내에서 치루어지는 대부분의 SAT시험이나 경시시험도 Precalculus까지가 범위이다. 심지어 유명한 Math Camp도 Precalculus과정을 중요시 한다. 그러므로, Algebra2나 Precalculus를 건너뛰는 행동은 대학 진로에 있어서 마이너스 요인이 된다.

9학년이 11학년 12학년들이 공부하는 AP반에 들어가면 좀 폼이 날수는 있지만 졸업 때까지 듣는 수학과목에 문제가 생기게 된다. 또한 그렇다고 이렇게 공부한 학생들이 수학을 잘한다고 할 수도 없다. 학교 과정을 빨리 들으면 본인이 굉장히 남들보다 우수하다고 착각을 해서는 안 된다. 우연일지는 모르겠으나 필자가 지도하였던 학생들 중 9학년 때 AP Calculus를 공부했던 학생 치고서는 본인이 원했던 명문대학 진학에 실패한 경우가 많았다. 아무리 SAT성적이 좋고 AP성적이 좋다고 하여도 좋은 대학을 간다는 보장이 없는 것이 미국 대학이다. 항상 겸손한 마음가짐으로 학교생활을 하여야 하며 교사들의 조언을 절대로 거절하는 일이 있어서는 안 된다. 조금 답답하더라도 학교의 조언대로 교육을 받되 본인의 능력은 다른 시험이나 대회에서 펼쳐 보이면 되는 것이다. 즉, 학교에서 빠른 교과과정은 본인에게는 만족스러울 수 있으나 자칫하다가는 큰 독이 될 수 있다는 사실을 명심하자.

2. Definite Integrals

1. Definite Integral?

2. Formula

3. Even Function and Odd Function

4. Definite Integral의 계산

5. $\lim\limits_{n \to \infty} \sum\limits_{k=1}^{n} f(k)$와 $\int_{a}^{b} f(x)dx$

6. Average Value of a Function

7. Riemann Sums and Trapezoid Rule

8. Integrals Involving Parametrically Defined Function (BC)

9. Improper Integrals (BC)

Indefinite Integral과 Definite Integral을 간단히 비교해 보면 다음과 같다.

Indefinite Integral and Definite Integral

- Indefinite Integral : $\int f(x)dx = F(x) + C$
- Definite Integral : $\int_{a}^{b} f(x)dx = F(b) - F(a)$

시작에 앞서서...

"Indefinite Integrals" 단원에서 적분(Integral)계산을 완성했다면
"Definite Integrals" 단원에서는 간단한 규칙만 알아도 모든 문제가 쉽게 해결된다.
"Definite Integrals" 에서는 구체적인 범위가 주어지게 되므로
그 주어진 범위 안에서 면적, 부피, 길이 등을 구체적으로 구할 수 있다.

1. Definite Integral?

앞에서 설명한 것처럼 구체적인 범위가 주어져서 그 주어진 범위 안에서 면적, 부피, 길이 등을 구체적으로 구할 수 있는 것이 "Definite Integrals" 이고 한국 수학에서는 "정적분" 이라고 한다.

다음 그림은 구간 $[a,b]$에서 $y=f(x)$와 x축 사이의 면적을 구하는 과정이다.

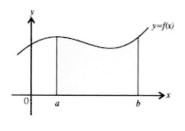 = 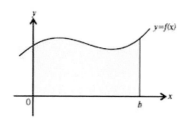 −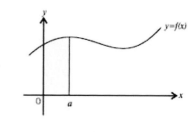

$$\int_a^b f(x)dx \qquad = \qquad \int_0^b f(x)dx \qquad - \qquad \int_0^a f(x)dx$$

즉, $\int_a^b f(x)dx = \int_0^b f(x)dx - \int_0^a f(x)dx$ 에서 $\int_a^b f(x)dx = [F(x)+C]_0^b - [F(x)+C]_0^a$

$\Rightarrow \int_a^b f(x)dx = (F(b)+C) - (F(0)+C) - (F(a)+C) - (F(0)+C) = F(b) - F(a)$

위의 설명한 결과는 반드시 알아두자!

 반드시 알아두자!

$$\int_a^b f(x)dx = F(b) - F(a)$$

앞의 내용을 간단히 다음의 예제에 적용시켜 보자.

① $\displaystyle\int_1^2 (x^2+1)dx = [\frac{1}{3}x^3 + x]_1^2 = (\frac{1}{3}\times 2^3 + 2) - (\frac{1}{3}\times 1^3 + 1) = \frac{8}{3} + 2 - \frac{1}{3} - 1 = \frac{7}{3} + 1 = \frac{10}{3}$

② $\displaystyle\int_{\frac{\pi}{4}}^{\frac{\pi}{2}} \cos x dx = [\sin x]_{\frac{\pi}{4}}^{\frac{\pi}{2}} = \sin\frac{\pi}{2} - \sin\frac{\pi}{4} = 1 - \frac{\sqrt{2}}{2} = \frac{2-\sqrt{2}}{2}$

③ $\displaystyle\int_e^{e^2} \ln x dx = [x\ln x - x]_e^{e^2} = (e^2 \times \ln e^2 - e^2) - (e \times \ln e - e) = 2e^2 - e^2 - e + e = e^2$

2. Formula

"Indefinite Integrals" 와는 달리 "Definite Integrals" 에서는 범위가 주어지게 되므로 다음과 같은 규칙들이 나오게 된다.

읽어보면 너무 뻔한 이야기 같지만 중요한 것은 **이 규칙들을 모두 암기!** 해야 한다는 사실~!!

반드시 암기하자!

① $\displaystyle\int_a^b f(x)dx = F(b) - F(a)$

② $\displaystyle\int_a^a f(x)dx = 0$

③ $\displaystyle\int_a^b f(x)dx = \int_a^c f(x)dx + \int_c^b f(x)dx$: 모두 $f(x)$로 같을 때

모두 f(x)로 같을 때…

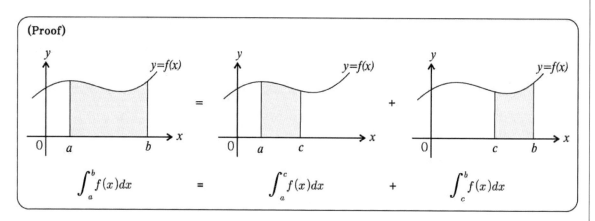

(Proof)

$$\int_a^b f(x)dx \quad = \quad \int_a^c f(x)dx \quad + \quad \int_c^b f(x)dx$$

④ $\displaystyle\int_a^b f(x)dx = -\int_b^a f(x)dx$

(Proof)

$$\int_a^b f(x)dx + \int_b^a f(x)dx = \int_a^a f(x)dx = 0$$

$\displaystyle\int_a^b f(x)dx + \int_b^a f(x)dx = 0$ 에서, $\displaystyle\int_a^b f(x)dx = -\int_b^a f(x)dx$

다음의 것은 암기를 안 해도 된다. 그냥 "이렇게 되는구나.." 라고만 알고 있자.

$$\int_a^b f(x)dx = \int_a^c f(x)dx - \int_b^c f(x)dx = \qquad \int_a^b f(x)dx = \int_a^{ⓒ} f(x)dx + \int_{ⓒ}^b f(x)dx$$

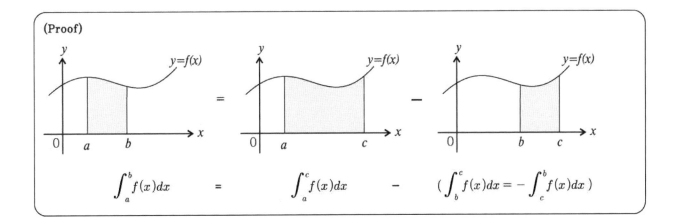

(Proof)

$$\int_a^b f(x)dx \qquad = \qquad \int_a^c f(x)dx \qquad - \qquad (\int_b^c f(x)dx = -\int_c^b f(x)dx\,)$$

다음의 예제를 보자.

(**EX 1**) Evaluate $\displaystyle\int_1^2 (x^2+x)dx + \int_2^5 (x^2+x)dx + \int_5^{10} (x^2+x)dx$

Solution

$f(x)$가 x^2+x로 모두 같으므로 앞에서 설명한 Formula ③에 의해서

$$\int_1^{②} (x^2+x)dx + \int_{②}^{⑤} (x^2+x)dx + \int_{⑤}^{10} (x^2+x)dx = \int_1^{10} (x^2+x)dx$$

$$= [\frac{1}{3}x^3 + \frac{1}{2}x^2]_1^{10} = (\frac{1}{3}\times 10^3 + \frac{1}{2}\times 10^2) - (\frac{1}{3} + \frac{1}{2}) = 382.5$$

정답   382.5

3. Even Function and Odd Function

적분(Integration)을 하는데 있어서 Even Function과 Odd Function을 몰라도 계산하는 데는 아무런 문제가 없지만 이 내용을 알면 이런 형태의 문제는 **빨리** 해결할 수 있다.

다음을 꼭 알아두자.

반드시 알아두자!

적분(Integration)에서 Even Function 또는 Odd Function을 따지는 경우

$$\Rightarrow \int_{-a}^{a} f(x)dx$$

01 Even Function $(f(x) = f(-x))$

───── y축 (y-axis) 대칭(Symmetry)

───── ax^n에서 n=Even Number인 모든 Term.

───── 상수(Constant)

───── $\cos x,\ x^2+1,\ x^8+x^4\ \cdots$

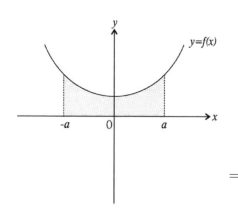

반드시 알아두자!

$$\int_{-a}^{a} f(x)dx = 2\int_{0}^{a} f(x)dx$$

$\Rightarrow$

02 Odd Function $(f(x)=-f(-x))$

───── 원점(Origin) 대칭(Symmetry)

───── ax^n 에서 n=Odd Number인 모든 Term

───── $\tan x,\ \sin x,\ x^3+x,\ x^5+x^3,\ \cdots$

반드시 알아두재!

$$\Rightarrow \qquad \int_{-a}^{a} f(x)dx = 0$$

다음의 예제를 보면 직접 계산해도 되지만 이런 문제의 경우에는 Even Function과 Odd Function을 알면 간단하게 해결된다.

$\left(\text{EX 1}\right)$ Evaluate $\displaystyle\int_{-1}^{1}(7x^{99}-37x^{55}+21x^{21}+x^2+x+3)dx$

Solution

$$7\int_{-1}^{1}x^{99}dx-37\int_{-1}^{1}x^{55}dx+21\int_{-1}^{1}x^{21}dx+\int_{-1}^{1}x^2dx+\int_{-1}^{1}xdx+\int_{-1}^{1}3dx$$

$$=\ 0-0+0+2\int_{0}^{1}x^2dx+0+2\int_{0}^{1}3dx=2\int_{0}^{1}x^2dx+2\int_{0}^{1}3dx=2\times[\frac{1}{3}x^3]_{0}^{1}+2[3x]_{0}^{1}=\frac{20}{3}$$

즉, 간단하게 $\displaystyle\int_{-1}^{1}(7x^{99}-37x^{55}+21x^{21}+x^2+x+3)dx=2\int_{0}^{1}(x^2+3)dx=\frac{20}{3}$

정답 $\dfrac{20}{3}$

4. Definite Integral의 계산

Definite Integral을 문제 유형별로 나누어 보면 다음과 같다.

Definite Integral의 계산

I. $\int_a^b f(x)dx = F(b) - F(a)$, $\int_a^b f'(x)dx = f(b) - f(a)$

II. $\dfrac{d}{dx}\int (Differentiation + Integral)$

III. 미분 관계(U-Substitution)

IV. $\int_a^b |f(x)|dx$

V. $\int$ 의 성질을 이용한 문제

01 $\int_a^b f(x)dx = F(b) - F(a)$, $\int_a^b f'(x)dx = f(b) - f(a)$

Definite Integral 계산에 있어서 가장 기본적인 유형이다. 간단하게 다음의 예제 두 개만 보고 넘기도록 하자.

$\left(\text{EX 1}\right)$ Evaluate $\int_1^2 (x+2)dx$

Solution

$$[\frac{1}{2}x^2 + 2x]_1^2 = (\frac{1}{2} \times 2^2 + 2 \times 2) - (\frac{1}{2} \times 1^2 + 2 \times 1) = 6 - \frac{5}{2} = \frac{7}{2}$$

정답 $\dfrac{7}{2}$

$$\left(\text{BC}\right)\left(\text{EX 2}\right) \text{ Evaluate } \int_{\frac{\pi}{4}}^{\frac{\pi}{2}} x\cos x\,dx$$

Solution

Integration by Parts!

②적분(Integral) 그대로

$$\int_{\frac{\pi}{4}}^{\frac{\pi}{2}} x\cos x\,dx = x\sin x - \int_{\frac{\pi}{4}}^{\frac{\pi}{2}} 1\cdot\sin x\,dx$$

①그대로 미분(Differentiation)

$$= [x\sin x + \cos x]_{\frac{\pi}{4}}^{\frac{\pi}{2}} = \left(\frac{\pi}{2}\sin\frac{\pi}{2} + \cos\frac{\pi}{2}\right) - \left(\frac{\pi}{4}\sin\frac{\pi}{4} + \cos\frac{\pi}{4}\right) = \frac{\pi}{2} - \frac{\pi}{4}\times\frac{\sqrt{2}}{2} - \frac{\sqrt{2}}{2}$$

$$= \frac{(4-\sqrt{2})\pi - 4\sqrt{2}}{8}$$

정답 $\dfrac{(4-\sqrt{2})\pi - 4\sqrt{2}}{8}$

02 $\dfrac{d}{dx}\int$ (Differentiation + Integral)

이와 같은 유형은 다음과 같이 풀어야 쉽게 해결이 된다.

① $\dfrac{d}{dx}\int_{a}^{x}(\underset{A}{\underline{\quad}})dy$: A부분을 무조건 $f(x)$라고 놓는다.

② $\dfrac{d}{dx}\int_{a}^{x}f(y)dy = \dfrac{d}{dx}(F(x)-F(a))$

다음의 예제들을 보자.

(**EX 3**) Evaluate $\dfrac{d}{dx}\displaystyle\int_{2}^{x}(1+t^4)dt$

Solution

이와 같이 $\dfrac{d}{dx}$와 $\displaystyle\int$ 이 함께 섞인 문제는 바로 계산하지 말고 $\displaystyle\int_{a}^{b}f(x)dx=F(b)-F(a)$를 이용하자.

$1+t^4=f(t)$라고 하면, $\displaystyle\int_{2}^{x}f(t)dt=F(x)-F(2)$에서 $\dfrac{d}{dx}[F(x)-F(2)]=F'(x)=f(x)$

(※ $F(2)$는 상수(Constant)이므로 $F'(2)=0$)

즉 $\dfrac{d}{dx}\displaystyle\int_{2}^{x}(1+t^4)dt=\dfrac{d}{dx}\displaystyle\int_{2}^{x}f(t)dt=\dfrac{d}{dx}[F(x)-F(2)]=F'(x)=f(x)=1+x^4$

그러므로, 정답은 $1+x^4$

　　　정답　　　　$1+x^4$

(**EX 4**) Evaluate $\dfrac{d}{dx}\displaystyle\int_{1}^{x^2}(y+y^2)dy$

Solution

$y+y^2=f(y)$라고 하면 $\displaystyle\int_{1}^{x^2}f(y)dy=[F(y)]_{1}^{x^2}=F(x^2)-F(1)$

$\dfrac{d}{dx}[F(x^2)-F(1)]=2xF'(x^2)=2xf(x^2)=2x(x^2+x^4)$

그러므로, 정답은 $2x^3+2x^5$

　　　정답　　　　$2x^3+2x^5$

03 U-Substitution

Indefinite Integral에서의 "U-Substitution" 과 차이가 있다면 범위 문제이다.

다음의 두 경우를 보자.

① $\int_0^1 2x(x^2+3)^2 dx \Rightarrow x^2+3=u$라고 치환(Substitution) $(2x=\dfrac{dx}{du})$

$\Rightarrow \int 2xu^2\dfrac{1}{2x}du \Rightarrow$ 범위도 u의 범위로 바꾸면 $\int_3^4 u^2 du$에서 $[\dfrac{1}{3}u^3]_3^4$

② $\int_0^1 2x(x^2+3)^2 dx \Rightarrow x^2+3=u$라고 치환(Substitution) $(2x=\dfrac{dx}{du})$

$\Rightarrow \int 2xu^2\dfrac{1}{2x}du \Rightarrow \int u^2 du = [\dfrac{1}{3}u^3]$에서 $u=x^2+3$이므로 $[\dfrac{1}{3}(x^2+3)^3]_0^1$

위의 ①, ②번 모두 결과는 같다. 하지만 두 가지를 혼용해서 쓰다 보면 실수를 하게 된다.
되도록 ①번의 경우로 풀도록 하자.

즉, 치환(Substitution)을 하는 경우에는 치환한 문자의 범위로 바꾸어서 풀자!

$\left(\text{EX 5}\right)$ Evaluate $\int_1^3 x(x^2-1)^3 dx$

Solution

$x^2-1=u$라고 치환(Substitution)하고 양변을 x에 대해서 미분(Differentiation)하면

$2x=\dfrac{du}{dx}$에서 $dx=\dfrac{1}{2x}du$

"Definite Integrals"에서 주의해야 할 점은 이처럼 치환(Substitution)을 한 경우 범위도 치환 문자의 범위로 바꾸어야 한다는 것!

$x=3$일 때, $u=3^2-1=8$이고 $x=1$일 때, $u=1^2-1=0$이므로

$\int_0^8 xu^3\dfrac{1}{2x}du = \dfrac{1}{2}\int_0^8 u^3 du = \dfrac{1}{2}[\dfrac{1}{4}\cdot 8^4] = 512$

정답   512

(**EX 6**) Evaluate $\displaystyle\int_{e}^{e^3}\frac{\ln u}{u}du$

Solution

$$\int_{e}^{e^3}\frac{1}{u}\times \ln u\,du$$

t라고 치환!(Substitution)

미분(Differentiation)

⇒ $\ln u = t$라고 치환(Substitution)하고 양변을 u에 대해서 미분(Differentiation)하면 $\dfrac{1}{u}=\dfrac{dt}{du}$에서

$du = u\,dt$이고 $u=e^3$일 때, $t=\ln e^3 = 3$이고 $u=e$일 때 $t=\ln e = 1$이므로

$$\int_{1}^{3}\frac{1}{u}\times t\times u\,dt = \int_{1}^{3}t\,dt = \left[\frac{1}{2}t^2\right]_{1}^{3}=\frac{9}{2}-\frac{1}{2}=4$$

정답　　　4

04 　$\displaystyle\int_{a}^{b}|f(x)|dx$

주어진 범위 내에서 $f(x)>0$일 때와 $f(x)<0$일 때로 나누어서 계산한다.

예를 들어, $\displaystyle\int_{0}^{2}|x-1|dx = \int_{0}^{1}-(x-1)dx + \int_{1}^{2}(x-1)dx$ 와 같이 분류한다.

(**EX 7**) Evaluate $\displaystyle\int_{1}^{3}|x-2|dx$

Solution

$|x-2|$는 $x\geq 2$에서는 $x-2$, $x<2$에서는 $-(x-2)$ 이므로 다음과 같이 ｜ ｜ 안이 양(Positive)일 때와 음(Negative)일 때의 범위로 나누어서 풀어야 한다.

$$\int_{1}^{2}-(x-2)dx + \int_{2}^{3}(x-2)dx = -\left[\frac{1}{2}x^2-2x\right]_{1}^{2}+\left[\frac{1}{2}x^2-2x\right]_{2}^{3}=1$$

정답　　　1

☞ 심선생 Math Series

05 ∫의 성질을 이용한 문제

(**EX 8**) Evaluate $\int_1^3 (x^2+1)dx + \int_3^7 (x^2+1)dx - \int_5^7 (x^2+1)dx$

Solution

$x^2+1 = f(x)$ 라고 하면, 모두 x^2+1로 같으므로 $\int_a^c f(x)dx + \int_c^b f(x)dx = \int_a^b f(x)dx$ 를 이용!

$\int_1^3 (x^2+1)dx + \int_3^7 (x^2+1)dx - \int_5^7 (x^2+1)dx = \int_1^7 (x^2+1)dx - \int_5^7 (x^2+1)dx \quad \Rightarrow \int_7^5 (x^2+1)dx$

$= \int_1^7 (x^2+1)dx + \int_7^5 (x^2+1)dx = \int_1^5 (x^2+1)dx = [\frac{1}{3}x^3 + x]_1^5 = (\frac{1}{3} \times 5^3 + 5) - (\frac{1}{3} \times 1^3 + 1) = \frac{136}{3}$

정답　　$\dfrac{136}{3}$

(**EX 9**) Evaluate $\int_{-\frac{\pi}{6}}^{\frac{\pi}{6}} (3\sin x + 2\tan x + \cos x)dx$

Solution

$\int_{-\frac{\pi}{6}}^{\frac{\pi}{6}} (3\sin x + 2\tan x + \cos x)dx = 2\int_0^{\frac{\pi}{6}} \cos x\,dx = 2[\sin x]_0^{\frac{\pi}{6}} = 2[\sin \frac{\pi}{6}] = 2 \times \frac{1}{2} = 1$

(※ $\int_{-a}^{a} f(x)dx$ 에서 $\sin x$, $\tan x$는 Odd Function이므로 0)

정답　　　1

Problem 1

(1) If $\displaystyle\int_2^5 f(x)dx = 5$ and $\displaystyle\int_5^7 f(x)dx = -2$, Evaluate $\displaystyle\int_2^7 (2f(x)+3)dx$

(2) If $\displaystyle\int_1^7 f(x)dx = 8$ and $\displaystyle\int_7^2 f(x)dx = 5$, then $\displaystyle\int_1^2 f(x)dx = $

    ⓐ -3   ⓑ 0   ⓒ 3   ⓓ 13

(3) If $\displaystyle\int_a^b f(x)dx = 3$ and $\displaystyle\int_a^b g(x)dx = -2$, which of the following must be true?

    Ⅰ. $\displaystyle\int_a^b (2f(x)-3g(x))dx = 12$ Ⅱ. $\displaystyle\int_a^b f(x)g(x)dx = -6$ Ⅲ. $f(x) > g(x)$ for $a \le x \le b$

Solution

(1) $\displaystyle\int_2^7 (2f(x)+3)dx = 2\int_2^7 f(x)dx + \int_2^7 3dx$ (※ $\displaystyle\int_2^5 f(x)dx + \int_5^7 f(x)dx = \int_2^7 f(x)dx = 3$)

$\Rightarrow 2 \cdot 3 + [3x]_2^7 = 6 + (21-6) = 21$

(2) $\displaystyle\int_1^7 f(x)dx + \int_7^2 f(x)dx = \int_1^2 f(x)dx = 13$

(3) Ⅰ. $2\displaystyle\int_a^b f(x)dx - 3\int_a^b g(x)dx = 12$

Ⅱ. $\displaystyle\int_a^b f(x)g(x)dx = (\int_a^b f(x)dx)(\int_a^b g(x)dx)$는 성립하지 않음.

Ⅲ. $\displaystyle\int_a^b f(x)dx > \int_a^b g(x)dx$인 것이지 $f(x) > g(x)$인 것은 아님.

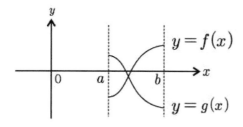

그림에서 보는 바와 같이 주어진 구간 내에서 $f(x)$가 $g(x)$ 보다 항상 위에 있는 것은 아니다. 그러므로, 옳은 것은 Ⅰ

    정답   (1) 21   (2) ⓓ   (3) Ⅰ

Problem 2   Evaluate the following integrals.

(1) $\displaystyle\int_1^2 \frac{1}{x^3} dx$

(2) $\displaystyle\int_0^1 (4x^3 + 2x)dx$

(3) $\displaystyle\int_0^t \cos x\, dx$

(4) $\displaystyle\int_0^1 \sqrt{x}\,(x-1)dx$

Solution

(1) $\displaystyle\int_1^2 x^{-3}dx = [\frac{1}{-3+1}x^{-2}]_1^2 = [-\frac{1}{2x^2}]_1^2 = -\frac{1}{8} + \frac{1}{2} = \frac{3}{8}$

(2) $\displaystyle\int_0^1 (4x^3 + 2x)dx = [x^4 + x^2]_0^1 = 2$

(3) $\displaystyle\int_0^t \cos x\, dx = [\sin x]_0^t = \sin t$

(4) $\displaystyle\int_0^1 (x^{\frac{3}{2}} - x^{\frac{1}{2}})dx = [\frac{1}{1+\frac{3}{2}}x^{\frac{5}{2}} - \frac{1}{1+\frac{1}{2}}x^{\frac{3}{2}}]_0^1 = \frac{2}{5} - \frac{2}{3} = -\frac{4}{15}$

정답   (1) $\dfrac{3}{8}$ (2) 2   (3) $\sin t$ (4) $-\dfrac{4}{15}$

Problem 3

(1) Evaluate $\displaystyle\int_0^5 \sqrt{x^2 - 4x + 4}\,dx$

(2) Evaluate $\displaystyle\int_0^3 |x - 2|\,dx$

(3) If $f(x) = \begin{cases} 2x & \text{for } x \le 2 \\ x^2 & \text{for } x > 2 \end{cases}$ Evaluate $\displaystyle\int_1^3 f(x)\,dx$

Solution

(1) $\displaystyle\int_0^5 \sqrt{(x-2)^2}\,dx = \int_0^5 |x-2|\,dx = -\int_0^2 (x-2)\,dx + \int_2^5 (x-2)\,dx = -[\frac{1}{2}x^2 - 2x]_0^2 + [\frac{1}{2}x^2 - 2x]_2^5$

$= -(2-4) + (\frac{25}{2} - 10 - 2 + 4) = 2 + \frac{9}{2} = \frac{13}{2}$

(2) $\displaystyle\int_0^3 |x-2|\,dx = -\int_0^2 (x-2)\,dx + \int_2^3 (x-2)\,dx = -[\frac{1}{2}x^2 - 2x]_0^2 + [\frac{1}{2}x^2 - 2x]_2^3$

$= -(2-4) + (\frac{9}{2} - 6 - 2 + 4) = 2 + \frac{1}{2} = \frac{5}{2}$

(3) $\displaystyle\int_1^3 f(x)\,dx = \int_1^2 2x\,dx + \int_2^3 x^2\,dx = [x^2]_1^2 + [\frac{1}{3}x^3]_2^3 = 3 + 9 - \frac{8}{3} = \frac{28}{3}$

정답   (1) $\dfrac{13}{2}$ (2) $\dfrac{5}{2}$ (3) $\dfrac{28}{3}$

Problem 4

(1) Evaluate $\displaystyle\int_e^{e^2}(\frac{1}{t}\int_1^t\frac{1}{u}du)dt$

(2) $\displaystyle\int_1^{\sqrt{3}}\frac{1}{1+x^2}dx \quad (0 < x < \frac{\pi}{2})$

Solution

(1) $\displaystyle\int_1^t\frac{1}{u}du = [\ln|u|]_1^t = \ln|t|$ 이므로

$\displaystyle\int_e^{e^2}\frac{1}{t}\ln|t|dt$ 에서 $\ln|t| = u$로 치환(Substitution)하면 $\dfrac{1}{t} = \dfrac{du}{dt}$에서 $dt = tdu$

$\displaystyle\int_1^2 udt = [\frac{1}{2}u^2]_1^2 = 2 - \frac{1}{2} = \frac{3}{2}$

(2) $\displaystyle\int_1^{\sqrt{3}}\frac{1}{1+x^2}dx = [\tan^{-1}x]_1^{\sqrt{3}} = \tan^{-1}\sqrt{3} - \tan^{-1}1 = \frac{\pi}{3} - \frac{\pi}{4} = \frac{\pi}{12}$

정답   (1) $\dfrac{3}{2}$ (2) $\dfrac{\pi}{12}$

Problem 5

If f is a continuous function and if $F'(x) = f(x)$ for all real numbers x,

then $\displaystyle\int_{2}^{5} f(4x)\,dx =$

ⓐ $F(20) - F(8)$

ⓑ $\dfrac{1}{4}(F(20) - F(8))$

ⓒ $4(F(20) - F(8))$

ⓓ $\dfrac{1}{4}(F(5) - F(2))$

Solution

$4x = u$ 라고 치환(Substitution)하면 $4 = \dfrac{du}{dx}$ 에서 $dx = \dfrac{1}{4}du$ 이고 $x = 5$ 일 때 $u = 20$ 이고

$x = 2$ 일 때 $u = 8$ 이므로 $\dfrac{1}{4}\displaystyle\int_{8}^{20} f(u)\,du = \dfrac{1}{4}[F(u)]_{8}^{20} = \dfrac{1}{4}(F(20) - F(8))$

정답 ⓑ

Problem 6 Evaluate the following integrals.

(1) $\displaystyle\int_0^2 \sqrt{4t+2}\,dt$

(2) $\displaystyle\int_2^4 \frac{1}{2t+1}\,dt$

(3) $\displaystyle\int_0^{\sqrt{3}} \frac{x}{\sqrt{4-x^2}}\,dx$

(4) $\displaystyle\int_0^{\frac{\pi}{2}} \frac{\cos x}{1+2\sin x}\,dx$

(5) $\displaystyle\int_{\frac{\pi}{12}}^{\frac{\pi}{4}} \frac{\cos 2x}{\sin^2 2x}\,dx$

(6) $\displaystyle\int_e^{e^2} \frac{\ln y}{y}\,dy$

(7) $\displaystyle\int_0^1 \frac{e^y}{e^y+1}\,dy$

(8) $\displaystyle\int_0^1 xe^{x^2}\,dx$

(9) $\displaystyle\int_0^1 (2t-1)^3\,dt$

(10) $\displaystyle\int_0^1 e^{-x}\,dx$

Solution

(1) $\dfrac{5}{3}\sqrt{10}-\dfrac{1}{3}\sqrt{2}$

$\displaystyle\int_0^2 \sqrt{4t+2}\,dt$, $\quad 4t+2=u \Rightarrow 4=\dfrac{du}{dt} \Rightarrow dt=\dfrac{1}{4}du$, $\quad 4\times 2+2=10,\ 4\times 0+2=2$

$\displaystyle\int_2^{10} \sqrt{u}\,\frac{1}{4}\,du = \frac{1}{4}\int_2^{10} u^{\frac{1}{2}}\,du = \frac{1}{4}[\frac{2}{3}u^{\frac{3}{2}}]_2^{10} = \frac{1}{4}[\frac{2}{3}\cdot 10^{\frac{3}{2}}-\frac{2}{3}\cdot 2^{\frac{3}{2}}] = \frac{5}{3}\sqrt{10}-\frac{1}{3}\sqrt{2}$

(2) $\dfrac{1}{2}\ln\dfrac{9}{5}$

$\displaystyle\int_2^4 \frac{1}{2t+1}\,dt$, $\quad 2t+1=u \Rightarrow 2=\dfrac{du}{dt} \Rightarrow dt=\dfrac{1}{2}du$

$\displaystyle\int_5^9 \frac{1}{u}\frac{1}{2}\,du = \frac{1}{2}\int_5^9 \frac{1}{u}\,du = \frac{1}{2}[\ln u]_5^9 = \frac{1}{2}[\ln 9-\ln 5] = \frac{1}{2}\ln\frac{9}{5}$

(3) 1

$4-x^2=u \Rightarrow -2x=\dfrac{du}{dx} \Rightarrow dx=-\dfrac{1}{2x}du$

$\displaystyle\int_4^1 \frac{x}{\sqrt{u}}(-\frac{1}{2x}\,du) = -\frac{1}{2}\int_4^1 \frac{1}{\sqrt{u}}\,du = \frac{1}{2}\int_1^4 u^{-\frac{1}{2}}\,du = [\sqrt{u}]_1^4 = 2-1 = 1$

Solution

(4) $\dfrac{1}{2}\ln 3$

$1 + 2\sin x = u \ \Rightarrow\ 2\cos x = \dfrac{du}{dx} \ \Rightarrow\ dx = \dfrac{1}{2\cos x}du,\ \displaystyle\int_1^3 \dfrac{\cos x}{u} \times \dfrac{1}{2\cos x}du = \dfrac{1}{2}[\ln u]_1^3 = \dfrac{1}{2}\ln 3$

(5) $\dfrac{1}{2}$

$\displaystyle\int_{\frac{\pi}{12}}^{\frac{\pi}{4}} \dfrac{\cos 2x}{\sin 2x} \cdot \dfrac{1}{\sin 2x}dx = \int_{\frac{\pi}{12}}^{\frac{\pi}{4}} \cot 2x \cdot \csc 2x\, dx$ 에서 $2x = u \Rightarrow 2 = \dfrac{du}{dx} \Rightarrow dx = \dfrac{1}{2}du$

$\displaystyle\int_{\frac{\pi}{6}}^{\frac{\pi}{2}} \cot u \cdot \csc u \cdot \dfrac{1}{2}du = [-\dfrac{1}{2}\csc u]_{\frac{\pi}{6}}^{\frac{\pi}{2}} = -\dfrac{1}{2} + \dfrac{1}{2} \cdot 2 = \dfrac{1}{2}$

(6) $\dfrac{3}{2}$

$\ln y = u \Rightarrow \dfrac{1}{y} = \dfrac{du}{dy} \Rightarrow dy = y\,du,\ \displaystyle\int_1^2 \dfrac{1}{y}uy\,du = \int_1^2 u\,du = [\dfrac{1}{2}u^2]_1^2 = 2 - \dfrac{1}{2} = \dfrac{3}{2}$

(7) $\ln\dfrac{e+1}{2}$

$e^y + 1 = u \Rightarrow e^y = \dfrac{du}{du} \Rightarrow dy = \dfrac{1}{e^y}du$

$\displaystyle\int_2^{e+1} \dfrac{e^y}{u}\dfrac{1}{e^y}du = \int_2^{e+1} \dfrac{1}{u}du = [\ln|u|]_2^{e+1} = \ln(e+1) - \ln 2 = \ln\dfrac{e+1}{2}$

(8) $\dfrac{1}{2}(e-1)$

$x^2 = u \Rightarrow 2x = \dfrac{du}{dx} \Rightarrow dx = \dfrac{1}{2x}du,\ \displaystyle\int_0^1 xe^u \cdot \dfrac{1}{2x}du = \dfrac{1}{2}\int_0^1 e^u du = \dfrac{1}{2}[e^u]_0^1 = \dfrac{1}{2}(e-1)$

(9) 0

$2t - 1 = u \Rightarrow 2 = \dfrac{du}{dt} \Rightarrow dt = \dfrac{1}{2}du,\ \displaystyle\int_{-1}^1 u^3 \cdot \dfrac{1}{2}du = \dfrac{1}{2}\int_{-1}^1 u^3 du = 0$

(10) $1 - \dfrac{1}{e}$

$-x = u \Rightarrow -1 = \dfrac{du}{dx} \Rightarrow dx = -du,\ \displaystyle\int_0^{-1} e^u \cdot (-du) = -\int_0^{-1} e^u du = \int_{-1}^0 e^u du = [e^u]_{-1}^0 = 1 - \dfrac{1}{e}$

정답

(1) $\dfrac{5}{3}\sqrt{10} - \dfrac{1}{3}\sqrt{2}$ (2) $\dfrac{1}{2}\ln\dfrac{9}{5}$ (3) 1 (4) $\dfrac{1}{2}\ln 3$ (5) $\dfrac{1}{2}$ (6) $\dfrac{3}{2}$

(7) $\ln\dfrac{e+1}{2}$ (8) $\dfrac{1}{2}(e-1)$ (9) 0 (10) $1 - \dfrac{1}{e}$

Problem 7

(1) If $F(x) = \int_1^{2x} \sqrt{2t^3 + 2}\, dt$, Find $F'(1)$

(2) $\dfrac{d}{dx} \int_0^x \sin(5t)dt =$

    ⓐ $\sin(5x)$ ⓑ $\dfrac{1}{5}\cos(5x)$ ⓒ $\cos(5x)$ ⓓ $\dfrac{1}{5}\sin(5x)$

(3) $\dfrac{d}{dx}\left(\int_0^{x^3} \ln(t^4 + t^2)dt \right) =$

    ⓐ

    $\dfrac{4x^3 + 2x}{x^4 + x^2}$ ⓑ $\ln(x^{12} + x^6)$ ⓒ $3x^2 \ln(x^{12} + x^6)$ ⓓ $3x^2 \ln(x^4 + x^2)$

Solution

(1) $\sqrt{2x^3 + 2} = g(t)$ 라고 하면,

$F(x) = \int_1^{2x} g(t)dt = G(2x) - G(1)$ 에서 $F'(x) = 2g(2x)$ 에서 $F'(1) = 2g(2) = 2\sqrt{18} = 6\sqrt{2}$

(2) $\sin(5t) = f(t)$ 라고 하면,

$\dfrac{d}{dx} \int_0^x f(t)dt = \dfrac{d}{dx}(F(x) - F(0)) = f(x)$ 이므로 $f(x) = \sin 5x$

(3) $\ln(t^4 + t^2) = f(t)$ 라고 하면,

$\int_0^{x^3} f(t)dt = F(x^3) - F(0)$ 이고 $\dfrac{d}{dx}(F(x^3) - F(0)) = 3x^2 f(x^3)$ 이므로 정답은 $3x^2 \ln(x^{12} + x^6)$

정답   (1) $6\sqrt{2}$ (2) ⓐ   (3) ⓒ

5. $\displaystyle\lim_{n\to\infty}\sum_{k=1}^{n} f(k)$ 와 $\displaystyle\int_a^b f(x)dx$

많은 학생들이 어려워하는 부분이다. 다음의 내용을 자세히 보도록 하자.

01 $\displaystyle\lim_{n\to\infty}\sum_{k=1}^{n} f(\frac{k}{n})\frac{1}{n}$: 구분구적법(Riemann Sum)

예를 들어 다음의 그림과 같이 구간 [0,1]에서 $y=f(x)$와 x축 사이의 면적을 구한다고 해보자.

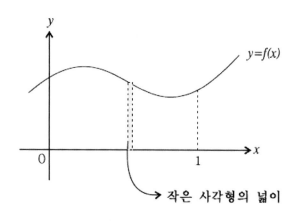

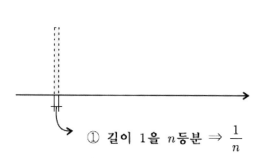

① 길이 1을 n등분 $\Rightarrow \dfrac{1}{n}$

② 작은 사각형이 k번째에 있다면······.

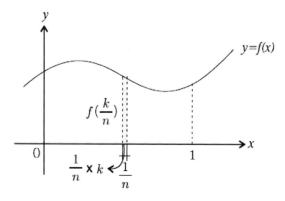

⇒ 이 작은 사각형을 무수히 많이 더한다.

$$= \sum_{k=1}^{\infty} f(\frac{k}{n}) = \lim_{n\to\infty}\sum_{k=1}^{n} f(\frac{k}{n})\frac{1}{n}$$

즉, 구간 [0,1]에서 $y=f(x)$와 x축 사이의 면적은 $\displaystyle\lim_{n\to\infty}\sum_{k=1}^{n} f(\frac{k}{n})\frac{1}{n}$ 로 나타낼 수 있다.

02 $\int_a^b f(x)dx$: 정적분(Definite Integral)

$\lim\limits_{n \to \infty} \sum\limits_{k=1}^{n} f(\frac{k}{n})\frac{1}{n}$을 자세히 살펴보면…….

작은 사각형 밑변의 길이 1을 n등분

$$\lim\limits_{n \to \infty} \sum\limits_{k=1}^{n} f(\frac{k}{n}) \cdot \frac{1}{n}$$

$\frac{1}{n}$이 k번째에 있다 = 임의의 x값

= 무한 합
= Sum + Integration
= S+I = $\int$

위의 내용을 다시 정리해 보면…….

$$\lim\limits_{n \to \infty} \sum\limits_{k=1}^{n} f(\frac{k}{n}) \cdot \frac{1}{n}$$

범위 [0,1]

$= \int$ $\frac{k}{n} = x$ =dx

$\Rightarrow f(x)$

이전까지의 내용을 종합해 보면 다음과 같다.

구분 구적법 (Riemann Sum)		정적분 (Definite Integrals)
① $\displaystyle\lim_{n\to\infty}\sum_{k=1}^{n}=\sum_{k=1}^{\infty}$	$\Rightarrow$	$\displaystyle\int$
② $\dfrac{1}{n}\times k$	$\Rightarrow$	x
③ $\dfrac{1}{n}$	$\Rightarrow$	길이 1을 n등분 $= dx$ 구간 $(0,1)$

$\left(\textbf{EX 1}\right)$ Evaluate $\displaystyle\lim_{n\to\infty}\sum_{k=1}^{n}(1+\frac{3k}{n})^2\frac{1}{n}$

Solution

① $\displaystyle\lim_{n\to\infty}\sum_{k=1}^{n}=\int$ ② $\dfrac{k}{n}=x$ ③ $\dfrac{1}{n}=$길이 1을 n등분 $= dx$, 구간 $[0,1]$

$$\lim_{n\to\infty}\sum_{k=1}^{n}(1+\frac{3k}{n})^2\frac{1}{n}=\int_0^1 (1+3x)^2\,dx$$

$1+3x=u$ 라고 치환(Substitution)하면 $3=\dfrac{du}{dx}$ 에서 $\dfrac{1}{3}\displaystyle\int_1^4 u^2\,du=\dfrac{1}{9}[u^3]_1^4=\dfrac{63}{9}=7$

정답   7

Problem 8

(1) Evaluate $\lim\limits_{n\to\infty}\sum\limits_{k=1}^{n}(1+\dfrac{6k}{n})\dfrac{1}{n}$

(2) Evaluate $\lim\limits_{n\to\infty}\sum\limits_{k=1}^{n}\sin(\dfrac{\pi}{4}+\dfrac{\pi k}{4n})\dfrac{\pi}{4n}$

(3) Evaluate $\lim\limits_{n\to\infty}\dfrac{3}{n}(\sqrt{\dfrac{1}{n}}+\sqrt{\dfrac{2}{n}}+\sqrt{\dfrac{3}{n}}+\cdots+\sqrt{\dfrac{n}{n}})$

Solution

(1) ① $\lim\limits_{n\to\infty}\sum\limits_{k=1}^{n}=\int$　②$\dfrac{1}{n}=dx$ 이고 $[0,1]$구간을 n등분　③ $\dfrac{1}{n}\times k=x$

$\lim\limits_{n\to\infty}\sum\limits_{k=1}^{n}(1+\dfrac{6k}{n})\dfrac{1}{n}$을 Definite Integral로 바꾸면 $\displaystyle\int_{0}^{1}(1+6x)dx$. $1+6x=u$ $\Rightarrow 6=\dfrac{du}{dx}$에서

$dx=\dfrac{1}{6}du$, $dx=\dfrac{1}{6}du$, $\dfrac{1}{6}\displaystyle\int_{1}^{7}udu=\dfrac{1}{6}[\dfrac{1}{2}u^2]_{1}^{7}=\dfrac{1}{6}(\dfrac{1}{2}\times 48)=4$

(2) ① $\lim\limits_{n\to\infty}\sum\limits_{k=1}^{n}=\int$　②$\dfrac{1}{n}=dx$ 이고 $[0,1]$구간을 n등분　③ $\dfrac{1}{n}\times k=x$

$\lim\limits_{n\to\infty}\sum\limits_{k=1}^{n}\sin(\dfrac{\pi}{4}+\dfrac{\pi k}{4n})\dfrac{\pi}{4n}$ 을 Definite Integral로 바꾸면 $\dfrac{\pi}{4}\displaystyle\int_{0}^{1}\sin(\dfrac{\pi}{4}+\dfrac{\pi}{4}x)dx$

$\dfrac{\pi}{4}+\dfrac{\pi}{4}x=u \Rightarrow \dfrac{\pi}{4}=\dfrac{du}{dx}$ 에서 $dx=\dfrac{4}{\pi}du$　$\dfrac{\pi}{4}\displaystyle\int_{\frac{\pi}{4}}^{\frac{\pi}{2}}(\sin u)\times\dfrac{4}{\pi}du=\displaystyle\int_{\frac{\pi}{4}}^{\frac{\pi}{2}}\sin udu=[-\cos u]_{\frac{\pi}{4}}^{\frac{\pi}{2}}=\dfrac{\sqrt{2}}{2}$

(3) $\lim\limits_{n\to\infty}\dfrac{3}{n}(\sqrt{\dfrac{1}{n}}+\sqrt{\dfrac{2}{n}}+\sqrt{\dfrac{3}{n}}+\cdots+\sqrt{\dfrac{n}{n}})$

① $\lim\limits_{n\to\infty}\sum\limits_{k=1}^{n}\dfrac{3}{n}\sqrt{\dfrac{k}{n}}$ 에서 $\lim\limits_{n\to\infty}\sum\limits_{k=1}^{n}=\int$　②$\dfrac{1}{n}=dx$ 이고 $[0,1]$구간을 n등분　③ $\dfrac{1}{n}\times k=x$

$3\displaystyle\int_{0}^{1}\sqrt{x}\,dx=3\displaystyle\int_{0}^{1}x^{\frac{1}{2}}dx=3\dfrac{1}{1+\dfrac{1}{2}}[x^{\frac{3}{2}}]_{0}^{1}=3\times\dfrac{2}{3}[x^{\frac{3}{2}}]_{0}^{1}=2$

정답　　(1) 4　(2) $\dfrac{\sqrt{2}}{2}$　(3) 2

Problem 9

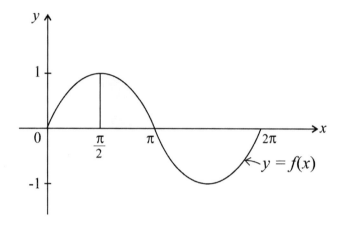

The function f is given by $f(x) = \sin x$. The graph f is shown above.
Which of the following limits is equal to the area of the shaded region?

ⓐ $\lim_{n\to\infty} \sum_{k=1}^{n} \sin(\frac{k\pi}{2n}) \cdot \frac{1}{n}$

ⓑ $\lim_{n\to\infty} \sum_{k=1}^{n} \sin(\frac{\pi}{2} + \frac{k\pi}{2n}) \cdot \frac{1}{n}$

ⓒ $\lim_{n\to\infty} \sum_{k=1}^{n} \sin(\frac{\pi}{2} + \frac{k\pi}{2n}) \cdot \frac{1}{2n}$

ⓓ $\lim_{n\to\infty} \sum_{k=1}^{n} \sin(\frac{k\pi}{2n}) \cdot \frac{1}{2n}$

Solution

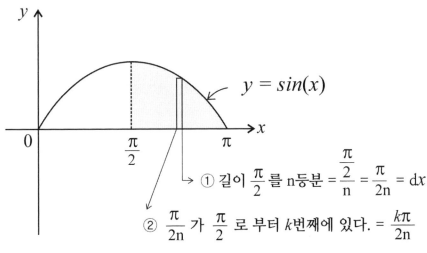

$y = sin(x)$

① 길이 $\dfrac{\pi}{2}$ 를 n등분 $= \dfrac{\frac{\pi}{2}}{n} = \dfrac{\pi}{2n} = dx$

② $\dfrac{\pi}{2n}$ 가 $\dfrac{\pi}{2}$ 로 부터 k번째에 있다. $= \dfrac{k\pi}{2n}$

③ Origin으로 부터의 거리가 $\dfrac{\pi}{2} + \dfrac{k\pi}{2n} = x$

그러므로, 작은 사각형의 Area $= \sin\left(\dfrac{\pi}{2} + \dfrac{k\pi}{2n}\right) \cdot \dfrac{\pi}{2n}$

$\Rightarrow$ 이 작은 사각형을 무한히 많이 더한다.

$\Rightarrow \displaystyle\lim_{n \to \infty} \sum_{k=1}^{n} \sin\left(\dfrac{\pi}{2} + \dfrac{k\pi}{2n}\right) \cdot \dfrac{1}{2n}$

정답 　　ⓒ

6. Average Value of a Function

다음의 설명은 간단히 읽어보기로 하고 중요한 것은 "Average Value" 의 암기이다.

01 Mean Value Theorem for Integrals

만약 함수 $y = f(x)$가 구간 [a, b]에서 연속이라면 구간 [a, b]내에 $\int_a^b f(x)dx = f(c) \times (b-a)$ 를 만족하는 c가 존재한다.

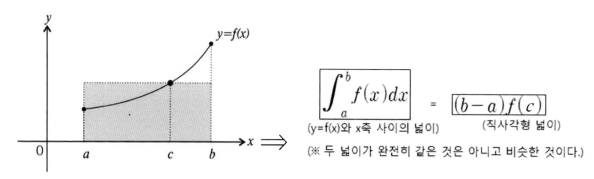

$$\boxed{\int_a^b f(x)dx}_{\text{(y=f(x)와 x축 사이의 넓이)}} = \boxed{(b-a)f(c)}_{\text{(직사각형 넓이)}}$$

(※ 두 넓이가 완전히 같은 것은 아니고 비슷한 것이다.)

02 Average Value of a Function

만약 함수 $y = f(x)$가 구간 [a,b]에서 연속이라면 그때 구간 [a,b]에서 Average Value는 다음과 같다.

$$\text{Average Value } (f(c)) = \frac{1}{b-a}\int_a^b f(x)dx$$

반드시 암기하자!

$$\text{Average Value } (f(c)) = \frac{1}{b-a}\int_a^b f(x)dx = \frac{F(b)-F(a)}{b-a}, \ (b \neq a)$$

Problem 9

(1) Find the average value of $y = \sin x$ from $x = 0$ to $x = \dfrac{\pi}{2}$

(2) The graph of a function shown in figure below. Find the average value of f on $[0,3]$

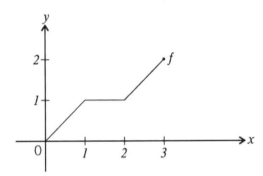

(3) The velocity of a particle moving on a line is $v(t) = t^2 + t + 2$ where t represents time. Find the average velocity from $t = 1$ to $t = 4$.

Solution

(1) Average Value $= \dfrac{\displaystyle\int_0^{\frac{\pi}{2}} \sin x\, dx}{\dfrac{\pi}{2} - 0} = \dfrac{[-\cos x]_0^{\frac{\pi}{2}}}{\dfrac{\pi}{2}} = \dfrac{1}{\dfrac{\pi}{2}} = \dfrac{2}{\pi}$

(2) Average Value $= \dfrac{\displaystyle\int_0^3 f(x)\, dx}{3 - 0} = \dfrac{1}{3}\left(\dfrac{1}{2} + 1 + \dfrac{3}{2}\right) = \dfrac{1}{3} \times 3 = 1$

(3) $\dfrac{1}{4-1}\displaystyle\int_1^4 (t^2 + t + 2)\, dt = \dfrac{1}{3}\left[\dfrac{1}{3}t^3 + \dfrac{1}{2}t^2 + 2t\right]_1^4 = 11.5$

정답   (1) $\dfrac{2}{\pi}$ (2) 1   (3) 11.5

7. Riemann Sums and Trapezoid Rule

아주 간단한 부분이다.

$y = f(x)$의 곡선과 x축 사이의 면적을 사각형으로 분할하고 더하는 방법으로 구하는 것을 "Riemann Sum", 사다리꼴로 분할하고 더하는 방법으로 구하는 것을 "Trapezoid Rule"이라고 한다.

이 단원에서 암기할 것은 없다.

Riemann Sum은 사각형의 높이가 Left-Endpoint인지 Right-Endpoint인지 Midpoint인지…에 따라 3가지로 나뉜다.

바로 예제를 통해 Riemann Sums와 Trapezoid Rule을 이해하도록 하자.

$\left(\textbf{EX 1}\right)$ Find the approximate area under the curve of $f(x) = x^2 + 1$ from $x = 0$ to $x = 9$, using 3 left-endpoint rectangles

---

Solution

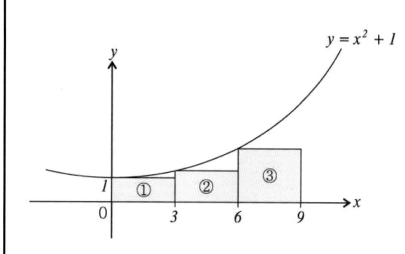

$$L(3) = \int_0^9 (x^2 + 1)dx = \underbrace{3 \times f(0)}_{①면적} + \underbrace{3 \times f(3)}_{②면적} + \underbrace{3 \times f(6)}_{③면적}$$

Left ↓, Sub-Interval ↑

$$= 3(f(0) + f(3) + f(6)) = 3(1 + 10 + 37) = 144$$

정답   144

$\left(\text{EX 2}\right)$ Find the approximate area under the curve of $f(x)=x^2+1$ from $x=0$ to $x=9$, using 3 right-endpoint rectangles.

Solution

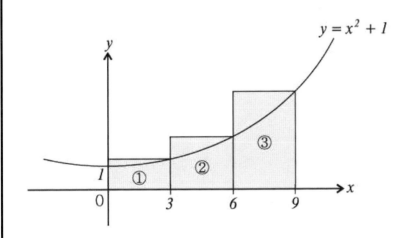

$y=x^2+1$

Right

$$R(3)=\int_0^9 (x^2+1)dx = \underset{\text{①면적}}{\underline{3\times f(3)}} + \underset{\text{②면적}}{\underline{3\times f(6)}} + \underset{\text{③면적}}{\underline{3\times f(9)}}$$

Sub-Interval

$$= 3(f(3)+f(6)+f(9)) = 3(10+37+82) = 387$$

정답   387

(**EX 3**) Find the approximate area under the curve of $f(x) = x^2 + 1$ from $x = 0$ to $x = 9$, using 3 midpoint rectangles

Solution

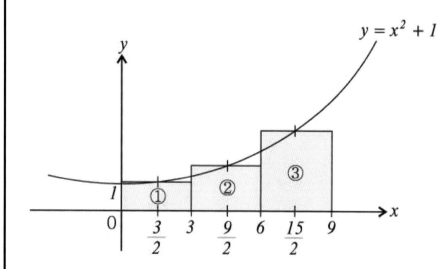

$$M(3) = \int_0^9 (x^2 + 1)dx = 3 \times f(\frac{3}{2}) + 3 \times f(\frac{9}{2}) + 3 \times f(\frac{15}{2})$$

$$= 3(f(\frac{3}{2}) + f(\frac{9}{2}) + f(\frac{15}{2})) = 3(\frac{13}{4} + \frac{85}{4} + \frac{229}{4}) = 245.25$$

정답   245.25

(**EX 4**) Find the approximate area under the curve of $f(x) = x^2 + 1$ from $x = 0$ to $x = 9$, using 3 trapezoids.

Solution

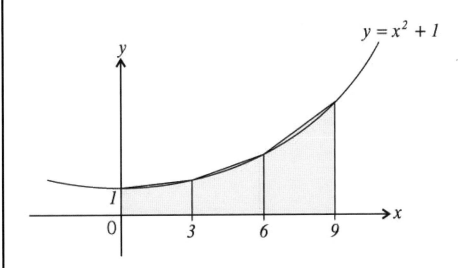

$T(3) = \int_0^9 (x^2 + 1)dx = \frac{1}{2} \times 3 \times (f(0) + f(3)) + \frac{1}{2} \times 3 \times (f(3) + f(6)) + \frac{1}{2} \times 3 \times (f(6) + f(9))$

$= \frac{3}{2}(f(0) + 2f(3) + 2f(6) + f(9)) = 265.5$

정답　　　265.5

Problem 10

Approximate $\int_0^8 (x^2 + 2)\,dx$ by using four sub-intervals.

(1) The left sum
(2) The right sum
(3) The midpoint sum

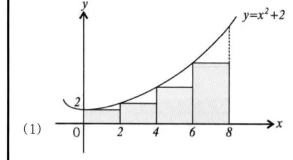

(1)
$$L(4) = 2 \times f(0) + 2 \times f(2) + 2 \times f(4) + 2 \times f(6)$$
$$= 2(f(0) + f(2) + f(4) + f(6)) = 128$$

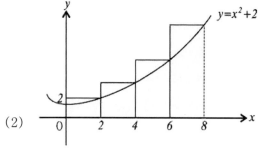

(2)
$$R(4) = 2 \times f(2) + 2 \times f(4) + 2 \times f(6) + 2 \times f(8)$$
$$= 2(f(2) + f(4) + f(6) + f(8)) = 256$$

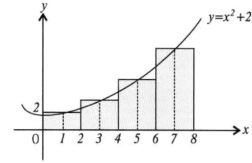

(3)
$$M(4) = 2 \times f(1) + 2 \times f(3) + 2 \times f(5) + 2 \times f(7)$$
$$= 2(f(1) + f(3) + f(5) + f(7)) = 184$$

정답   (1) 128   (2) 256   (3) 184

Problem 11

Let f be a function that is continuous for all real numbers. The table below gives values of f for selected point in the closed intervals [1, 12].

x	1	3	5	6	8	12
$f(x)$	2	8	2	-4	1	7

(1) Use a trapezoidal sum with sub-intervals indicated by the data in the table to approximate $\int_{1}^{12} f(x)dx$

(2) Use a Right Riemann sum with sub-intervals indicated by the data in the table to approximate $\int_{1}^{12} f(x)dx$

Solution

(1) 이와 같이 Table이 주어지는 형태의 "Riemann Sum" 문제는 정확한 그림은 아니더라도 다음과 같이 그려본 후 구하는 것이 좋다.

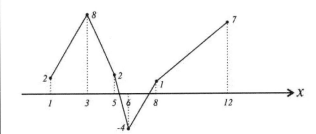

$$\Rightarrow \int_{1}^{12} f(x)dx = \frac{(2+8)}{2} \times 2 + \frac{(8+2)}{2} \times 2 + \frac{(2-4)}{2} \times 1 + \frac{(-4+1)}{2} \times 2 + \frac{(1+7)}{2} \times 4 = 32$$

(2)

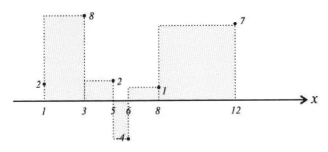

$$\Rightarrow \int_{1}^{12} f(x)dx = 2 \times 8 + 2 \times 2 + 1 \times (-4) + 2 \times (1) + 4 \times 7 = 46$$

정답　　(1) 32　　(2) 46

Problem 12

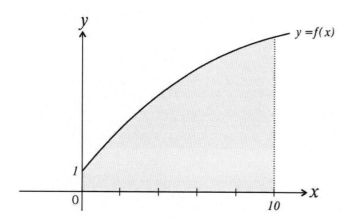

The graph of $y = f(x)$ is shown in the figure above. We estimate area of the shaded region using the Left Riemann sum (L), Right Riemann Sum (R), Midpoint Riemann Sum (M), and Trapezoidal Sum (T) with $n = 5$ sub-intervals. Which of the following could be true?

ⓐ R<L<M<T

ⓑ M<L<R<T

ⓒ L<T<M<R

ⓓ T<L<R<M

Solution

직접 그려봐서 찾아본다.

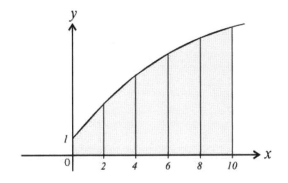

① Trapezoidal Sum

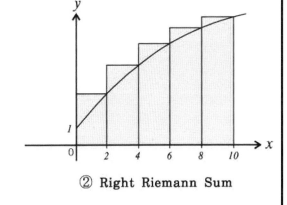

② Right Riemann Sum

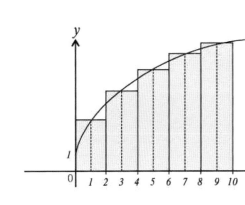

③ Left Riemann Sum

④ Midpoint Riemann Sum

위의 그림에서 보면 L<M<T<R or L<T<M<R

정답 ⓒ

8. Integrals Involving Parametrically Defined Function(BC)

$x = t$이고 $y = t^2$이면 $y = x^2$의 식이 성립하게 되는데 이와 같은 t를 Parameter(매개 변수)라고 한다. BC과정에 있는 내용이긴 하지만 미국의 많은 학교에서는 AB과정에서도 이 부분을 수업한다.

예를 들어, $x = 2\cos\theta, y = 4\sin\theta$ 일 때, $\int_1^2 xy\,dx$를 구한다고 해보자.

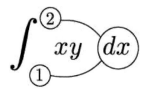

-> 여기에서 1과 2는 x의 범위이다. dx는 x축을 잘게 잘랐다는 의미이고 $\int_1^2$ 는 잘게 자른 사각형을 1부터 2까지 무한 번 더하는 것이다.

다음과 같이 하자.

① $x = 2\cos\theta$ 이므로 양변을 θ에 대해서 미분(Differentiation)하면
$\dfrac{dx}{d\theta} = -2\sin\theta$ 에서 $dx = -2\sin\theta\,d\theta$

② $2\cos\theta = 2$에서 $\cos\theta = 1$이므로, $\theta = 0°$

③ $2\cos\theta = 1$에서 $\cos\theta = \dfrac{1}{2}$이므로, $\theta = \dfrac{\pi}{3}$

④ $\displaystyle\int_{\frac{\pi}{3}}^0 2\cos\theta\, 4\sin\theta\,(-2\sin\theta)\,d\theta = -16\int_{\frac{\pi}{3}}^0 \cos\theta\sin^2\theta\,d\theta = 16\int_0^{\frac{\pi}{3}} \cos\theta\sin^2\theta\,d\theta$

이해가 되었다면 다음의 예제들을 풀어보자.

$\left(\textbf{EX 1}\right)$ If $u = \tan\theta$ and $0 < \theta < \dfrac{\pi}{2}$, Find $\displaystyle\int_{\frac{\sqrt{3}}{3}}^{1} \sqrt{1 + u^2}\, du$

Solution

① 양변을 θ에 대해서 미분(Differentiation)하면 $\dfrac{du}{d\theta} = \sec^2\theta$ 에서 $du = \sec^2\theta d\theta$

② $\tan\theta = 1$에서 $\theta = \dfrac{\pi}{4}$

③ $\tan\theta = \dfrac{\sqrt{3}}{3}$ 에서 $\theta = \dfrac{\pi}{6}$

④ $\displaystyle\int_{\frac{\pi}{6}}^{\frac{\pi}{4}} \sqrt{1 + \tan^2\theta} \times \sec^2\theta d\theta$ 에서 $\displaystyle\int_{\frac{\pi}{6}}^{\frac{\pi}{4}} \sqrt{\sec^2\theta} \times \sec^2\theta d\theta = \displaystyle\int_{\frac{\pi}{6}}^{\frac{\pi}{4}} \sec^3\theta d\theta = 0.54$

정답　　0.54

$\left(\textbf{EX 2}\right)$ A curve is given parametrically by $x = 1 + \cos t$ and $y = \sin t$, where $0 \le t \le \pi$.

Find $\displaystyle\int_{0}^{\frac{3}{2}} y\, dx$

Solution

① $x = 1 + \cos t$ 에서 양변을 θ에 대해서 미분(Differentiation)하면

$\dfrac{du}{d\theta} = -\sin t$ 이므로 $dx = -\sin t dt$

② $1 + \cos t = \dfrac{3}{2}$에서 $\cos t = \dfrac{1}{2}$이므로 $t = \dfrac{\pi}{3}$

③ $1 + \cos t = 0$에서 $\cos t = -1$이므로 $t = \pi$

④ $\displaystyle\int_{\pi}^{\frac{\pi}{3}} \sin t(-\sin t) dt = -\displaystyle\int_{\pi}^{\frac{\pi}{3}} \sin^2 t dt = \displaystyle\int_{\frac{\pi}{3}}^{\pi} \sin^2 t dt = 1.26$

정답　　1.26

Problem 13

(1) A curve is given parametrically by $x = 3\sin\theta$ and $y = \cos\theta$, where $-\pi \leq \theta \leq \pi$

Find $\displaystyle\int_{-3}^{3} y\,dx$

(2) A curve is defined by the parametric equation $y = 2a\sin^3\theta$ and $x = a\tan\theta$, where $0 \leq \theta \leq \pi$.

Then $\displaystyle\int_{0}^{a} y\,dx$ is equivalent to

  ⓐ $2a^2 \displaystyle\int_{0}^{\frac{\pi}{4}} \tan^2\theta \sin\theta\,d\theta$ ⓑ $2a^2 \displaystyle\int_{0}^{1} \tan^2\theta \sin\theta\,d\theta$

  ⓒ $2a^2 \displaystyle\int_{0}^{1} \sec^2\theta\,d\theta$ ⓓ $2a^2 \displaystyle\int_{0}^{\frac{\pi}{4}} \sin^2\theta\,d\theta$

Solution

(1) $\int_{-\frac{\pi}{2}}^{\frac{\pi}{2}} \cos\theta \cdot 3\cos\theta d\theta$ $(x = 3\sin\theta \Rightarrow \frac{dx}{d\theta} = 3\cos\theta \Rightarrow dx = 3\cos\theta d\theta)$

$3\int_{-\frac{\pi}{2}}^{\frac{\pi}{2}} \cos^2\theta d\theta$ 을 계산기를 이용하여 풀면 4.712

(2) $\int_0^{\frac{\pi}{4}} 2a\sin^3\theta \cdot a\sec^2\theta d\theta$ $(x = a\tan\theta \Rightarrow \frac{dx}{d\theta} = a\sec^2\theta \Rightarrow dx = a\sec^2\theta d\theta)$

$= 2a^2\int_0^{\frac{\pi}{4}} \sin^3\theta \cdot \frac{1}{\cos^2\theta} d\theta = 2a^2\int_0^{\frac{\pi}{4}} \frac{\sin^2\theta}{\cos^2\theta} \cdot \sin\theta d\theta = 2a^2\int_0^{\frac{\pi}{4}} \tan^2\theta\sin\theta d\theta$

정답   (1) 4.172   (2) ⓐ

9. Improper Integrals (BC)

"Improper" … "부적당한, 맞지 않는 …"
그렇다면 "Improper Integrals" … "부적당한 적분(Integrals)"

이것이 무슨 말인고 하니… 다음을 보자.

①

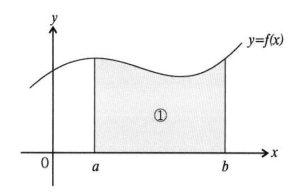

면적 = $\int_a^b f(x)dx$ ⇒ 비슷하게 [a, b] 사이의 면적을 구할 수 있다.

②

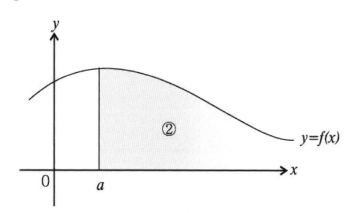

면적 = $\int_a^\infty f(x)dx$ ⇒ a부터 ∞ 사이의 면적 -> 구할 수 없다!!

이럴 때에는 … 이렇게 한다. …

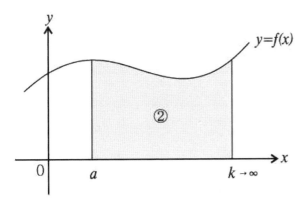

$$② \text{ 면적} = \left(\int_a^k f(x)dx\right) + \left(\lim_{k\to\infty}\right) = \lim_{k\to\infty}\int_a^k f(x)dx$$

⇒ 이렇게 구하면 되지만 이렇게 구한 것 역시 정확한 면적이 아니고 비슷하게 구한 면적이다.

③

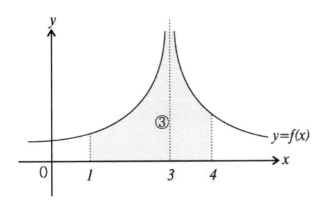

③ 면적 $= \int_1^4 f(x)dx$

⇒ 1부터 4사이의 면적 …?

⇒ 구할 수 없다.

⇒ Why?

$x = 3$이 Vertical Asymptote이기 때문에 …

이럴 때에는 … 이렇게 한다. …

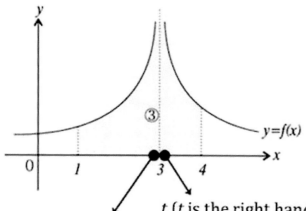

t (t is the right hand limit of 3. That is, $\lim\limits_{t \to 3+}$)

k (k is the left hand limit of 3. That is, $\lim\limits_{k \to 3-}$)

③ 면적 $= \displaystyle\int_{1}^{k} f(x)dx + (\lim\limits_{k \to 3-}) + \int_{t}^{4} f(x)dx + (\lim\limits_{t \to 3+}) = \lim\limits_{k \to 3-}\int_{1}^{k} f(x)dx + \lim\limits_{t \to 3+}\int_{t}^{4} f(x)dx$

②, ③번의 경우를 "Improper Integrals" 라고 한다. 사실상 적분(Integrals)이 불가능한 것을 limit 의 개념을 빌려 가능하게 되었다. 어차피 ①의 경우처럼 적분(Integral)이 가능하여 곡선과 축 사이의 면적을 구한 것도 정확한 값이 아니라 근사 값이었다. 적분이 불가능한 것을 limit의 개념을 빌려 계산한 것도 사실은 정확한 값이 아니지만 그래도 그 정도의 작은 오차(Error)는 인정하고 지나가는 것이다.

다음의 경우는 모두 "Improper Integral" 이다. …

$\displaystyle\int_{1}^{\infty} f(x)dx$ (∞가 있는 경우)

$\displaystyle\int_{1}^{3} \frac{1}{\sqrt{x-2}}dx$ ($x = 2$에서 불연속(Discontinuity) …)

$\displaystyle\int_{0}^{3} \ln x\,dx$ ($x = 0$에서 불연속, $\ln 0$은 존재하지 않음)

Problem 14

(1) Evaluate $\displaystyle\int_1^\infty \frac{1}{x^2}\,dx$ (2) Evaluate $\displaystyle\int_0^1 \frac{1}{\sqrt{x}}\,dx$ (3) Evaluate $\displaystyle\int_{-1}^1 \frac{1}{\sqrt[3]{x}}\,dx$

Solution

(1) $\displaystyle\lim_{k\to\infty}\int_1^k \frac{1}{x^2}\,dx = \lim_{k\to\infty}[-\frac{1}{x}]_1^k = \lim_{k\to\infty}[-\frac{1}{k}+1] = 1$

(2) 분모(Denominator)가 0이 되면 안 되므로 limit 개념을 사용!!

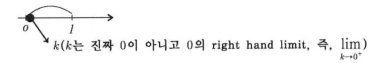

k(k는 진짜 0이 아니고 0의 right hand limit, 즉, $\displaystyle\lim_{k\to 0^+}$)

즉, $\displaystyle\lim_{k\to 0^+}\int_k^1 \frac{1}{\sqrt{x}}\,dx = \lim_{k\to 0^+}\int_k^1 x^{-\frac{1}{2}}\,dx = \lim_{k\to 0^+}[2\sqrt{x}]_k^1 = \lim_{k\to 0^+}[2-2\sqrt{k}] = 2$

(3) 분모(Denominator)의 x는 $x=0$에서 불연속(Discontinuity)이므로 limit 개념을 사용!!

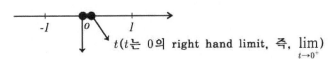

t(t는 0의 right hand limit, 즉, $\displaystyle\lim_{t\to 0^+}$)

k (k는 0의 left hand limit, 즉, $\displaystyle\lim_{k\to 0^-}$)

즉, $\displaystyle\lim_{k\to 0^-}\int_{-1}^k \frac{1}{\sqrt[3]{x}}\,dx + \lim_{t\to 0^+}\int_t^1 \frac{1}{\sqrt[3]{x}}\,dx = \lim_{k\to 0^-}[\frac{3}{2}x^{\frac{2}{3}}]_{-1}^k + \lim_{t\to 0^+}[\frac{3}{2}x^{\frac{2}{3}}]_t^1$

$= \displaystyle\lim_{k\to 0^-}[\frac{3}{2}k^{\frac{2}{3}}-\frac{3}{2}] + \lim_{t\to 0^+}[\frac{3}{2}\cdot 1^{\frac{2}{3}}-\frac{3}{2}\cdot t^{\frac{2}{3}}] = -\frac{3}{2}+\frac{3}{2} = 0$

정답   (1) 1   (2) 2   (3) 0

1. If $\displaystyle\int_5^9 f(x)dx = 3$ and $\displaystyle\int_9^1 f(x)dx = -2$, evaluate $\displaystyle\int_1^5 (3f(x)+1)dx$

2. If f and g are continuous functions, and if $f(x) \geq 0$ for all real numbers, which of the following must be true?

I. $\displaystyle\int_a^b (3f(x) + 2g(x))dx = 3\int_a^b f(x)dx + 2\int_a^b g(x)dx$

II. $\displaystyle\int_c^b f(x)dx + \int_a^c f(x)dx = \int_a^b f(x)dx$

III. $\displaystyle\int_a^b f(x)dx = -\int_b^a f(x)dx$

ⓐ I   ⓑ II   ⓒ I, II   ⓓ I, II and III

3. Evaluate the following integrals.

(1) $\displaystyle\int_{-1}^1 (x^2 - x - 1)dx$

(2) $\displaystyle\int_1^2 \frac{3x-1}{3x}dx$

(BC) (3) $\displaystyle\int_0^1 xe^x dx$

(BC) (4) $\displaystyle\int_2^3 \ln x dx$

(BC) (5) $\displaystyle\int_{\frac{\pi}{3}}^{\frac{\pi}{2}} e^\theta \cos\theta d\theta$

4. Evaluate the following integrals.

(1) $\displaystyle\int_{-1}^{2} |x| dx$

(2) $\displaystyle\int_{-1}^{2} \sqrt{x^2}\, dx$

(3) If $f(x) = \begin{cases} x & \text{for } x < 1 \\ x^3 & \text{for } x \geq 1 \end{cases}$ then Evaluate $\displaystyle\int_{0}^{2} f(x) dx$

5. Evaluate the following integrals.

(1) $\displaystyle\int_{\frac{1}{2}}^{\frac{\sqrt{2}}{2}} \frac{3}{\sqrt{1-x^2}}\, dx$

(2) $\displaystyle\int_{0}^{\frac{\pi}{2}} \left(\sin x \int_{0}^{x} \sin t\, dt \right) dx$

6. If f is a continuous function and if $F'(x) = f(x)$ for all real numbers x, then $\displaystyle\int_{1}^{2} f(5x) dx =$

ⓐ $5F(10) - 5F(5)$　　　ⓑ $F(10) - F(5)$　　　ⓒ $F(2) - F(1)$　　　ⓓ $\dfrac{1}{5}F(10) - \dfrac{1}{5}F(5)$

Exercise

7. Evaluate the following integrals.

(1) $\displaystyle\int_1^2 \frac{x}{x^2+2}dx$

(2) $\displaystyle\int_{-1}^0 x\sqrt{1-x^2}\,dx$

(3) $\displaystyle\int_0^{\frac{\pi}{2}} \sin(2x)dx$

(4) $\displaystyle\int_0^{\frac{\pi}{2}} \frac{2\cos\theta}{\sqrt{1+\sin\theta}}d\theta$

(5) $\displaystyle\int_0^1 (2x+1)e^{2x^2+2x}dx$

(6) $\displaystyle\int_0^1 \frac{x}{e^{x^2}}dx$

(7) $\displaystyle\int_0^1 x^2 e^{x^3}dx$

(8) $\displaystyle\int_0^1 e^{-2x}dx$

(9) $\displaystyle\int_0^{\frac{\pi}{3}} \frac{e^{\sec x}}{\cos x \cot x}dx$

(10) $\displaystyle\int_0^1 (2x-1)^5 dx$

8. Using the substitution $u=2x+3$, $\displaystyle\int_1^2 \sqrt{2x+3}\,dx$ is equivalent to

ⓐ $\dfrac{1}{2}\displaystyle\int_1^2 \sqrt{u}\,du$ 　　　ⓑ $\dfrac{1}{2}\displaystyle\int_5^7 \sqrt{u}\,du$ 　　　ⓒ $\displaystyle\int_1^2 \sqrt{u}\,du$ 　　　ⓓ $2\displaystyle\int_5^7 \sqrt{u}\,du$

9.

(1) Evaluate $\displaystyle\lim_{n\to\infty}\sum_{k=1}^n \frac{3k}{n^2}$

(2) Evaluate $\displaystyle\lim_{n\to\infty}\sum_{k=1}^n \cos\left(\frac{\pi}{2}+\frac{\pi k}{n}\right)\cdot\frac{\pi}{n}$

(3) Evaluate $\displaystyle\lim_{n\to\infty}\left(\frac{1}{n^2+1^2}+\frac{2}{n^2+2^2}+\cdots+\frac{n}{n^2+n^2}\right)$

10. Find the average value of $y = x^2$ from $x = 1$ to $x = 2$.

$t(\text{sec})$	0	2	4	6	8	10	12
$V(t)(m/s)$	1	4	7	10	8	5	2

11. A car drives in a straight line with positive velocity $V(t)$, in miles per second at time t seconds, where V is a continuous function of t. Selected values of $V(t)$ for $0 \le t \le 12$ are shown in the table above.

(1) Calculate the Right Riemann Sum of $\displaystyle\int_0^{12} V(t)dt$ by using six sub-intervals of equal length. (Use the values from the table above.)

(2) Estimate the average velocity of the car using a trapezoidal sum with the six intervals indicated by the data in the table.

12. If a Left Riemann Sum over-approximates $\int_0^3 f(x)dx$, and a Trapezoidal sum under-approximates $\int_0^3 f(x)dx$, which of the following could be the graph of $y=f(x)$?

ⓐ
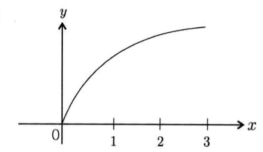

ⓑ
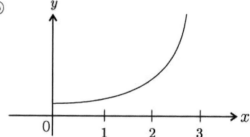

ⓒ
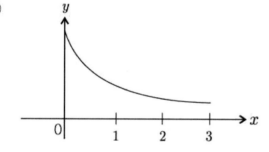

ⓓ
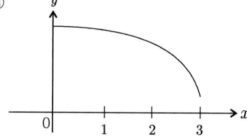

(BC) 13. If $x = \sin\theta$ and $y = \cos\theta$, then $\displaystyle\int_0^{\frac{1}{2}} 2xy^2 dx$ is equivalent to

ⓐ $\displaystyle\int_0^{\frac{\pi}{3}} \sin\theta \cos^2\theta \, d\theta$

ⓑ $2\displaystyle\int_0^{\frac{\pi}{6}} \sin\theta \cos^3\theta \, d\theta$

ⓒ $\displaystyle\int_0^{\pi} \sin\theta \cos\theta \, d\theta$

ⓓ $2\displaystyle\int_0^{\frac{\pi}{2}} \sin\theta \cos^3\theta \, d\theta$

(BC) 14. Evaluate the following integrals.

(1) $\displaystyle\int_1^{\infty} xe^{-x^2} dx$

(2) $\displaystyle\int_0^{\frac{\pi}{2}} \frac{\cos x}{\sqrt{1 - \sin x}} dx$

(3) $\displaystyle\int_0^2 \ln x \, dx$

(4) $\displaystyle\int_2^4 \frac{1}{\sqrt[3]{x-3}} dx$

(5) $\displaystyle\int_0^{\infty} e^{-x} dx$

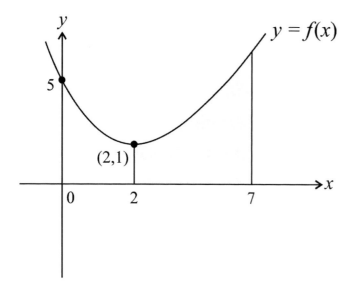

15. The function f is given by $f(x) = x^2 - 4x + 5$. The graph f is shown above. Which of the following limits is equal to the area of the shaded region?

ⓐ $\displaystyle\lim_{n\to\infty} \sum_{k=1}^{n} \left((\frac{5k}{n})^2 - 4(\frac{5k}{n}) + 5 \right) \cdot \frac{5}{n}$

ⓑ $\displaystyle\lim_{n\to\infty} \sum_{k=1}^{n} \left((\frac{5k}{n} + 2)^2 - 4(\frac{5k}{n} + 2) + 5 \right) \cdot \frac{5}{n}$

ⓒ $\displaystyle\lim_{n\to\infty} \sum_{k=1}^{n} \left((\frac{5k}{n})^2 - 4(\frac{5k}{n}) + 5 \right) \cdot \frac{7}{n}$

ⓓ $\displaystyle\lim_{n\to\infty} \sum_{k=1}^{n} \left((\frac{5k}{n} + 2)^2 - 4(\frac{5k}{n} + 2) + 5 \right) \cdot \frac{7}{n}$

Exercise 2

1. 1

$$\int_{5}^{9} f(x)dx + \int_{9}^{1} f(x)dx = \int_{5}^{1} f(x)dx = -\int_{1}^{5} f(x)dx = 1$$

$$\int_{1}^{5} (3f(x)+1)dx = 3\int_{1}^{5} f(x)dx + \int_{1}^{5} 1dx = -3 + [x]_{1}^{5} = 1$$

2. ⓓ

Ⅰ. $\int_{a}^{b} (3f(x)+2g(x))dx = 3\int_{a}^{b} f(x)dx + 2\int_{a}^{b} g(x)dx$

Ⅱ. $\int_{c}^{b} f(x)dx + \int_{a}^{c} f(x)dx = \int_{a}^{b} f(x)dx$

Ⅲ. $\int_{a}^{b} f(x)dx + \int_{b}^{a} f(x)dx = \int_{a}^{a} f(x)dx = 0$ 이므로 $\int_{a}^{b} f(x)dx = -\int_{b}^{a} f(x)dx$

그러므로, 정답은 Ⅰ, Ⅱ, and Ⅲ

3.

(1) $-\dfrac{4}{3}$

$$\int_{-1}^{1} (x^2 - x - 1)dx = 2\int_{0}^{1} (x^2 - 1)dx = 2[\frac{1}{3}x^3 - x]_{0}^{1} = 2(\frac{1}{3} - 1) = -\frac{4}{3}$$

(2) $1 - \dfrac{1}{3}\ln 2$

$$\int_{1}^{2} (1 - \frac{1}{3} \cdot \frac{1}{x})dx = [x - \frac{1}{3}\ln|x|]_{1}^{2} = (2 - \frac{1}{3}\ln 2) - 1 = 1 - \frac{1}{3}\ln 2$$

(3) 1

$$\int_{0}^{1} xe^x dx = [xe^x]_{0}^{1} - \int 1 \cdot e^x dx = [xe^x - e^x]_{0}^{1} = e - e - (-e^0) = 1$$

(4) $\ln\dfrac{27}{4} - 1$

$$\int_{2}^{3} 1 \cdot \ln x dx = [x \cdot \ln x]_{2}^{3} - \int_{2}^{3} x \cdot \frac{1}{x}dx = [x\ln x - x]_{2}^{3}$$

$$= (3\ln 3 - 3) - (2\ln 2 - 2) = 3\ln 3 - 2\ln 2 - 1 = \ln 3^3 - \ln 2^2 - 1$$

$$= \ln\frac{27}{4} - 1$$

(5) $\dfrac{2e^{\frac{\pi}{2}}-(\sqrt{3}+1)e^{\frac{\pi}{3}}}{4}$

$\displaystyle\int e^{\theta}\cdot\cos\theta d\theta = e^{\theta}\cdot\sin\theta - \int e^{\theta}\cdot\sin\theta d\theta$

$\displaystyle\int e^{\theta}\cdot\sin\theta d\theta = e^{\theta}\cdot(-\cos\theta) - \int e^{\theta}\cdot(-\cos\theta)d\theta$ 에서

$\displaystyle\int e^{\theta}\cos\theta d\theta = e^{\theta}\cdot\sin\theta + e^{\theta}\cdot\cos\theta - \int e^{\theta}\cdot\cos\theta d\theta$ 에서

$\displaystyle\int_{\frac{\pi}{3}}^{\frac{\pi}{2}} e^{\theta}\cdot\cos\theta d\theta = \left[\frac{e^{\theta}}{2}(\sin\theta+\cos\theta)\right]_{\frac{\pi}{3}}^{\frac{\pi}{2}} = \left\{\frac{e^{\frac{\pi}{2}}}{2}(\sin\frac{\pi}{2}+\cos\frac{\pi}{2})\right\} - \left\{\frac{e^{\frac{\pi}{3}}}{2}(\sin\frac{\pi}{3}+\cos\frac{\pi}{3})\right\}$

$= \dfrac{e^{\frac{\pi}{2}}}{2} - \dfrac{e^{\frac{\pi}{3}}}{2}\cdot\dfrac{\sqrt{3}}{2} - \dfrac{e^{\frac{\pi}{3}}}{2}\cdot\dfrac{1}{2} = \dfrac{2e^{\frac{\pi}{2}}-(\sqrt{3}+1)e^{\frac{\pi}{3}}}{4}$

4. (1) $\dfrac{5}{2}$ (2) $\dfrac{5}{2}$ (3) $\dfrac{17}{4}$

(1) $\displaystyle\int_{-1}^{2}|x|dx = \int_{-1}^{0}(-x)dx + \int_{0}^{2}xdx = \left[-\frac{1}{2}x^2\right]_{-1}^{0} + \left[\frac{1}{2}x^2\right]_{0}^{2} = \frac{1}{2}+2 = \frac{5}{2}$

(2) $\displaystyle\int_{-1}^{2}\sqrt{x^2}dx = \int_{-1}^{2}|x|dx = \int_{-1}^{0}(-x)dx + \int_{0}^{2}xdx = \left[-\frac{1}{2}x^2\right]_{-1}^{0} + \left[\frac{1}{2}x^2\right]_{0}^{2} = \frac{1}{2}+2 = \frac{5}{2}$

(3) $\displaystyle\int_{0}^{2}f(x)dx = \int_{0}^{1}xdx + \int_{1}^{2}x^3dx = \left[\frac{1}{2}x^2\right]_{0}^{1} + \left[\frac{1}{4}x^4\right]_{1}^{2} = \frac{1}{2}+\left(4-\frac{1}{4}\right) = \frac{17}{4}$

5. (1) $\dfrac{\pi}{4}$ (2) $\dfrac{1}{2}$

(1) $3\displaystyle\int_{\frac{1}{2}}^{\frac{\sqrt{2}}{2}}\dfrac{1}{\sqrt{1-x^2}}dx = 3\left[\sin^{-1}x\right]_{\frac{1}{2}}^{\frac{\sqrt{2}}{2}} = 3\left(\frac{\pi}{4}-\frac{\pi}{6}\right) = 3\frac{\pi}{12} = \frac{\pi}{4}$

(2) $\displaystyle\int_{0}^{x}\sin t\,dt = [-\cos t]_{0}^{x} = -\cos x + 1$ 에서

$\displaystyle\int_{0}^{\frac{\pi}{2}}(\sin x(-\cos x+1))dx,\ -\cos x+1 = u$ 라고 치환(Substitution)하면,

$x=0$일 때, $u=0$이고 $x=\dfrac{\pi}{2}$ 일 때, $u=1$. $-\cos x+1=u$ 에서 $\sin x = \dfrac{du}{dx}$.

$\displaystyle\int_{0}^{1}\sin x\cdot(u)\dfrac{du}{\sin x} = \int_{0}^{1}u\,du = \left[\frac{1}{2}u^2\right]_{0}^{1} = \frac{1}{2}$

6. ⓓ

5$x = u$ 라고 치환(Substitution)하면, $x = 2$일 때 $u = 10$ 이고 $x = 1$일 때 $u = 5$ 이고

5$x = u$ 에서 $5 = \dfrac{du}{dx}$ 이므로

$$\int_1^2 f(5x)dx = \frac{1}{5}\int_5^{10} f(u)du = \frac{1}{5}(F(10) - F(5)) = \frac{1}{5}F(10) - \frac{1}{5}F(5)$$

7.

(1) $x^2 + 2 = u$ 라고 하면, $2x = \dfrac{du}{dx}$ 에서

$$\int_3^6 \frac{x}{u}\frac{du}{2x} = \frac{1}{2}\int_3^6 \frac{1}{u}du = \frac{1}{2}[\ln|u|]_3^6 = \frac{1}{2}(\ln 6 - \ln 3) = \frac{1}{2}\ln\frac{6}{3} = \frac{1}{2}\ln 2 = \ln\sqrt{2}$$

(2) $1 - x^2 = u$ 라고 하면, $-2x = \dfrac{du}{dx}$ 에서

$$\int_0^1 x\sqrt{u}\frac{du}{-2x} = -\frac{1}{2}\int_0^1 u^{\frac{1}{2}}du = -\frac{1}{2}\int_0^1 u^{\frac{1}{2}}du = -\frac{1}{2}[\frac{2}{3}u^{\frac{3}{2}}]_0^1 = -\frac{1}{2}(\frac{2}{3}) = -\frac{1}{3}$$

(3) $2x = u$ 라고 하면, $2 = \dfrac{du}{dx}$ 에서

$$\frac{1}{2}\int_0^\pi \sin u\, du = \frac{1}{2}[-\cos u]_0^\pi = \frac{1}{2}(1 + 1) = 1$$

(4) $1 + \sin\theta = u$ 라고 하면, $\cos\theta = \dfrac{du}{d\theta}$ 에서

$$\int_1^2 \frac{2\cos\theta}{\sqrt{u}} \cdot \frac{du}{\cos\theta} = 2\int_1^2 u^{-\frac{1}{2}}du = 2[2\sqrt{u}]_1^2 = 2(2\sqrt{2} - 2) = 4\sqrt{2} - 4$$

(5) $2x^2 + 2x = u$ 라고 하면, $4x + 2 = \dfrac{du}{dx}$ 에서

$$\int_0^4 (2x + 1)e^u \frac{du}{2(2x+1)} = \frac{1}{2}\int_0^4 e^u du = \frac{1}{2}[e^u]_0^4 = \frac{1}{2}(e^4 - 1)$$

(6) $x^2 = u$ 라고 하면, $2x = \dfrac{du}{dx}$ 에서

$$\int_0^1 \frac{x}{e^u} \cdot \frac{du}{2x} = \frac{1}{2}\int_0^1 e^{-u}du = -\frac{1}{2}[e^{-u}]_0^1 = -\frac{1}{2}(e^{-1} - 1) = \frac{1}{2} - \frac{1}{2e}$$

(7) $x^3 = u$ 라고 하면, $3x^2 = \dfrac{du}{dx}$ 에서

$$\int_0^1 x^2 e^u \frac{du}{3x^2} = \frac{1}{3}\int_0^1 e^u du = \frac{1}{3}[e^u]_0^1 = \frac{1}{3}(e-1)$$

(8) $-2x = u$ 라고 하면, $-2 = \dfrac{du}{dx}$ 에서

$$-\frac{1}{2}\int_0^{-2} e^u du = \frac{1}{2}\int_{-2}^0 e^u du = \frac{1}{2}[e^u]_{-2}^0 = \frac{1}{2}(1-e^{-2}) = \frac{1}{2} - \frac{1}{2e^2}$$

(9) $\sec x = u$ 라고 하면, $\sec x \cdot \tan x = \dfrac{du}{dx}$ 에서

$$\int_1^2 \frac{e^u}{\cos x \cot x} \cdot \frac{du}{\sec x \tan x}$$ 에서 $\dfrac{1}{\cos x \cot x} = \sec x \tan x$ 이므로 $\displaystyle\int_1^2 e^u du = [e^u]_1^2 = e^2 - e$

(10) $2x-1 = u$ 라고 하면, $2 = \dfrac{du}{dx}$ 에서

$$\int_{-1}^1 u^5 \frac{1}{2} du = \frac{1}{2}\int_{-1}^1 u^5 du = 0 \quad (\text{※} \ \ u^5\text{은 Odd Function})$$

8. ⓑ

$\dfrac{du}{dx} = 2$ 이므로 $dx = \dfrac{1}{2}du$

$$\frac{1}{2}\int_5^7 \sqrt{u}\, du$$

9. (1) $\dfrac{3}{2}$ 　　(2) -2 　　(3) $\ln\sqrt{2}$

(1) ① $\displaystyle\lim_{n\to\infty}\sum_{k=1}^n = \int$, 　　② $\dfrac{1}{n} = dx$ 이고 $[0, 1]$구간을 n 등분 , 　　③ $\dfrac{1}{n}\times k = x$

$$\Rightarrow 3\int_0^1 x\, dx = 3[\frac{1}{2}x^2]_0^1 = \frac{3}{2}$$

(2)

① $\lim\limits_{n\to\infty}\sum\limits_{k=1}^{n}=\int$,　　② $\dfrac{1}{n}=dx$ 이고 [0, 1]구간을 n 등분 ,　　③ $\dfrac{1}{n}\times k=x$

$\Rightarrow \displaystyle\int_{0}^{1}\cos(\frac{\pi}{2}+\pi x)\cdot\pi dx$

$\Rightarrow \pi\displaystyle\int_{0}^{1}\cos(\frac{\pi}{2}+\pi x)dx$ 에서 $\dfrac{\pi}{2}+\pi x=u$ 라고 하면, $\pi=\dfrac{du}{dx}$ 이므로

$\pi\displaystyle\int_{\frac{\pi}{2}}^{\frac{3\pi}{2}}\cos u\frac{1}{\pi}du=\int_{\frac{\pi}{2}}^{\frac{3\pi}{2}}\cos u\,du=[\sin u]_{\frac{\pi}{2}}^{\frac{3}{2}\pi}=-1-1=-2$

(3)

$\lim\limits_{n\to\infty}\dfrac{1}{n}\left\{\dfrac{\frac{1}{n}}{1+(\frac{1}{n})^{2}}+\dfrac{\frac{2}{n}}{1+(\frac{2}{n})^{2}}+\cdots+\dfrac{\frac{n}{n}}{1+(\frac{n}{n})^{2}}\right\}=\lim\limits_{n\to\infty}\dfrac{1}{n}\sum\limits_{k=1}^{n}\dfrac{\frac{k}{n}}{1+(\frac{k}{n})^{2}}$　에서 $\dfrac{k}{n}=x$ 이고

$\dfrac{1}{n}=dx$ 이고 [0, 1]구간을 n등분. $\lim\limits_{n\to\infty}\sum\limits_{k=1}^{n}=\int$

$\Rightarrow \displaystyle\int_{0}^{1}\dfrac{x}{1+x^{2}}dx$ 에서 $1+x^{2}=u$라고 하면 $2x=\dfrac{du}{dx}$ 이므로

$\displaystyle\int_{1}^{2}\dfrac{x}{u}\cdot\dfrac{du}{2x}=\dfrac{1}{2}\int_{1}^{2}\dfrac{1}{u}du=\dfrac{1}{2}[\ln|u|]_{1}^{2}=\dfrac{1}{2}\ln2=\ln\sqrt{2}$

10. $\dfrac{7}{3}$

$\dfrac{1}{2-1}\displaystyle\int_{1}^{2}x^{2}dx=[\dfrac{1}{3}x^{3}]_{1}^{2}=\dfrac{8}{3}-\dfrac{1}{3}=\dfrac{7}{3}$

11. (1) 72　　(2) $\dfrac{71}{12}$

(1)

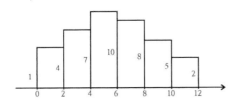

$\displaystyle\int_{0}^{12}v(t)dt=2\cdot4+2\cdot7+2\cdot10+2\cdot8+2\cdot5+2\cdot2=72$

(2)

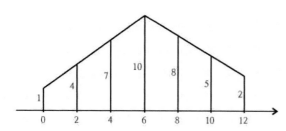

$$\int_0^{12} v(t)dt = \frac{1}{2}(1+4) \cdot 2 + \frac{1}{2}(4+7) \cdot 2 + \frac{1}{2}(7+10) \cdot 2 + \frac{1}{2}(10+8) \cdot 2 + \frac{1}{2}(8+5) \cdot 2 + \frac{1}{2}(5+2) \cdot 2 = 71$$

Therefore, (average velocity) = $\dfrac{1}{12-0}\displaystyle\int_0^{12} V(t)dt = \dfrac{71}{12}$.

12. ⓓ

직접 그려보면…

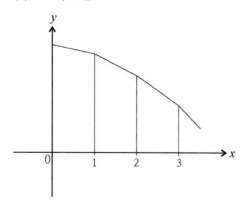

Trapezoidal Sum

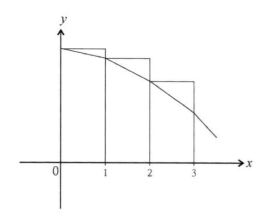

Left Riemann Sum

13. ⓑ

$x = \sin\theta$ 이므로 $\dfrac{1}{2} = \sin\theta$ 에서 $\theta = \dfrac{\pi}{6}$ 이고 $0 = \sin\theta$ 에서 $\theta = 0$, $1 = \cos\theta \dfrac{d\theta}{dx}$ 에서

$dx = \cos\theta d\theta$ 이므로 $2\displaystyle\int_0^{\frac{\pi}{6}} \sin\theta\cos^3\theta d\theta$

14. (1) $\dfrac{1}{2}$　　(2) 2　　(3) $2\ln2 - 2$　　(4) $2\sqrt{3} - 2$　　(5) 1

(1) $\dfrac{1}{2}$

∞ 를 k 라고 하면

$\displaystyle\lim_{k\to\infty}\int_0^k x \cdot e^{-x^2}dx$, $\left(-x^2 = t \Rightarrow -2x = \dfrac{dt}{dx} \Rightarrow dx = -\dfrac{1}{2x}dt\right)$

$= \displaystyle\lim_{k\to\infty}\int_0^{-k^2} x \cdot e^t \cdot -\dfrac{1}{2x}dt = -\dfrac{1}{2}\lim_{k\to\infty}\int_0^{-k^2} e^t dt = \dfrac{1}{2}\lim_{k\to\infty}\int_{-k^2}^0 e^t dt = \dfrac{1}{2}\lim_{k\to\infty}[1 - e^{-k^2}] = \dfrac{1}{2}$

(2) 2

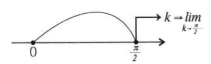

즉, $\displaystyle\lim_{k\to\frac{\pi}{2}^-}\int_0^k \dfrac{\cos x}{\sqrt{1-\sin x}}dx$ 에서 $1 - \sin x = t \Rightarrow -\cos x = \dfrac{dt}{dx} \Rightarrow dx = -\dfrac{1}{\cos x}dt$　　이므로

$\displaystyle\lim_{k\to\frac{\pi}{2}^-}\int_1^{1-\sin k} \dfrac{\cos x}{\sqrt{t}} \cdot \left(-\dfrac{1}{\cos x}\right)dt = -\lim_{k\to\frac{\pi}{2}^-}\int_1^{1-\sin k} t^{-\frac{1}{2}}dt = \lim_{k\to\frac{\pi}{2}^-}\int_{1-\sin k}^1 t^{-\frac{1}{2}}dt = \lim_{k\to\frac{\pi}{2}^-}[2\sqrt{t}]_{1-\sin k}^1$

$= \displaystyle\lim_{k\to\frac{\pi}{2}^-}[2 - 2\sqrt{1-\sin k}] = 2$

(3) $2\ln2 - 2$

즉, $\displaystyle\lim_{k\to 0^+}\int_k^2 \ln x\,dx = \lim_{k\to 0^+}[x\ln x - x]_k^2 = \lim_{k\to 0^+}(2\ln2 - 2 - k\ln k + k) = 2\ln2 - 2$

(4) 0

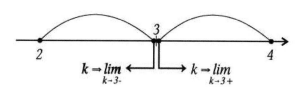

즉, $\displaystyle\lim_{k\to3-}\int_2^k \frac{1}{\sqrt[3]{x-3}}dx + \lim_{k\to3+}\int_k^4 \frac{1}{\sqrt[3]{x-3}}dx = \lim_{k\to3-}[\frac{3}{2}(x-3)^{\frac{2}{3}}]_2^k + \lim_{k\to3+}[\frac{3}{2}(x-3)^{\frac{2}{3}}]_k^4 = 0$

(5) 1

∞를 k라고 하면 $\displaystyle\lim_{k\to\infty}\int_0^k e^{-x}dx = \lim_{k\to\infty}[-e^{-x}]_0^k = \lim_{k\to\infty}[-\frac{1}{e^k}+1] = 1$

15. ⓑ

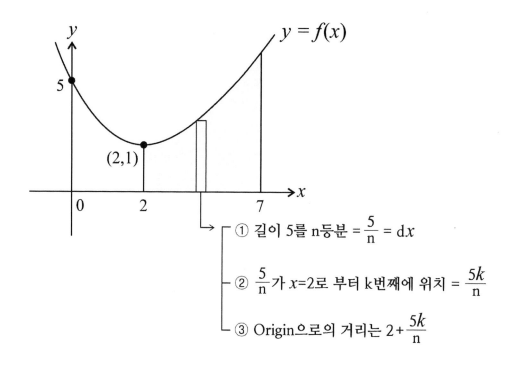

① 길이 5를 n등분 $= \dfrac{5}{n} = dx$

② $\dfrac{5}{n}$가 $x=2$로 부터 k번째에 위치 $= \dfrac{5k}{n}$

③ Origin으로의 거리는 $2+\dfrac{5k}{n}$

$\Rightarrow$ 작은 사각형의 Area $= f(\dfrac{5k}{n}+2)\cdot\dfrac{5}{n}$

$\Rightarrow$ 작은 사각형을 무수히 많이 더한다.

$\displaystyle\lim_{n\to\infty}\sum_{k=1}^{n}((\frac{5k}{n}+2)^2 - 4(\frac{5k}{n}+2)+5)\cdot\frac{5}{n}$

3. Area

1. 축과 곡선, 곡선과 곡선 사이의 면적
2. Region Bounded by Polar Curve (BC)

시작에 앞서서...

면적을 구하는 단원이다. 그리 어렵지는 않지만 신중하게 공부하도록 하자. Polar Curve단원의 경우 Precalculus에서 자세히 공부를 안했던 학생들은 간단하게라도 다시 복습을 하는 것이 좋다. 필자가 Precalculus의 내용을 설명을 하였지만 그래도 어느 정도의 기본 내용을 알고 있어야 공부하기에 수월해 진다.

07 축과 곡선, 곡선과 곡선 사이의 면적

1. 축과 곡선, 곡선과 곡선 사이의 면적

x축과 곡선 사이의 면적

①

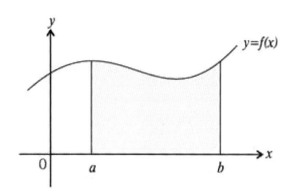

색이 채워진 부분 면적 $= \int_a^b f(x)dx$

②

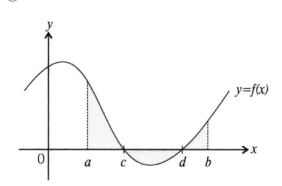

색이 채워진 부분 면적 $= \int_a^c f(x)dx + |\int_c^d f(x)dx| + \int_d^b f(x)dx$

두 그림을 비교해보면 ①의 경우에는 앞에서 공부했던 "Definite Integrals"와 같지만 … ②의 경우
에는 상황이 달라진다. $c-d$ 구간에서는 음(Negative)의 값이 나오기 때문에 면적을 구하려면 이와 같
이 음의 값이 나오는 값에 절대값(Absolute Value)을 붙여야 한다.
x축과 곡선 사이의 면적을 구하려면 ②와 같은 경우도 나오므로 무턱대고 적분(Integral)을 하지 말고
일단 $y = f(x)$의 그래프를 그려보아야 한다.

☞ 심선생 Math Series

곡선과 곡선 사이의 면적

①

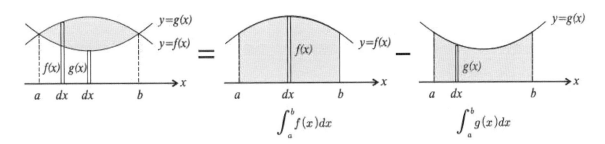

$$= \int_a^b f(x)dx - \int_a^b g(x)dx = \int_a^b (f(x) - g(x))dx$$

즉, 두 곡선 사이의 면적 $S = \int_a^b (f(x) - g(x))dx$. 즉, 두 함수를 빼고 적분(Integrate)!

②

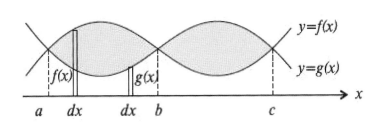

$\Rightarrow$ 두 곡선 사이의 면적 $S = \int_a^b (f(x) - g(x))dx + \int_b^c (g(x) - f(x))dx$

<AP CALCULUS AB&BC>

그렇다면 다음과 같은 경우에는?

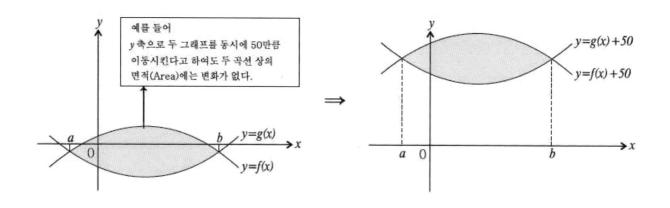

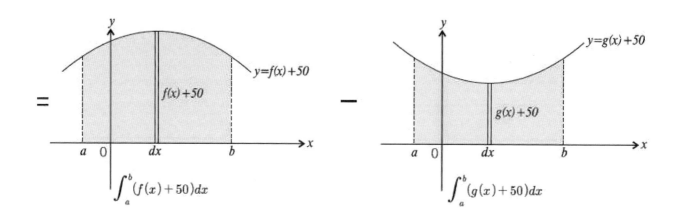

$$\int_a^b (f(x)+50)dx - \int_a^b (g(x)+50)dx = \int_a^b (f(x)-g(x))dx$$

즉, 두 곡선 사이의 면적 $= \int_a^b (위 - 아래)dx$.

무조건 위의 그래프에서 아래 그래프를 빼서 적분(Integral)하면 된다.

다음의 두 그림을 보자.

①

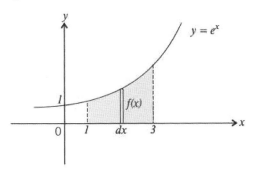

색이 채워진 부분 면적

$$= \int_1^3 f(x)dx = \int_1^3 e^x dx$$

$$=$$ **(x축 잘게 자름)**

(x축 자름 $\Rightarrow$ 범위는 x범위 $\Rightarrow$ 식도 x에 관한 식 $\cdots$)

②

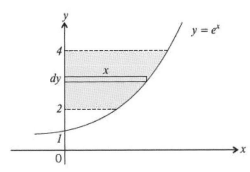

색이 채워진 부분 면적

$$= \int_2^4 xdy = \int_2^4 \ln y \, dy$$

($y = e^x \Rightarrow x = \ln y$)

$$= \int_2^4 \ln y \, dy$$

(y축 잘게 자름)

(y축 자름 $\Rightarrow$ 범위는 y범위 $\Rightarrow$ 식도 y에 관한 식 $\cdots$)

앞의 ①과 ②로부터 결론을 내리자면 …

Area 구하기

① x축 or y축을 잘게 자른다.

② 범위는 자른 축 범위로!

③ • x축을 잘게 자른 경우의 Area

$$\Rightarrow \int_a^b (y_1 - y_2)\,dx : y_1 은 위, \ y_2 는 아래 \qquad \Rightarrow \int_a^b (문자 x 로!)\,(dx) \quad x범위$$

• y축을 잘게 자른 경우의 Area

$$\Rightarrow \int_a^b (x_1 - x_2)\,dy : x_1 은 오른쪽, \ x_2 는 왼쪽 \qquad \Rightarrow \int_a^b (문자 y 로!)\,(dy) \quad y범위$$

Problem 1

(1) Find the area bounded by $f(x) = x^3 + 2x^2 - 3x$ and the x-axis.

(2) Find the area of the region bounded by the graph of $f(x) = x^2 - 4$, the lines $x = 1$ and $x = 3$, and x-axis.

Solution

(1)

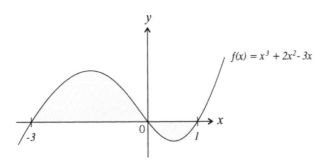

$$S = \int_{-3}^{0} (x^3 + 2x^2 - 3x)dx + \left| \int_{0}^{1} (x^3 + 2x^2 - 3x)dx \right|$$

$$= 11.25 + 0.583 = 11.833$$

(2)

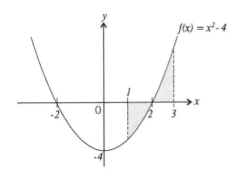

$$S = \left| \int_{1}^{2} (x^2 - 4)dx \right| + \int_{2}^{3} (x^2 - 4)dx = 1.67 + 2.33 = 4$$

정답   (1) 11.833   (2) 4

Problem 2

(1) Find the area of the region bounded by graph of $f(x) = x^2 - 2$ and the $g(x) = x$.

(2) Find the area of the region bounded by $y = e^x$, $y = 2$, $y = 3$ and $x = 0$.

Solution

(1)

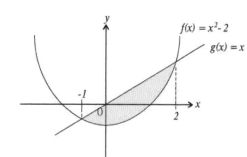

먼저 $f(x)$와 $g(x)$의 교점의 x좌표를 구하면

$x^2 - 2 = x$ 에서 $x^2 - x - 2 = 0$ 에서 $x = 2, -1$

$$S = \int_{-1}^{2} (g(x) - f(x))dx = \int_{-1}^{2} (x - x^2 + 2)dx = 4.5$$

(2)

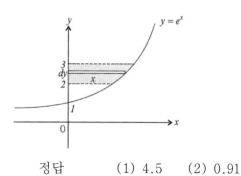

$(y = e^x \leftrightarrow x = \ln y)$ Integration by Parts.

$$S = \int_{2}^{3} x\,dy = \int_{2}^{3} \ln y\,dy = [y\ln y - y]_{2}^{3}$$

$$= (3 \cdot \ln 3 - 3) - (2 \cdot \ln 2 - 2) = 0.91$$

정답　　　(1) 4.5　　(2) 0.91

1 Region Bounded by Polar Curve

Precalculus 과정에서 배웠던 Polar coordinate로 다시 돌아가 보자.

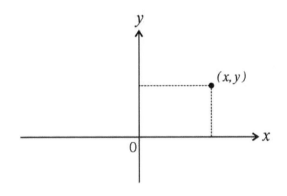

Rectangular Coordinate   Polar Coordinate

두 그림을 합쳐서 그려보면 다음과 같이 된다.

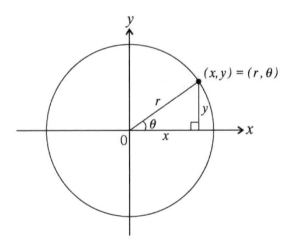

- $x^2 + y^2 = r^2$

- $\dfrac{x}{r} = \cos\theta$ 에서 $x = r\cos\theta$

- $\dfrac{y}{r} = \sin\theta$ 에서 $y = r\sin\theta$

Region Bounded by Polar Curve(BC)

그렇다면 Polar Curve는 어떻게 그릴 것인가…? 필자가 소개하는 방법대로 따라 하기 바란다.

예를 들어, $r = 1 + \cos\theta$ 를 그려보면

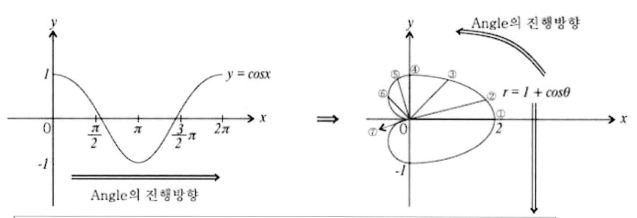

$r = 1 + \cos\theta$ 에서

① $\theta = 0° \Rightarrow r = 2$
② $\theta = 30° \Rightarrow r = 1.866$
③ $\theta = 60° \Rightarrow r = 1.5$
④ $\theta = 90° \Rightarrow r = 1$

⑤ $\theta = 135° \Rightarrow r = 0.293$
⑥ $\theta = 150° \Rightarrow r = 0.134$
⑦ $\theta = 180° \Rightarrow r = 0 \cdots$

①~⑦ 까지를 직접 그리고 연결해 보면 위와 같은 그림이 그려진다.

그렇다면 면적은 어떻게 구할 것인가?

①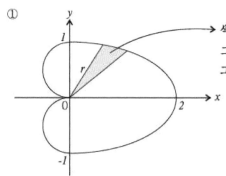

→ 색이 채워진 부분을 0°에서 360°까지 더해주면 된다.

그런데, 문제는 "색이 채워진 부분의 넓이를 어떻게 구하는가…?"이다.

그리고, 그렇게 구한다고 해도 오차(Error)가 너무 크다.

그래서~!! 이렇게 한다!!

②

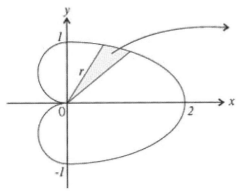

아주 얇게 자른다. 아주 얇게~~!!

얇게 잘라서 arc 모양이 일정하게 되었다.

$d\theta$ 얇게 잘라서 $d\theta$ 이다.

$\Rightarrow$ 즉, Sector Form이 되었다. Sector Form의 넓이

S는 $S = \dfrac{1}{2}r^2\theta$ 에서 얇게 자른 Sector Form의

면적은 $S = \dfrac{1}{2}r^2 d\theta$ 를 사용!!

②의 그림에서 얇게 자른 Sector Form을 0°에서 360°($=2\pi$)까지 무수히 많이 더하면 된다.

$$\int_0^{2\pi} (of) \quad \frac{1}{2}r^2 d\theta \quad \Rightarrow \quad \frac{1}{2}\int_0^{2\pi} r^2 d\theta$$

0에서 360(=2π)까지   얇게 자른 Sector Form
무수히 많이 합

또는 x축에 대해서 대칭되므로 0°에서 180°($=\pi$)까지만 구하고 두 배 해주면 된다.

즉, $2 \times \dfrac{1}{2}\displaystyle\int_0^{\pi} r^2 d\theta$ 에서 $\displaystyle\int_0^{\pi} r^2 d\theta$. 그러므로, $S = \displaystyle\int_0^{\pi} r^2 d\theta$ 가 된다.

(암기하지 말고 앞의 설명을 자세히 읽어 보자.)

2 Distance

우리가 Precalculus에서 배운 Distance 공식은 다음과 같다.

(1)

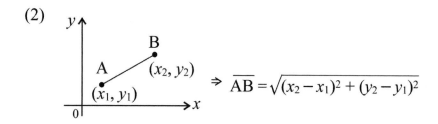

$$\Rightarrow d = |x_1 - x_2| = |x_2 - x_1|$$

(2)

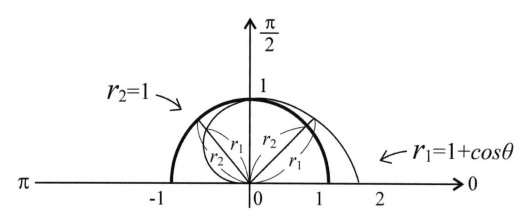

$$\Rightarrow \overline{AB} = \sqrt{(x_2 - x_1)^2 + (y_2 - y_1)^2}$$

그렇다면 Polar Curve 사이의 거리는?

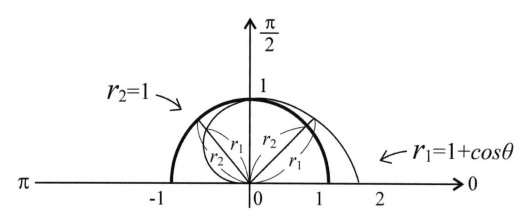

① First Quadrant에서 두 Polar Curve 사이의 Distance = $r_1 - r_2$
② Second Quadrant에서 두 Polar Curve 사이의 Distance = $r_2 - r_1$

3 Line tangent equation

Vol.1에서는 Polar Curve의 slope에 대해 간단하게 소개하였다. 여기에서는 좀 더 자세하게 다루어 보고자 한다.

다음의 그림을 보자. 이 그림은 어떠한 문제에서도 주어지지 않는다. 그러므로, "Polar" 단어만 나와도 이 그림과 식은 머릿속에서 당연하게 나와야 한다.

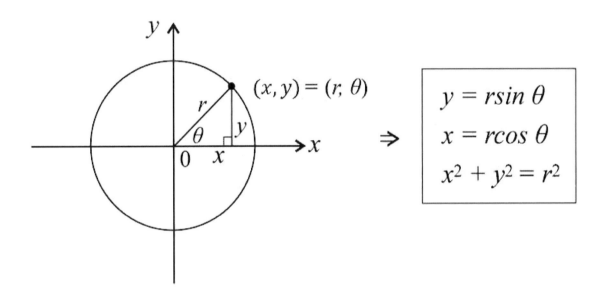

$$\Rightarrow \quad \begin{array}{l} y = r\sin\theta \\ x = r\cos\theta \\ x^2 + y^2 = r^2 \end{array}$$

Line tangent equation을 구하기 위해서는

① slope $= \dfrac{dy}{dx} = \dfrac{\frac{dy}{d\theta}}{\frac{dx}{d\theta}}$ 를 먼저 구하고

② $x = r\cos\theta$, $y = r\sin\theta$ 로부터 지나는 점을 구해야 한다. 이때, r과 θ는 반드시 주어지게 되어 있다. 뒤에 나오는 Problems를 통해 이 내용들을 익히도록 하자.

Problem 3

(1) Find the area bounded by $r = 2 + 2\sin\theta$

(2) Find the area inside both the circle $r = 3\cos\theta$ and the cardioid $r = 1 + \cos\theta$

Solution

(1)

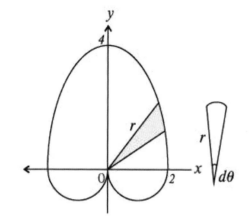

색이 채워진 부분의 면적을 $-\dfrac{\pi}{2}$ 에서 $\dfrac{\pi}{2}$까지 구한

다음 두 배 해준다. (y축 대칭이므로)

또는 0에서 2π까지 구해도 된다.

$\Rightarrow S = \dfrac{1}{2} r^2 d\theta$ 에서 $r = 2 + 2\sin\theta$ 이므로

$S = \dfrac{1}{2} (2 + 2\sin\theta)^2 d\theta$

$S = 2 \times \dfrac{1}{2} \displaystyle\int_{-\frac{\pi}{2}}^{\frac{\pi}{2}} (2 + 2\sin\theta)^2 d\theta = 18.85$

(2)

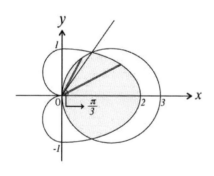

$\Rightarrow 1 + \cos\theta = 3\cos\theta$ 에서 $\cos\theta = \dfrac{1}{2}$ 이므로 $\theta = \dfrac{\pi}{3}$

그림에서 보는 것과 같이 0°에서 60° $(\dfrac{\pi}{3})$까지 일 때

$r = 1 + \cos\theta$ 이고 60° $(\dfrac{\pi}{3})$에서 90° $(\dfrac{\pi}{2})$까지 일 때

$r = 3\cos\theta$ 이다. 색이 채워진 부분은 x축에 대해 대

칭이므로 0°에서 90°까지만 면적을 구한 다음 두 배

를 해주면 된다.

$S = 2[\dfrac{1}{2} \displaystyle\int_{0}^{\frac{\pi}{3}} r^2 d\theta + \dfrac{1}{2} \displaystyle\int_{\frac{\pi}{3}}^{\frac{\pi}{2}} r^2 d\theta]$ $(\dfrac{1}{2} \displaystyle\int_{0}^{\frac{\pi}{3}} r^2 d\theta : r = 1 + \cos\theta, \dfrac{1}{2} \displaystyle\int_{\frac{\pi}{3}}^{\frac{\pi}{2}} r^2 d\theta : r = 3\cos\theta)$ 에서

$= \displaystyle\int_{0}^{\frac{\pi}{3}} (1 + \cos\theta)^2 d\theta + \displaystyle\int_{\frac{\pi}{3}}^{\frac{\pi}{2}} (3\cos\theta)^2 d\theta = 3.927$

정답   (1) 18.85   (2) 3.927

Problem 4

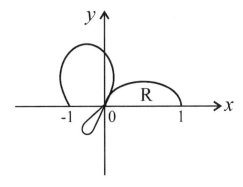

The graph of the polar curve $r = 1 - \sqrt{2}\sin(2\theta)$ for $0 \le \theta \le \pi$ is shown above.
Let R be the shaded region by the curve and the positive x-axis.
Find the area of R.

Solution

- $1 - \sqrt{2}\sin(2\theta) = 1 \implies \sin(2\theta) = 0 \implies \theta = 0$

- $1 - \sqrt{2}\sin(2\theta) = 0 \implies \sin(2\theta) = \dfrac{1}{\sqrt{2}} \implies \theta = \dfrac{\pi}{8}$

그러므로, $R = \dfrac{1}{2}\displaystyle\int_0^{\frac{\pi}{8}}(1 - \sqrt{2}\sin(2\theta))^2 d\theta \approx 0.06$

정답　　　0.06

Problem 5

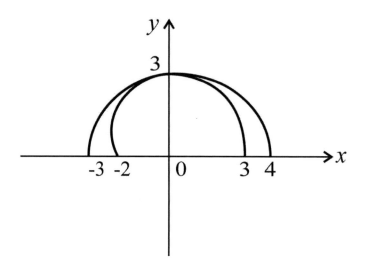

The graph of the polar curves $r = \cos\theta + 3$ and $r = 3$ are shown in the figure above for $0 \leq \theta \leq \dfrac{\pi}{2}$. The distance between the two curves changes for $0 < \theta < \dfrac{\pi}{2}$. Find the rate at which the distance between the two curves is changing with respect to θ when $\theta = \dfrac{\pi}{6}$

Solution

Distance를 D라고 하면 $0 \leq \theta \leq \dfrac{\pi}{2}$ 범위에서는 $D = \cos\theta + 3 - 3 = \cos\theta$

그러므로, $\dfrac{dD}{d\theta} = -\sin\theta$ 이므로 $\theta = \dfrac{\pi}{6}$ 를 대입하면 $\dfrac{dD}{d\theta} = -\dfrac{1}{2}$

정답 $-\dfrac{1}{2}$

Problem 6

Find the line tangent equation to the polar curve $r = 1 + \cos\theta$ at the point $\theta = \dfrac{\pi}{2}$

Solution

① $x = r\cos\theta$, $y = r\sin\theta$ 로부터 $x = (1 + \cos\theta)\cos\theta$, $y = (1 + \cos\theta)\sin\theta$

· $\dfrac{dx}{d\theta} = -\sin\theta\cos\theta - (1 + \cos\theta)\sin\theta$

· $\dfrac{dy}{d\theta} = -\sin\theta\sin\theta + (1 + \cos\theta)\cos\theta$

· slope $= \dfrac{dy}{dx} = \dfrac{\dfrac{dy}{d\theta}}{\dfrac{dx}{d\theta}} = \dfrac{-\sin\theta\cos\theta - (1 + \cos\theta)\sin\theta}{-\sin\theta\sin\theta + (1 + \cos\theta)\cos\theta}$

→ $\theta = \dfrac{\pi}{2}$ 대입! $\dfrac{dy}{dx} = \dfrac{-1}{-1} = 1$

$\theta = \dfrac{\pi}{2}$ 일 때, $x = 0, y = 1$ 이므로 Line tangent equation은 $y - 1 = x$, 즉 $y = x + 1$

정답　　　$y = x + 1$

심 선생의 보충설명 코너

Problem 6의 상황은 다음과 같다.

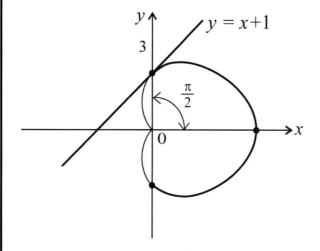

이 상황이 이해 가시는지요? ^^...
수업 중에 학생들의 질문이 있어서 상황을 설명하였다.

1. Find the area of the region bounded by the graph of $f(x) = \sin x$, the lines $x = \dfrac{\pi}{4}$, $x = \dfrac{5}{6}\pi$, x-axis.

2. Find the area of the region bounded by the graphs $f(x) = x^2 - 1$ and $g(x) = -x^2 + 2x + 3$.

3. Find the area of the region bounded by the graphs $x = y^2 - 2y$ and $x = 0$.

4. Find the area of the region bounded by the graph of $y = e^x$, the lines $y = 5x + 5$, $y = 2$ and $y = 3$.

(BC) 5. Find the area bounded by $r = 2\sin\theta$.

(BC) 6. Find the area bounded by $r = 3 + 3\cos\theta$.

(BC) 7. Find the area inside both the circle $r = 3\sin\theta$ and the cardioid $r = 1 + \sin\theta$.

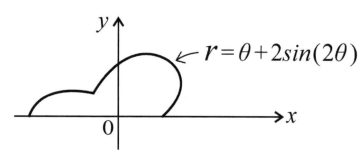

8. The curve above is drawn in the xy-plane and is described by the equation in polar coordinates $r = \theta + 2\sin(2\theta)$ for $0 \le \theta \le \pi$, where r is measured in inches and θ is measured in radians.

Find the area bounded by the curve and the x-axis.

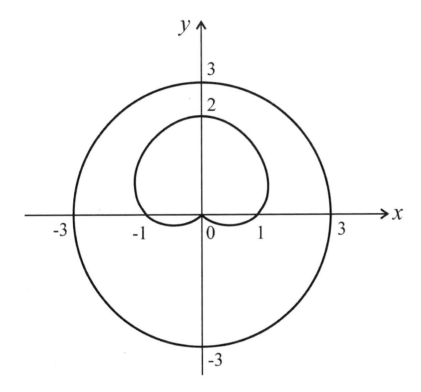

9. The graph of the polar curves $r=3$ and $r=1+\sin\theta$ are shown in the figure above for $0 \leq \theta < 2\pi$. The distance between the two curves changes for $0 < \theta < \frac{\pi}{2}$. Find the rate at which the distance between the two curves is changing with respect to θ when $\theta = \frac{\pi}{3}$.

10. Find the line tangent equation to the polar curve $r = 2\sin(2\theta)$ at the point $\theta = \dfrac{\pi}{6}$.

Exercise 3

1. 1.57

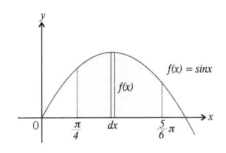

$$S = \int_{\frac{\pi}{4}}^{\frac{5\pi}{6}} \sin x \, dx = [-\cos x]_{\frac{\pi}{4}}^{\frac{5\pi}{6}} \approx 1.57$$

2. 9

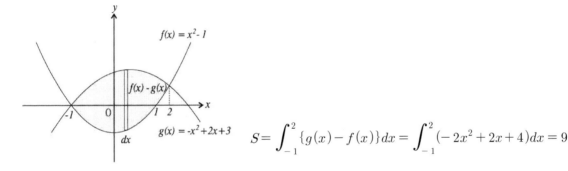

$$S = \int_{-1}^{2} \{g(x) - f(x)\} dx = \int_{-1}^{2} (-2x^2 + 2x + 4) dx = 9$$

3. 1.333

$x = y^2 - 2y$를 그리기 어려워하는 학생들이 생각보다 많다. 이는 Precalculus 과정에 있는 Conics를 제대로 공부하지 않아서 그렇다. $x = y^2 - 2y$ 가 그리기 어렵다면 $y = x^2 - 2x$ 는 그리기 쉬운가? 그렇다면 $y = x^2 - 2x$ 를 그리고 x축 y축의 위치만 바꾸어 주자. 어차피 그렇게 해도 면적(Area)에는 변화가 없을 것이니까...

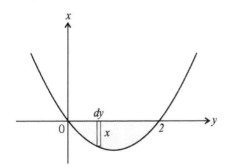

$$S = \left| \int_0^2 x \, dy \right| \text{ 에서 } \left| \int_0^2 (y^2 - 2y) dy \right| \approx |-1.333| \approx 1.333$$

4. 1.41

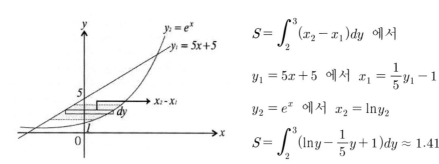

$S = \int_2^3 (x_2 - x_1)dy$ 에서

$y_1 = 5x + 5$ 에서 $x_1 = \dfrac{1}{5}y_1 - 1$

$y_2 = e^x$ 에서 $x_2 = \ln y_2$

$S = \int_2^3 (\ln y - \dfrac{1}{5}y + 1)dy \approx 1.41$

5. 3.142

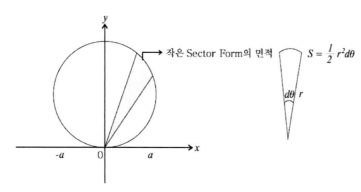

작은 Sector Form의 면적 $S = \dfrac{1}{2}r^2 d\theta$

$r = 2\sin\theta$ 는 y축에 대해서 대칭(Symmetry)이므로

$S = 2\int_0^{\frac{\pi}{2}} \dfrac{1}{2}r^2 d\theta$ 에서 $S = \int_0^{\frac{\pi}{2}} r^2 d\theta = \int_0^{\frac{\pi}{2}} 4\sin^2\theta d\theta \approx 3.142$

6. 42.412

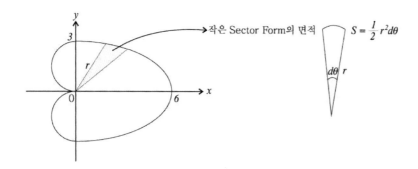

작은 Sector Form의 면적 $S = \dfrac{1}{2}r^2 d\theta$

$r = 3 + 3\cos\theta$ 는 x축에 대해서 대칭(Symmetry)이므로

$S = 2\int_0^{\pi} \dfrac{1}{2}r^2 d\theta$ 에서 $S = \int_0^{\pi} r^2 d\theta = \int_0^{\pi} (3 + 3\cos\theta)^2 d\theta \approx 42.412$

7. 3.927

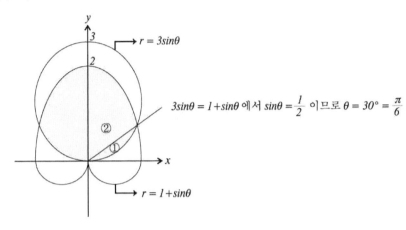

* ①의 면적

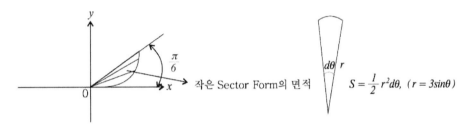

그러므로, ①의 면적 $S = \int_0^{\frac{\pi}{6}} \frac{1}{2} \cdot (3\sin\theta)^2 d\theta$

* ②의 면적

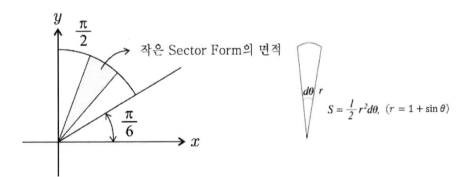

그러므로, ②의 면적 $\int_{\frac{\pi}{6}}^{\frac{\pi}{2}} \frac{1}{2} \cdot (1+\sin\theta)^2 d\theta$

전체 면적 $2(\text{Area of } ① + \text{Area of } ②) = 2 \times \frac{1}{2} \times (\int_0^{\frac{\pi}{6}} (3\sin\theta)^2 d\theta + \int_{\frac{\pi}{6}}^{\frac{\pi}{2}} (1+\sin\theta)^2 d\theta) \approx 3.927$

<AP CALCULUS AB&BC>

8. 5.168

$$\text{Area} = \int_0^\pi \frac{1}{2} r^2 d\theta = \frac{1}{2} \int_0^\pi (\theta + 2\sin(2\theta))^2 d\theta \approx 5.168$$

9. $-\frac{1}{2}$

$$D = 3 - (1 + \sin\theta) = 2 - \sin\theta$$

$$\frac{dD}{d\theta} = -\cos\theta \text{ 에서 } \theta = \frac{\pi}{3} \text{을 대입하면 } \frac{dD}{d\theta} = -\frac{1}{2}$$

10. $y = \frac{\sqrt{3}}{5}\left(x - \frac{3}{2}\right) + \frac{\sqrt{3}}{2}$

$x = r\cos\theta,\ y = r\sin\theta$ 로부터 $x = 2\sin(2\theta)\cos(\theta),\ y = 2\sin(2\theta)\sin\theta$

- $\dfrac{dx}{d\theta} = 4\cos(2\theta)\cos\theta - 2\sin(2\theta)\sin\theta$

- $\dfrac{dy}{d\theta} = 4\cos(2\theta)\sin\theta + 2\sin(2\theta)\cos\theta$

$$\text{slope} = \frac{dy}{dx} = \frac{\dfrac{dy}{d\theta}}{\dfrac{dx}{d\theta}} = \frac{4\cos(2\theta)\cos\theta - 2\sin(2\theta)\sin\theta}{4\cos(2\theta)\sin\theta + 2\sin(2\theta)\cos\theta}$$

$$\Rightarrow \theta = \frac{\pi}{6} \text{ 대입! } \frac{dy}{dx} = \frac{\dfrac{dy}{d\theta}}{\dfrac{dx}{d\theta}} = \frac{\sqrt{3}}{5}$$

- $x = 2\sin\left(\dfrac{\pi}{3}\right)\cos\left(\dfrac{\pi}{6}\right) = \dfrac{3}{2}$

- $y = 2\sin\left(\dfrac{\pi}{3}\right)\sin\left(\dfrac{\pi}{6}\right) = \dfrac{\sqrt{3}}{2}$

그러므로, $y = \dfrac{\sqrt{3}}{5}\left(x - \dfrac{3}{2}\right) + \dfrac{\sqrt{3}}{2}$

4. Volume

1. Solid with Known Cross Sections
2. Solid of Revolution

시작에 앞서서...

면적과 마찬가지로 부피(Volume)도 "얇게 잘라서 무수히 많이 더하기"를 하면 된다.
이 부분을 어려워하는 학생들이 많다. 일단 그림을 잘 그리도록 연습을 하도록 하자. 그 후에 공식을 암기하도록 하자. 필자 나름대로 쉽게 Volume을 구할 수 있는 공식을 제시하고자 한다.

Volume 구하기...

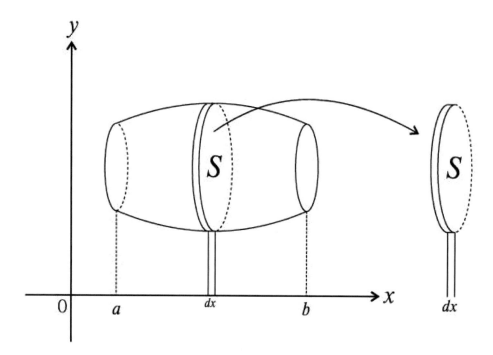

⇒ 작은 원기둥(Cylinder)의 부피(Volume)

$V = S \cdot dx$

⇒ a에서 b까지의 부피(Volume)는 …

(a에서 b까지 무수히 많은 합)   (~의)   (작은 원기둥의 부피)

$$\int_a^b \qquad\qquad (of) \qquad\qquad Sdx$$

그러므로, (the total volume of the given figure) = $\displaystyle\int_a^b Sdx$.

본문에 들어가기에 앞서서 다음은 반드시 알아 두어야 한다.

Volume은 무조건 Cross Section Area × Height

모양이 일정하지 않는 물체의 Volume은 임의의 부분에서 작게 잘라서 무수히 많이 더하게 된다.

그러므로 $V = \int_a^b$ 작은 $Volume \Rightarrow V = \int_a^b \underline{(CrossSectionArea)} \times \underline{(작은 Height)}$

$$\Downarrow \qquad\qquad = dx \text{ or } dy$$

Cross Section 모양에 따라 다음과 같이 나뉜다.

1. Cross Section - Cross Section 모양이 Square, Semi-Circle과 같이 주어진다.
2. Revolution - Cross Section 모양이 Circle로 고정되어 있다.

정리해 보면 다음과 같다. (※ Cross Section Area를 C・S・A로 표현함)

$$\boxed{\text{Volume} = \int_a^b (\text{C·S·A}) \left(\begin{smallmatrix}\text{Small}\\\text{Height}\end{smallmatrix}\right)}$$

C·S·A 모양이
주어지고 안 주어지고에
따라 분류
$\Longrightarrow$

1 **Cross Section**
⇒ C·S·A가 Square, Semi-Circle
와 같이 주어짐

2 Revolution ⇒ C·S·A가 Circle 이므로
주어지지 않는다.

⇒ ・ 회전축이 Small Height ⇒ Disk, Washer

・ 회전축 반대가 ⇒ Shell
Small Height

1.

다음과 같이 구한다.

Solid with Known Cross Sections

① 작은 입체의 부피 구하기.
⇒ 단면적 × 높이 $(dx$ or $dy)$

② 무수히 많이 더하기. ⇒ $\int$

③ 범위는 자른 축 범위로! ⇒ $\int_a^b S\, dx$ 또는 $\int_a^b S\, dy$

④ 작은 입체의 높이 $(dx$ or $dy)$ 와 같은 문자로 모두 통일!

다음의 예제들을 풀어보자.

(**EX 1**) A solid with a circular base with equation $x^2 + y^2 = 4$, and all cross sections parallel to the y-axis are squares. Find the volume of the solid.

Solution

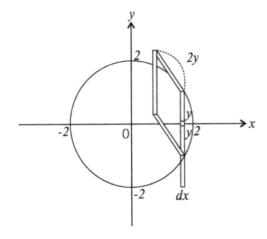

⇒ x축을 잘랐으니까 범위도 x축 범위로!
⇒ x축을 잘랐으니까 모든 문자도 x로!
⇒ 작은 사각형 부피

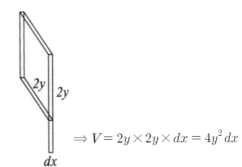

⇒ $V = 2y \times 2y \times dx = 4y^2\,dx$

Volume = (-2에서 2까지 무수히 많은 합)   (~의) (작은 사각형 부피)

V = $\int_{-2}^{2}$ (of) $4y^2\,dx$ $4\int_{-2}^{2} y^2\,dx$

에서 x축을 잘랐으므로 모든 문자도 x로! $x^2 + y^2 = 4$ 에서 $y^2 = 4 - x^2$ 이므로

$V = 4\int_{-2}^{2}(4 - x^2)dx = 8\int_{0}^{2}(4 - x^2)dx = 42.67$ 그러므로 V=42.67

($4 - x^2$ 은 Even function)

정답   V = 42.67

04 Volume

(EX 2) The base of a solid is the region enclosed by a triangle whose vertices are $(0,0)$, $(2,0)$ and $(0,1)$. The cross sections are semicircles perpendicular to the x-axis. Find the volume of the solid in terms of π.

Solution

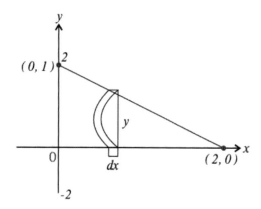

⇒ x축을 잘랐으니까 범위도 x축 범위로!

⇒ x축을 잘랐으니까 모든 문자도 x로!

⇒ 작은 반원기둥의 부피

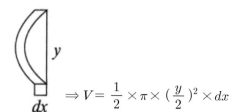

$$\Rightarrow V = \frac{1}{2} \times \pi \times \left(\frac{y}{2}\right)^2 \times dx$$

Volume = (0에서 2까지 무수히 많은 합) (~의) (작은 반원기둥의 부피)

V = $\displaystyle\int_0^2$ (of) $\dfrac{\pi}{8} \times y^2 \times dx$ $\dfrac{\pi}{8}\displaystyle\int_0^2 y^2\, dx$

에서 x축을 잘랐으므로 모든 문자도 x로!

직선의 방정식 $y = -\dfrac{1}{2}x + 1$ 을 대입하면 $V = \dfrac{\pi}{8}\displaystyle\int_0^2 \left(-\dfrac{1}{2}x + 1\right)^2 dx = \dfrac{\pi}{8} \times \dfrac{2}{3} = \dfrac{\pi}{12}$

정답 $\dfrac{\pi}{12}$

앞의 두 개의 예제를 통해서 "Solid with known cross sections"에 대해서 다음과 같이 정리해두고
자 한다. 이 방법을 안다면 쉽게 문제가 해결될 것이다.

Solid with Known Cross Sections 쉽게 구하기.

① dx, dy를 결정한다.

(ex) all cross sections parallel to the y-axis$\cdots \Rightarrow dx$

all cross sections perpendicular to the x-axis$\cdots \Rightarrow dx$

② 단면을 그린다.

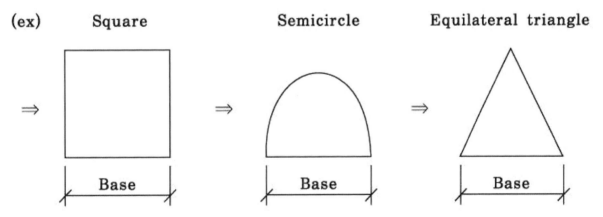

③ 단면의 Base 길이를 구한다. dx인지 dy인지에 따라서 base 길이가 달라진다.

(ex) $(y_1(위) - y_2(아래))dx$, $(x_1(오른쪽) - x_2(왼쪽))dy$

④

$$V = \int_a^b (\blacksquare) dx$$

└──▶ 단면 넓이(Base 길이 : y_1-y_2)

$$V = \int_a^b (\square) dy$$

└──▶ 단면 넓이(Base 길이 : x_1-x_2)

Problem 1

The base of a solid is the region in the first quadrant by the parabola $y = \dfrac{1}{2}x^2$, the line $x = 2$, and the x-axis. Each plane section of the solid perpendicular to the x-axis is equilateral triangle. Find the volume of the solid.

Solution

① 정확히 그려봐서 구해본다.

작은 입체도형

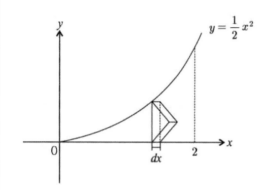

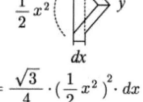

$$\Rightarrow \quad \frac{1}{2}x^2 \quad \cdots \quad y$$
$$dx$$
$$= \frac{\sqrt{3}}{4} \cdot \left(\frac{1}{2}x^2\right)^2 \cdot dx$$

⇒ x의 범위가 [0, 2]이므로 작은 Volume을 무수히 많이 더하면 된다.

$$V = \int_0^2 (of) \frac{\sqrt{3}}{16}x^4 \, dx = \frac{\sqrt{3}}{16}\int_0^2 x^4 \, dx = \frac{\sqrt{3}}{16}\left[\frac{1}{5}x^5\right]_0^2 = \frac{\sqrt{3}}{80} \times 32 = \frac{2}{5}\sqrt{3}$$

② 공식으로만 쉽게 구해본다.

· ⋯ perpendicular to the x-axis ⋯ ⇒ dx

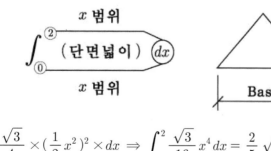

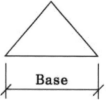

$$\Rightarrow$$

$$= \frac{\sqrt{3}}{4} \times \left(\frac{1}{2}x^2\right)^2 \times dx \Rightarrow \int_0^2 \frac{\sqrt{3}}{16}x^4 \, dx = \frac{2}{5}\sqrt{3}$$

정답 $\dfrac{2}{5}\sqrt{3}$

Problem 2

The base of a solid is the region in the first quadrant by the x-axis, the y-axis, and the line $2x + 4y = 12$.

(1) If cross sections of the solid perpendicular to the y-axis are squares, find the volume of the solid.

(2) If cross section of the solid parallel to the y-axis are semicircles, find the volume of the solid.

Solution

① 정확히 그려봐서 구해본다.

(1)

작은 입체도형

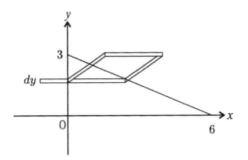 $\Rightarrow$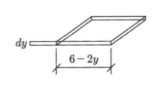

$\Rightarrow$ y의 범위가 $[0, 3]$이므로 작은 Volume을 무수히 많이 더하면 된다.

$$V = \int_0^3 (of)\,(6 - 2y^2)^2\,dx = \int_0^3 (6 - 2y^2)^2\,dy, \quad 6 - 2y = t \quad \text{에서} \quad -2 = \frac{dt}{dy}$$

$$= -\frac{1}{2} \int_6^0 t^2\,dt = \frac{1}{2} \int_0^6 t^2\,dt = \frac{1}{2} \left[\frac{1}{3} t^3 \right]_0^6 = \frac{1}{6} (6^3) = 36$$

Solution

(2)

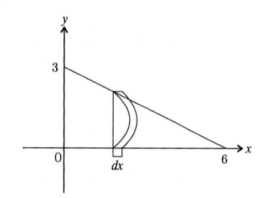

작은 입체도형

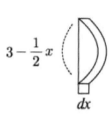

$$3 - \frac{1}{2}x$$

$\Rightarrow$ x의 범위가 [0, 6]이므로 작은 Volume을 무수히 많이 더하면 된다.

$$V = \int_0^6 \frac{1}{2}\pi\left(\frac{1}{2}y\right)^2 dx = \frac{\pi}{8}\int_0^6 y^2\, dx \text{ 에서 } y = -\frac{1}{2}x + 3 \text{ 이므로 } \frac{\pi}{8}\int_0^6 \left(-\frac{1}{2}x + 3\right)^2 dx$$

$$u = -\frac{1}{2}x + 3 \text{ 에서 } \frac{du}{dx} = -\frac{1}{2}. \text{ 그러므로 } -\frac{\pi}{4}\int_3^0 u^2\, du = \frac{\pi}{4}\int_0^3 u^2\, du = \frac{\pi}{4}\left[\frac{1}{3}u^3\right]_0^3 = \frac{9}{4}\pi$$

② 공식으로만 쉽게 구해본다.

(1) · ⋯ perpendicular to the y-axis ⋯ $\Rightarrow dy$

$\Rightarrow \displaystyle\int_{⓪}^{③} (\text{단면넓이})\, (dy)$

y 범위 / y 범위

Area
$\Rightarrow (6 - 2y)^2$

Base $(x_1 - x_2 = \{(6 - 2y) - 0\})$

$\Rightarrow \displaystyle\int_0^3 (6 - 2y)^2\, dy = 36$

Solution

(2) • ⋯ parallel to the y-axis ⋯ ⇒ dx Area ⇒ $\dfrac{1}{8}\pi\left(3-\dfrac{1}{2}x\right)^2$

⇒ $\displaystyle\int_{\overset{0}{}}^{\overset{6}{}}$ x범위 (단면넓이) dx x범위

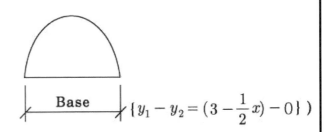

Base $\{\,y_1 - y_2 = \left(3 - \dfrac{1}{2}x\right) - 0\,\}\,)$

⇒ $\dfrac{\pi}{8}\displaystyle\int_0^6\left(3-\dfrac{1}{2}x\right)^2 dx = \dfrac{9}{4}\pi$

정답   (1) 36   (2) $\dfrac{9}{4}\pi$

Problem 3

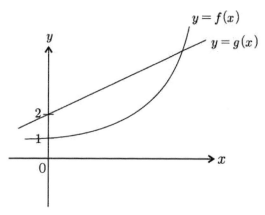

Let f and g be the functions given by $f(x) = e^x$ and $g(x) = x + 2$. Let S be the region in the first quadrant enclosed by the graphs of f and g as shown in the figure above.

The region S is the base of a solid. For this solid, the cross sections perpendicular to the x-axis are squares with diameters extending from $y = f(x)$ to $y = g(x)$.

Find the volumes of this solid.

Solution

먼저 $f(x) = g(x)$ 인 x값을 계산기로 찾아보면 $x = 1.146$, 공식으로만 구해보면

• ⋯ perpendicular to the x-axis ⋯ $\Rightarrow dx$

$$\Rightarrow \int_{\textcircled{0}}^{\overbrace{\textcircled{1.146}}} (\text{단면넓이}) \; \textcircled{dx}$$

x범위

Area $\Rightarrow (x + 2 - e^x)^2$

Base $\{ y_1 - y_2 = g(x) - f(x) = x + 2 - e^x \}$

$$\Rightarrow \int_0^{1.146} (x + 2 - e^x)^2 \, dx = 0.659$$

정답   0.659

2. Solid of Revolution

고정된 축(axis)을 기준으로 회전시켜 얻어지는 부피. 즉, 회전체의 부피이다. 필자는 회전축을 자르고 안 자르고에 따라서 회전체의 부피를 다음과 같이 분류하였다.

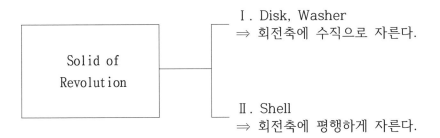

Solid of Revolution

Ⅰ. Disk, Washer
⇒ 회전축에 수직으로 자른다.

Ⅱ. Shell
⇒ 회전축에 평행하게 자른다.

Ⅰ. Disk, Washer

Disk 와 Washer는 다음과 같다.

① Disk   ② Washer

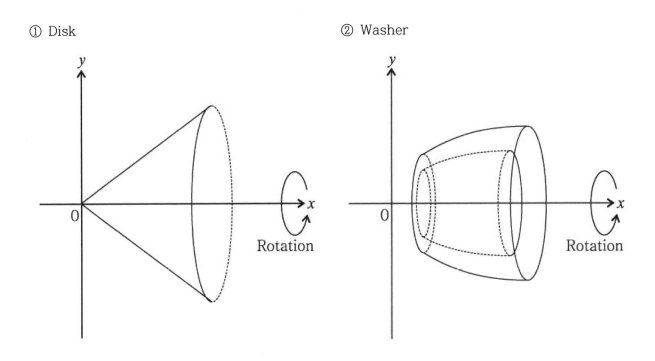

예를 들어, $y=e^x$를 [1, 3]에서 x축을 기준으로 회전시켜 얻어지는 부피를 구해보자.

① $y=e^x$의 그래프를 그리고 x축 둘레로 회전시킨다.

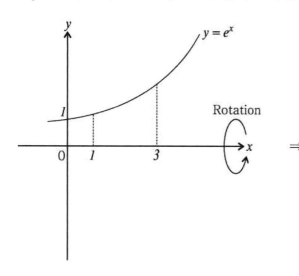 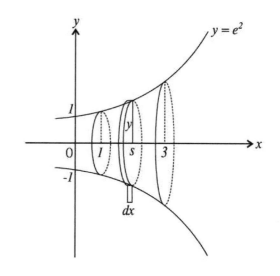

②

    ([1, 3]까지의 무한히 많은 합   (~의)   (작은 원기둥)

$$\int_1^3 \qquad (\text{of}) \qquad Sdx \qquad = \int_1^3 Sdx$$

③ $S=\pi r^2$ 이므로 $\pi \int_1^3 r^2\,dx$

④ x축을 잘랐으니까 범위도 x범위, 모든 문자도 x로! 위의 그림에서 $r=y$이다.

그러므로, $r=y=e^x \cdots$ 이므로 $\pi\int_1^3 r^2\,dx = \pi\int_1^3 y^2\,dx = \pi\int_1^3 (e^x)^2\,dx = \pi\int_1^3 e^{2x}\,dx$

⑤ 그러므로, 회전체의 부피 $V=\pi\int_1^3 e^{2x}\,dx$ 에서 $2x=t$라고 치환(Substitution)하고 양변을 x에 대

해서 미분(Differentiation)하면 $2=\dfrac{dt}{dx}$에서 $dx=\dfrac{1}{2}\,dt$

$x=3$일 때 $t=6$, $x=1$일 때 $t=2$이므로

$V=\pi\int_2^6 \dfrac{e^t}{2}\,dt = \dfrac{\pi}{2}\int_2^6 e^t\,dt = \dfrac{\pi}{2}\,[e^t]_2^6 = \dfrac{\pi}{2}\,(e^6-e^2)$

이번에는 $y = e^x$를 $[2, 4]$에서 y축을 기준으로 회전시켜 얻어지는 부피를 구해보자.

① $y = e^x$의 그래프를 그리고 y축 둘레로 회전시킨다.

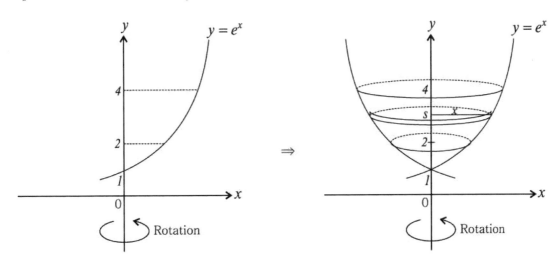

②

      ([2,4]까지의 무한히 많은 합   (~의)   (작은 원기둥)

$$\int_{2}^{4} \qquad\qquad (\text{of}) \qquad S dy \qquad = \int_{2}^{4} S dy$$

③ $S = \pi r^2$ 이므로 $\pi \displaystyle\int_{2}^{4} r^2 \, dx$

④ y축을 잘랐으니까 범위도 y범위, 모든 문자도 y로! 위의 그림에서 $r = x$이다.

그러므로, $r = x = \ln y \cdots$ (※ $y = e^x \Rightarrow x = \ln y$) 이므로 $\pi \displaystyle\int_{2}^{4} r^2 \, dy = \pi \int_{2}^{4} x^2 \, dy = \pi \int_{2}^{4} (\ln y)^2 \, dy$ 에서

⑤ 그러므로, 회전체의 부피는 (계산기 사용) $V = \pi \displaystyle\int_{2}^{4} (\ln y)^2 \, dy = 7.57$

이번에는 $y = e^x$ 를 [1, 3]에서 $y = -1$ 을 기준으로 회전시켜서 얻어지는 부피(Volume)를 구해보자.

x축이나 y축으로 회전시키는 경우가 아닐 때에는 일단 x축이나 y축으로 이동시킨 후 구한다.

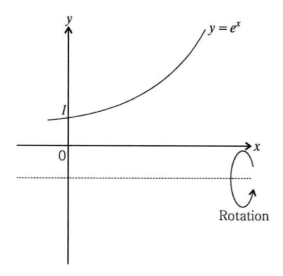

⇒ y축으로 +1만큼 이동!

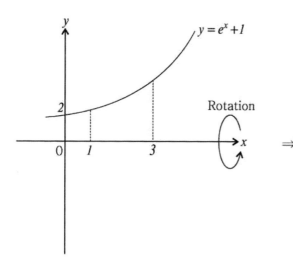 ⇒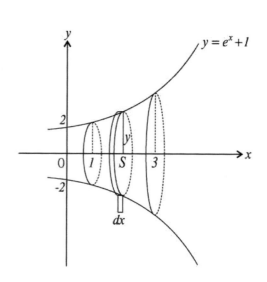

⇒ y축으로 +1 이동하여 회전축이 x축이 되었다.

⇒ 앞에서 구한 것과 같은 방법으로 구한다.

$$V = \int_1^3 S dx = \pi \int_1^3 r^2 dx = \pi \int_1^3 y^2 dx = \pi \int_1^3 (e^x + 1)^2 dx$$ 에서 계산기를 사용하면 = 737.5

지금까지의 내용을 정리해보면 …

Disk, Washer의 Volume은 …

① 항상 x, y축 기준으로 돌린다. $\Rightarrow$ ② 회전축을 자른다.
$\Rightarrow$ ③ 범위도 회전축 범위 (즉, 자른 범위) $\Rightarrow$ ④ 회전축 문자로 모두 표현

Disk

$\left(\textbf{EX 1}\right)$ Find the volume of the solid generated when the region bound by $y = e^x$, $x = 0$, $x = 3$ and $y = 0$ is rotated about x-axis.

Solution

①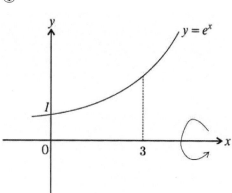

②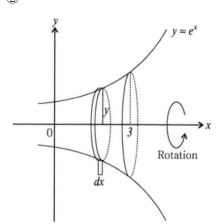

Rotation

③ 회전축을 잘라야 하므로 x축을 자르고 범위도 x축 범위!

$$\Rightarrow \int_0^3 S dx = \pi \int_0^3 r^2 dx = \pi \int_0^3 y^2 dx = \pi \int_0^3 e^{2x} dx$$

④ 그러므로 $V = \pi \int_0^3 e^{2x} dx = \dfrac{\pi}{2}(e^6 - 1)$

정답 $\dfrac{\pi}{2}(e^6 - 1)$

Washer

$\left(\textbf{EX 2}\right)$ Find the volume of the solid generated when the region bound by the curve $y = x^2$ and the line $y = x$, from $y = 0$ to $y = 1$ is revolved about the y-axis.

Solution

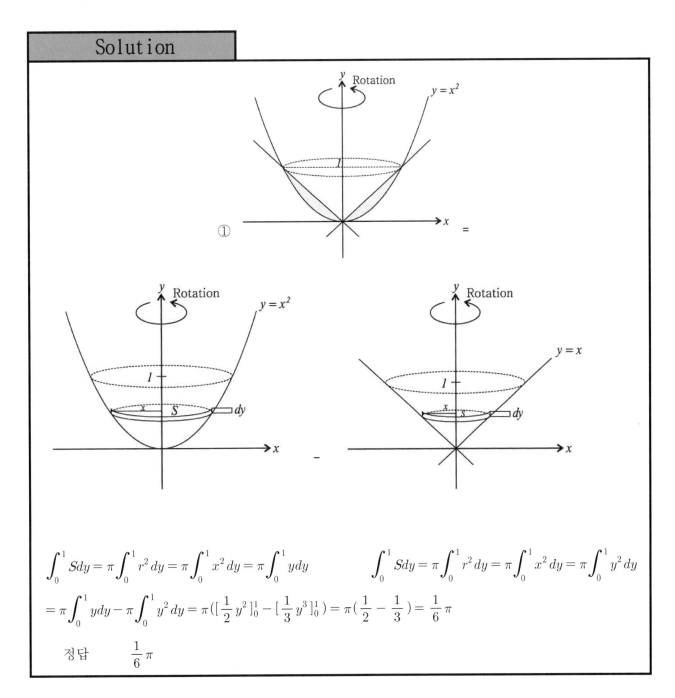

$$\int_0^1 S dy = \pi \int_0^1 r^2 dy = \pi \int_0^1 x^2 dy = \pi \int_0^1 y dy \qquad \int_0^1 S dy = \pi \int_0^1 r^2 dy = \pi \int_0^1 x^2 dy = \pi \int_0^1 y^2 dy$$

$$= \pi \int_0^1 y dy - \pi \int_0^1 y^2 dy = \pi \left(\left[\frac{1}{2} y^2 \right]_0^1 - \left[\frac{1}{3} y^3 \right]_0^1 \right) = \pi \left(\frac{1}{2} - \frac{1}{3} \right) = \frac{1}{6} \pi$$

정답 $\frac{1}{6} \pi$

앞의 두 개의 예제를 통해서 "Disk/Washer"에 대해서 다음과 같이 정리해 두고자 한다. 쉽게 문제를 해결하고 싶은 학생들은 다음 필자가 제시하는 방법을 숙지하기 바란다.

Disk and Washer 쉽게 구하기.

① 회전축을 자르면 단면은 무조건 원이 된다.

② x축 둘레로 회전하면 x축을 자르고 단면인 원의 반지름은 y값의 차이가 된다.

③ y축 둘레로 회전하면 y축을 자르고 단면인 원의 반지름은 x값의 차이가 된다.

  · x축 둘레로 회전 (dx, 범위도 x범위, r도 x에 대해서 …)

$$\int_a^b (\pi r_1^2 - \pi r_2^2)dx = \pi\int (y_1^2 - y_2^2)dx$$

  · y축 둘레로 회전 (dy, 범위도 y범위, r도 y에 대해서 …)

$$\int_a^b (\pi r_1^2 - \pi r_2^2)dy = \pi\int (x_1^2 - x_2^2)dy$$

$$\boxed{\text{x축 둘레로 회전!}} \Rightarrow \pi\int_a^b (\underbrace{y_1^2}_{\substack{\text{위}\\\text{바깥쪽}}} - \underbrace{y_2^2}_{\substack{\text{아래}\\\text{안쪽}}})\underbrace{(dx)}_{\text{x범위}}$$

$$\boxed{\text{y축 둘레로 회전!}} \Rightarrow \pi\int_a^b (\underbrace{x_1^2}_{\substack{\text{오른쪽}\\\text{바깥쪽}}} - \underbrace{x_2^2}_{\substack{\text{왼쪽}\\\text{안쪽}}})\underbrace{(dy)}_{\text{y범위}}$$

※ 바깥쪽과 안쪽은 그림을 통해서나 수를 대입해 봐도 바로 알 수 있지만 혹시 실수로 반대로 빼주게 되면 Volume이 Negative값으로 나오게 되기 때문에 잘못 뺀 것을 알 수 있게 된다.

Problem 4

Let R be the region enclosed by the graph of $y = \sqrt{x+2}$, $x = 0$, and $y = 0$.
Find the volume of the solid generated when S is revolved about the y-axis.

Solution

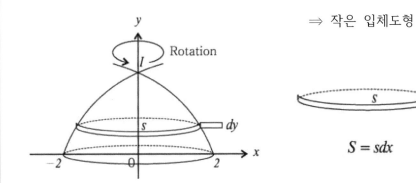

⇒ 작은 입체도형

$S = sdx$

⇒ y의 범위가 $[0,\ \sqrt{2}\,]$이므로 작은 Volume을 무수히 많이 더하면 된다.

$$V = \int_0^{\sqrt{2}} S\,dy = \pi \int_0^{\sqrt{2}} r^2\,dy = \pi \int_0^{\sqrt{2}} x^2\,dy = \pi \int_0^{\sqrt{2}} (y^2 - 2)^2\,dy \approx 9.478$$

$(※\, y^2 = x + 2 \ \Rightarrow\ x^2 = (y^2 - 2)^2\,)$

② 공식으로만 구해본다.

$$\pi \int_0^{\sqrt{2}} \left(x_1^2 - x_2^2\right)(dy) = \pi \int_0^{\sqrt{2}} \left\{(y^2 - 2)^2 - 0\right\}dy \approx 9.478$$

y 범위

정답   9.478

Volume

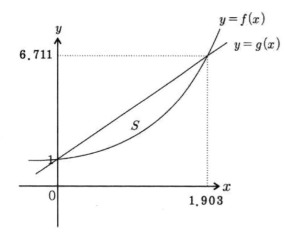

Let f and g be the functions given by $f(x) = e^x$ and $g(x) = 3x + 1$.
Let S be the region in the first quadrant enclosed by the graphs of f and g as shown in the figure above.

(1) Find the volume of the solid generated when S is revolved about the $x-$axis.

(2) Find the volume of the solid generated when S is revolved about the $x = -1$.

① 정확히 그려봐서 구해본다.

(1)

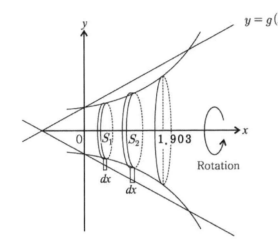

$$\Rightarrow V = \int_0^{1.903} S_1 \, dx - \int_0^{1.903} S_2 \, dx$$

$$= \int_0^{1.903} \pi y_1^2 \, dx - \int_0^{1.903} \pi y_2^2 \, dx$$

$$= \pi \int_0^{1.903} \left\{ (3x+1)^2 - e^{2x} \right\} dx$$

$$\approx 35.99$$

(2) x축으로 +1만큼 이동하여 회전축이 y축이 되도록 한다.

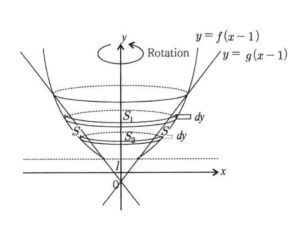

$$\Rightarrow \begin{cases} f(x-1) = e^{x-1} \\ g(x-1) = 3x-2 \end{cases}$$

$$\Rightarrow V = \int_1^{6.711} S_1 \, dy - \int_1^{6.711} S_2 \, dy$$

$$= \int_1^{6.711} \pi x_1^2 \, dy - \int_1^{6.711} \pi x_2^2 \, dy$$

$$= \pi \int_1^{6.711} \left\{ (\ln y + 1)^2 - \left(\frac{y+2}{3} \right)^2 \right\} dy$$

$$\approx 20.58$$

$$\Uparrow$$

$$\begin{cases} x_1 = \ln y + 1 \\ x_2 = \dfrac{y+2}{3} \end{cases}$$

Solution

② 공식으로만 쉽게 구해본다.

(1) x축의 둘레로 회전하므로

$$V = \pi \int_0^{1.903} (y_1^2 - y_2^2)dx = \pi \int_0^{1.903} \{(3x+1)^2 - e^{2x}\}dx \approx 35.99$$

(2) x축으로 +1만큼 이동한 후 y축 둘레로 회전하므로

$$V = \pi \int_1^{6.711} (x_1^2 - x_2^2)dy = \pi \int_1^{6.711} \left\{(\ln y + 1)^2 - (\frac{y+2}{3})^2\right\}dy \approx 20.58$$

정답　　　(1) 35.99　　(2) 20.58

Problem 6

Let S be the region bounded by the graphs of $y = \sqrt{2x}$ and $y = x$.

Find the volume of the solid generated when S is rotated about the horizontal line $y = 2$.

Solution

① 정확히 그려 봐서 구해본다.

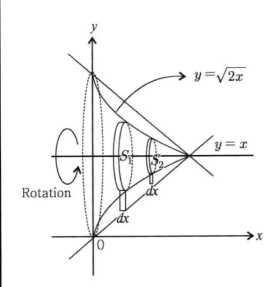

⇒ y축으로 -2만큼 이동하여 회전축이 x축이 되게 한다.

⇒ x축 둘레로 회전하므로

$$\pi \int_0^2 \{(x-2)^2 - (\sqrt{2x}-2)^2\}dx \approx 4.19$$

② 공식으로만 쉽게 구해본다.

y축으로만 -2만큼 이동하여 회전축이 x축이 되게 한다.

$$V = \pi \int_0^2 (y_1^2 - y_2^2)dx = \pi \int_0^2 \{(x-2)^2 - (\sqrt{2x}-2)^2\}dx \approx 4.19$$

정답   4.19

Ⅱ. Shell

예를 들어, $y = x^3 + x + 3$, $x = 0$, $y = 0$으로 둘러싸인 부분의 면적을 y축 둘레로 회전시켜 생기는 입체의 부피를 구한다고 해보자.

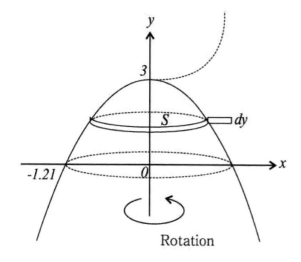

⇒ 작은 입체도형

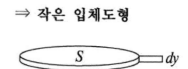

$$V = \int_0^3 S dy = \pi \int_0^3 r^2 dy = \pi \int_0^3 x^2 dy \cdots$$

$\pi \displaystyle\int_0^3 x^2 dy$ 여기서 x^2은 y에 대한 식으로 나타내어야 하지만 $y = x^3 + x + 3$ 을 x^2에 대해 정리하기란 너무 어렵다. 이런 경우에 Shell Method를 사용한다.

그렇다면, Shell Method는 언제 사용하는가?
① 모든 경우, 즉 Washer, Disk 모두 Shell Method로 구할 수 있다.
② $y = x^3 + x + 3$ 일 때, $\pi \displaystyle\int_a^b x^2 dy$ 에서 x^2에 대해 정리하기가 어려운 경우에 사용한다.

여기서 필자는 Shell Method에 대해서 자세히 설명을 하겠지만 대부분 학생들이 Shell에 대해서 그림으로 잘 해결을 못하는 것이 현실이다. 그러므로, 필자 나름대로의 방법을 알려드리고자 한다. 그 방법과 공식을 암기해서 풀어도 좋다.

일단 다음의 예제를 풀이와 함께 읽어보도록 하자. 특히, 두 번째 풀이에 좀 더 집중해서 보기 바란다.

$\left(\text{EX 1} \right)$ Find the volume of the solid formed by revolving the region bounded by the graphs of $y = x^2 + 2$, $y = 0$, $x = 0$, and $x = 2$ about the y-axis.

Solution

① 회전축을 잘라서 구한다! $\Rightarrow$ Disk Method.

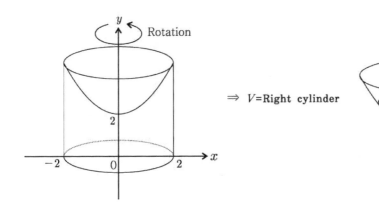

$$\Rightarrow \pi \cdot 2^2 \cdot 6 - \int_2^6 S\,dy \Rightarrow 24\pi - \pi \int_2^6 x^2\,dy \Rightarrow 24\pi - \pi \int_2^6 (y-2)\,dy \quad \text{이므로}$$

$$V = 24\pi - \pi \left[\frac{1}{2} y^2 - 2y \right]_2^6 = 16\pi$$

② 회전축에 평행하게 자른다. $\Rightarrow$ Shell Method.

$\Rightarrow$ 작은 사각형을 y축에 대해 돌리면 Shell 모양이 된다.

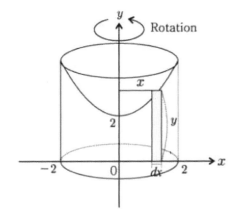
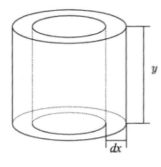

Solution

⇒ 실제 회전체의 모양

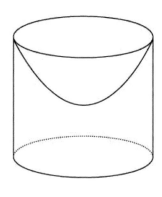

⇒
- 작은 사각형을 y축에 대해 돌려서 Shell 모양이 되었다.
- Shell은 얇은 두께 (dx)를 0부터 2까지 무수히 많이 더한다.

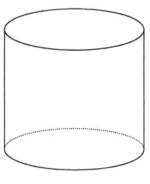

⇒ 이와 같은 Cylinder 모양이 되었다.

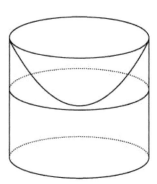

⇒ 이와 같은 Cylinder 모양이 되었다.

즉, 실제 회전체에 부피(Volume)를 Shell의 얇은 두께를 무수히 많이 더하여 만든 Cylinder 부피로 대략 비슷하게 구하는 것이다.

즉, | 실제 회전체의 부피 | $\approx$ | Shell을 무수히 많이 더한 입체 도형의 부피 |

Solution

그래서 다음과 같이 구한다.

[0, 2]에서 무수히 많이 더함   ~의   Shell의 Volume

$$\int_0^2$$ (of)

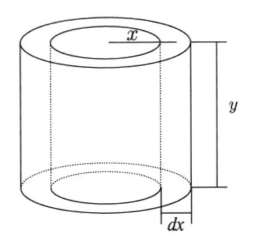

⇒ Shell을 펼친다.

$$\int_0^2$$ (of)

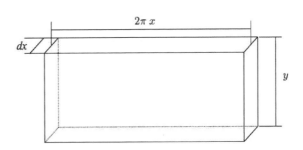

⇒ $V = 2\pi \int_0^2 x \underbrace{h}_{=y} dx$ 에서 $h = y = x^2 + 2$ 이므로, (※h is the height of the shell)

$V = 2\pi \int_0^2 (x^3 + 2x)dx = 2\pi [\frac{1}{4} x^4 + x^2]_0^2 = 2\pi(8) = 16\pi$

정답 16π

앞에서 본 것처럼 Disk Method로 Volume을 구하거나 Shell Method로 구하나 결과는 같다.
필자 나름대로 Shell Method를 사용하여 앞에서와 같이 풀어 보았다. 앞으로의 모든 Shell은 필자가
제시하는 방법으로 모두 풀린다.
다음의 설명을 암기하면 Shell 문제는 쉽게 해결할 수 있다.

Shim's Tip

Shell Method

① x축 둘레로 회전 $\Rightarrow dy$
  y축 둘레로 회전 $\Rightarrow dx$

②

x축 둘레로 회전

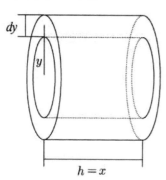

y축 둘레로 회전

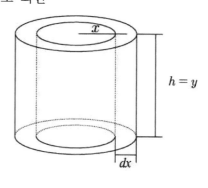

$\Rightarrow$ 펼친다.

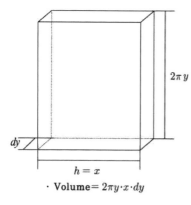

· Volume $= 2\pi y \cdot x \cdot dy$

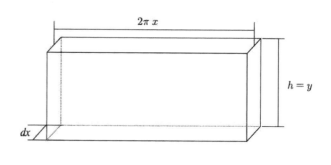

· Volume $= 2\pi x \cdot y \cdot dx$

③ Shell을 무수히 많이 더한다.

· x축 둘레로 회전

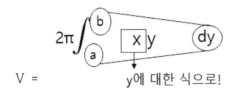

V =

y에 대한 식으로!

· y축 둘레로 회전

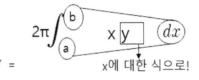

V =

x에 대한 식으로!

④ 결론 … (암기 합시다!)

· x축 둘레로 회전

$$V = 2\pi \int_a^b xy\,dy \; : \; x를 \; y에 \; 대한 \; 식으로!$$

· y축 둘레로 회전

$$V = 2\pi \int_a^b xy\,dx \; : \; y를 \; x에 \; 대한 \; 식으로!$$

Problem 7

Find the volume of the solid of revolution formed by revolving the region bounded by $y = 4x - x^3$ and the $y = 0$ $(0 \leq x \leq 2)$ about the y-axis.

Solution

주어진 조건을 직접 그려보면 …

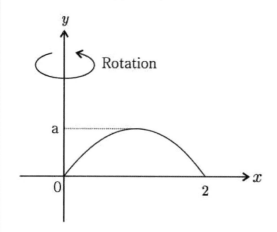

회전축을 잘라서 구하기가 쉽지가 않다. 또한 Disk Method로 풀기 위해 공식을 사용해보면 $V = \pi \int_0^a (x_1^2 - x_2^2) dy$ 에서 x_1^2을 y에 대해서 정의하기가 쉽지 않다. 이런 경우에는 Shell Method 를 이용한다.

① 정확히 그려봐서 구한다.

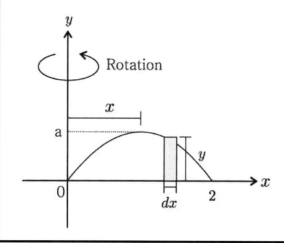

Solution

$$V = \int_0^2 \qquad \text{(of)}$$

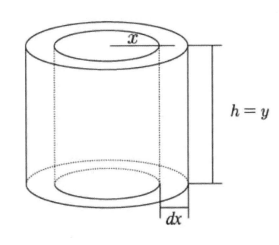

⇒ 펼친다

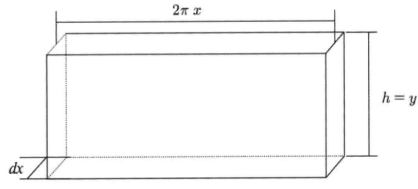

$$\Rightarrow V = \int_0^2 2\pi x y\, dx = 2\pi \int_0^2 xy\, dx \quad (※ y = 4x - x^3) \quad \Rightarrow V = 2\pi \int_0^2 (4x^2 - x^4)\, dx \approx 26.8$$

② 공식으로 쉽게 구한다.
y축 둘레로 회전하므로

$$V = 2\pi \int_0^2 \quad x \boxed{y} \quad dx$$

x범위 $(※ y = 4x - x^3) \quad \Rightarrow V = 2\pi \int_0^2 (4x^2 - x^4)\, dx \approx 26.8$

정답   26.8

Problem 8

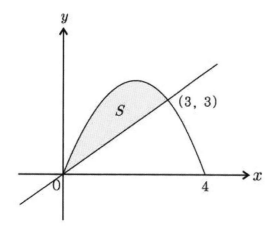

Let f and g be the function given by $f(x) = 4x - x^2$ and $g(x) = x$. Let S be the region in the first quadrant enclosed by the graphs of f and g as shown in the figure above.
Find the volume of the solid generated when S is revolved about the y-axis.

Solution

① 정확히 그려봐서 구한다.

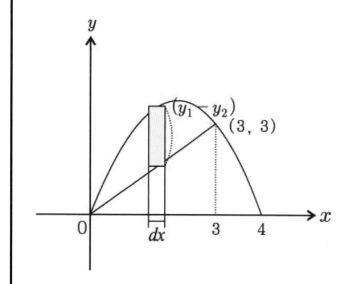

Solution

$$V = \int_0^3 \qquad \text{(of)}$$

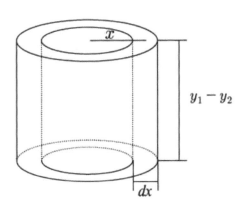

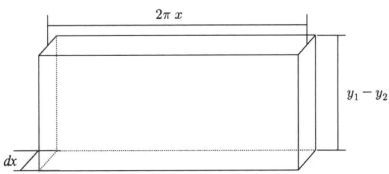

⇒ 펼친다

$$\Rightarrow V = \int_0^3 2\pi x(y_1 - y_2)dx = 2\pi \int_0^3 x\{(4x - x^2) - x\}dx \quad (※ \; y_1 = f(x),\; y_2 = g(x))$$

$$\Rightarrow V = 2\pi \int_0^3 (3x^2 - x^3)dx = 13.5\pi$$

② 공식으로 쉽게 구한다.

$f(x) = g(x)$에서 $x = 0, 3$ 이고 y축 둘레로 회전하므로

$$V = \quad 2\pi\int_0^3 \; x\boxed{y} \; dx \qquad (※ \; y = y_1 - y_2 = f(x) - g(x)\;)$$
x범위

$$\Rightarrow V = 2\pi \int_0^3 x(y_1 - y_2)dx = 2\pi \int_0^3 x\{(4x - x^2) - x\}dx \quad \Rightarrow V = 2\pi \int_0^3 (3x^2 - x^3)dx = 13.5\pi$$

정답 13.5π

1. The base of a solid is the region enclosed by the ellipse $x^2 + \dfrac{y^2}{4} = 1$. The cross sections that are perpendicular to the y-axis and are isosceles right triangles whose hypotenuses are on the ellipse. Find the volume of the solid.

2. The base of a solid is the region bounded by $y = e^x$, $x = 1$, $x = 3$ and the x-axis. Each cross section perpendicular to the x-axis is a square. Find the volume of solid.

3. The base of a solid is the region enclosed by a triangle whose vertices are $(0,0)$, $(4,0)$ and $(0,4)$. The cross sections that are perpendicular to the x-axis are squares. Find the volume of the solid.

4. Find the volume obtained when the region bounded by $y = x^2$ and $y = x$ is revolved around x-axis.

5. Find the volume of the solid generated when the region bounded by $y = \sin x$, y-axis, $x = \dfrac{\pi}{4}$, and $x = \dfrac{5}{6}\pi$ is rotated around x-axis.

6. Find the volume of the solid generated when the region bounded by $y = e^{x-1}$, $y = 2$, and $y = 5$ is rotated around $x = 0$.

7. Find the volume of the solid of revolution formed by revolving the region bounded by $y = 9x - x^2$ and the x-axis ($0 \leq x \leq 9$) around the y-axis.

8. Find the volume obtained when the region bounded by $y = \dfrac{1}{2}x^2$ and $y = 4x$ is revolved around the x-axis.

Exercise 4

1. 2.67

① 정확히 그려봐서 구한다.

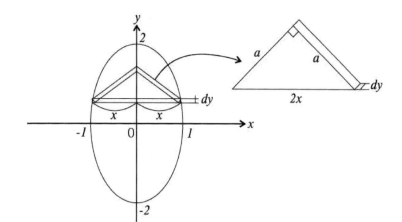

$a^2 + a^2 = 4x^2$ 에서
$a^2 = 2x^2 \Rightarrow a = \sqrt{2}\,x$ 이므로
$V = \dfrac{1}{2} \cdot \sqrt{2}\,x \cdot \sqrt{2}\,x \cdot dy$

그러므로, $V = \displaystyle\int_{-2}^{2} x^2 dy \Rightarrow V = \int_{-2}^{2}(1 - \dfrac{y^2}{4})dy$ 에서 $(1 - \dfrac{y^2}{4}$은 Even Function 이므로$)$

따라서, the volume of the entire solid $= \displaystyle\int_{-2}^{2} x^2 dy = \int_{-2}^{2}(1 - \dfrac{y^2}{4})dy \approx 2.67$.

② 공식으로 쉽게 구해보자

y축에 수직(perpendicular)이므로 dy, $x = 0$일 때 $y = \pm 2$이므로

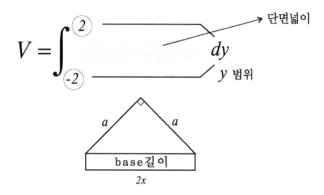

$\Rightarrow a^2 + a^2 = 4x^2$ 에서 $a = \sqrt{2}\,x$이므로 단면 넓이는 $\dfrac{1}{2} \cdot \sqrt{2}\,x \cdot \sqrt{2}\,x = x^2$

그러므로, $V = \displaystyle\int_{-2}^{2} x^2 dy = \int_{-2}^{2}(1 - \dfrac{y^2}{4})dy \approx 2.67$

2. 198.02

① 정확히 그려봐서 구한다.

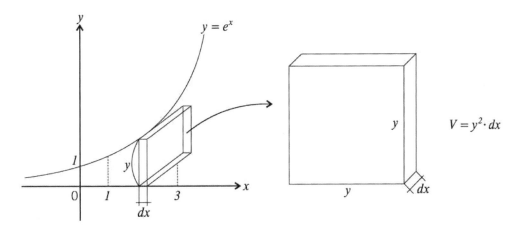

그러므로, $V = \int_1^3 y^2 dx \Rightarrow V = \int_1^3 e^{2x} dx = \frac{1}{2}(e^6 - e^2) \approx 198.02$

② 공식으로 쉽게 구해보자.
x축에 수직(perpendicular)이므로 dx.

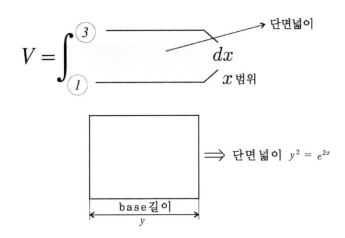

⇒ 단면 넓이 e^{2x}

$V = \int_1^3 e^{2x} dx = \frac{1}{2}(e^6 - e^2) \approx 198.02$

3. 21.33

① 정확히 그려봐서 구한다.

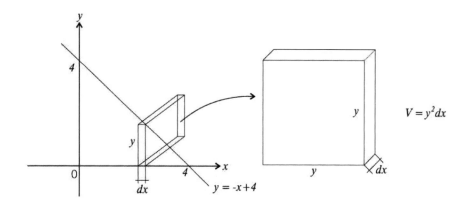

그러므로, $V = \int_0^4 y^2 dy \Rightarrow V = \int_0^4 (-x+4)^2 dx = \dfrac{64}{3} \approx 21.33$

② 공식으로 쉽게 구해보자.

x축에 수직(perpendicular)이므로 (dx)

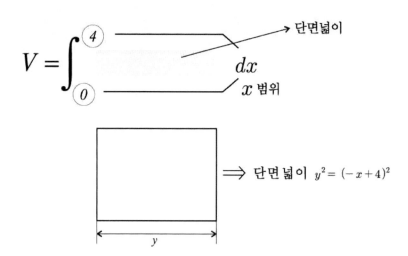

$\Rightarrow$ 단면넓이 $y^2 = (-x+4)^2$

$\Rightarrow$ (※ $(4,0)$, $(0,4)$을 지나는 직선 식은 $y = -x+4$)

$V = \int_0^4 (-x+4)^2 dx = \dfrac{64}{3} \approx 21.33$

4. 0.42

① 정확히 그려봐서 구한다.

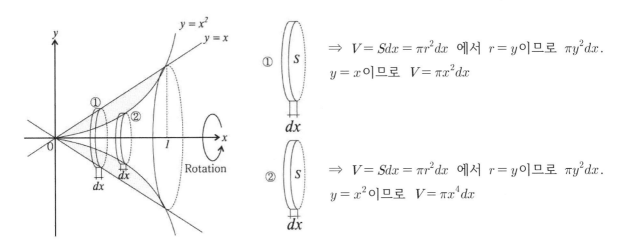

$\Rightarrow V = Sdx = \pi r^2 dx$ 에서 $r = y$이므로 $\pi y^2 dx$.
$y = x$이므로 $V = \pi x^2 dx$

$\Rightarrow V = Sdx = \pi r^2 dx$ 에서 $r = y$이므로 $\pi y^2 dx$.
$y = x^2$이므로 $V = \pi x^4 dx$

그러므로, the volume of the entire solid $= \displaystyle\int_0^1 (① - ②) dx = \int_0^1 (\pi x^2 dx - \pi x^4 dx)$ 에서

$$V = \pi \int_0^1 (x^2 - x^4) dx = \frac{2}{15}\pi \approx 0.42$$

② 공식으로 쉽게 구해보자.

x축에 둘레로 회전 $\Rightarrow dx$, $x^2 = x$ 에서 $x = 0, 1$

$$V = \int_0^1 (y_1^2 - y_2^2) dx \ (\text{※} y_1 = x, \ y_2 = x^2) \Rightarrow V = \int_0^1 (x^2 - x^4) dx = \frac{2}{15}\pi \approx 0.42$$

5. 4.344

① 정확히 그려봐서 구한다.

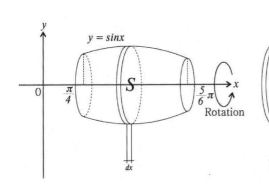

$\Rightarrow V = Sdx = \pi r^2 dx$ 에서
$r = y$이므로 $\pi y^2 dx$.
$y = \sin x$이므로 $V = \pi \cdot \sin^2 x \, dx$

그러므로, $V = \displaystyle\int_{\frac{\pi}{4}}^{\frac{5\pi}{6}} \pi \sin^2 x = \pi \int_{\frac{\pi}{4}}^{\frac{5\pi}{6}} \sin^2 x \, dx \approx 4.344$

② 공식으로 쉽게 구해보자

x축 둘레로 회전 $\Rightarrow dx$

$$V = \int_{\frac{\pi}{4}}^{\frac{5\pi}{6}} (y_1^2 - y_2^2)dx \quad (\text{※} \quad y_1 = \sin x, \, y_2 = 0)$$

$$\Rightarrow V = \pi \int_{\frac{\pi}{4}}^{\frac{5\pi}{6}} \sin^2 x \, dx \approx 4.344$$

6. 47.094

① 정확히 그려봐서 구한다.

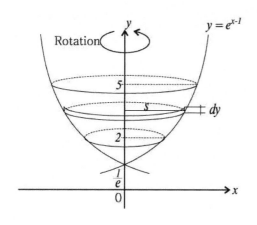

$\Rightarrow V = Sdy = \pi r^2 dy$ 에서 $r = x$이므로 $\pi x^2 dy$.

$y = e^{x-1}$ 에서 $x = \ln y + 1$이므로 $V = \pi(\ln y + 1)^2 dy$

그러므로, $V = \int_2^5 \pi(\ln y + 1)^2 dy = \pi \int_2^5 (\ln y + 1)^2 dy \approx 47.094$

② 공식으로 쉽게 구해보자.

$x = 0$, 즉, y축에 둘레로 회전 $\Rightarrow dy$

$$V = \pi \int_2^5 (x_1^2 - x_2^2)dy \quad (\text{※} \quad y = e^{x-1} \Rightarrow x_1 = \ln y + 1, \, x_2 = 0)$$

$$\Rightarrow V = \pi \int_2^5 (\ln y + 1)^2 dy \approx 47.094$$

7. 3435.332 or 1093.5π

① 정확히 그려봐서 구한다.

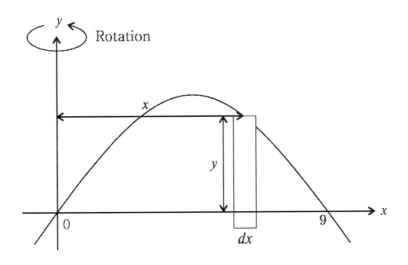

$$V = \int_0^9 \quad of \quad \xrightarrow{\text{펼친다}}$$

$$Shell의 \ Volume = 2\pi xy dx$$

$\Rightarrow \ V = \int_0^9 2\pi xy dx = 2\pi \int_0^9 xy dx \quad (\text{※} \ y = 9x - x^2 \ )$

$\Rightarrow \ V = 2\pi \int_0^9 (9x^2 - x^3) dx = 1093.5\pi \approx 3435.332$

② 공식으로 쉽게 구해보자

y축 둘레로 회전하므로 $\Rightarrow \ dx$

$V = 2\pi \int_0^9 x \square dx \quad (\text{※} \ \square = y = 9x - x^2 \ )$

$\Rightarrow \ V = 2\pi \int_0^9 (9x^2 - x^3) dx = 1093.5\pi \approx 3435.332$

8. 1092.267π or 3431.457

① 정확히 그려봐서 구한다.

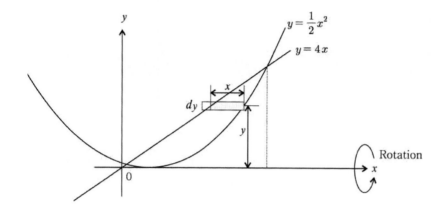

$\Rightarrow$

$\frac{1}{2}x^2 = 4x$ 에서 $x = 0, 8$

$x = 0$일 때 $y = 0$이고

$x = 8$ 일 때 $y = 32$

$$V = \int_0^{32} \text{ of }$$ 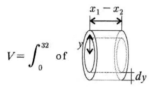 $\xrightarrow{\text{펼친다}}$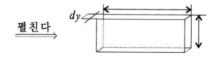

*Shell*의 *Volume* $= 2\pi y(x_1 - x_2)dy$

$\Rightarrow V = \int_0^{32} 2\pi y(x_1 - x_2)dy = 2\pi \int_0^{32} y(\sqrt{2y} - \frac{y}{4})dy$ (※ $x_1 = \sqrt{2y}$, $x_2 = \frac{y}{4}$)

$\Rightarrow V = 2\pi \int_0^{32} y(\sqrt{2y} - \frac{y}{4})dy = 1092.267\pi \approx 3431.457$

② 공식으로 쉽게 구해보자

$\frac{1}{2}x^2 = 4x$ 에서 $x = 0, 8$ 이고 $y = 0, 32$ 이고 x축 둘레로 회전하므로 $\Rightarrow dy$

$V = 2\pi \int_0^{32} y(x_1 - x_2)dy$ (※ $x_1 = \sqrt{2y}$, $x_2 = \frac{y}{4}$)

$\Rightarrow V = 2\pi \int_0^{32} y(\sqrt{2y} - \frac{y}{4})dy = 1092.267\pi \approx 3431.457$

5. Arc Length(BC)

시작에 앞서서...

곡선의 길이를 구하는 단원이다. 이 단원에서는 공식을 암기하여 주어진 상황에 알맞게 쓰면 된다.
필자는 공식이 나오기까지의 과정을 모두 설명하고자 한다. 가볍게 읽어보고 암기하라고 하는 것은
반드시 암기하기 바란다.

Ⅰ. $y = f(x)$

①

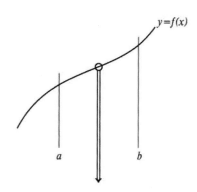

주어진 구간 [a, b]에서 곡선의 길이를 구하기
위해 아주 미세한 부분 일부를 잘라낸다.

②

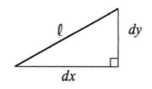

⇒ 확대해보면 …
아주 미세하게 잘랐기 때문에 빗변(Hypotenuse)이
선분(Segment)으로 보인다.
미세한 선분 길이는 $l = \sqrt{(dx)^2 + (dy)^2}$

③

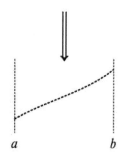

미세하게 자른 선분(Segment)을 구간[a,b]에서 무한 번
더한다.
$$L = \int_a^b \sqrt{(dx)^2 + (dy)^2} \Rightarrow \sqrt{(dx)^2 \left\{ 1 + (\frac{dy}{dx})^2 \right\}}$$
$$\Rightarrow \sqrt{1 + (\frac{dy}{dx})^2} \, dx$$

그러므로, $L = \int_a^b \sqrt{1 + (\frac{dy}{dx})^2} \, dx$

위의 ③에서 $L = \int_a^b \sqrt{(dx)^2 + (dy)^2} \Rightarrow \sqrt{(dy)^2 \left\{ 1 + (\frac{dx}{dy})^2 \right\}} \Rightarrow \sqrt{1 + (\frac{dx}{dy})^2} \, dy$

그러므로, $L = \int_a^b \sqrt{1 + (\frac{dx}{dy})^2} \, dy$

Ⅱ. $x = f(t), y = g(t)$

①

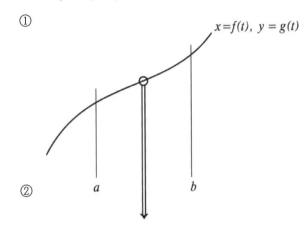

$x = f(t), \ y = g(t)$

주어진 구간 $[a,b]$에서 곡선의 길이를 구하기
위해 아주 미세한 부분 일부를 잘라낸다.

②

⇒ 확대해보면 …
아주 미세하게 잘랐기 때문에 빗변(Hypotenuse)이
선분(Segment)으로 보인다.

미세한 선분 길이는 $l = \sqrt{(\dfrac{dx}{dt})^2 + (\dfrac{dy}{dt})^2}$

③

미세하게 자른 선분(Segment)을 구간[a,b]에서
무한 번 더한다.

$$L = \int_a^b \sqrt{(\dfrac{dx}{dt})^2 + (\dfrac{dy}{dt})^2} \, dt$$

위에서 공식을 증명하는 과정도 중요하지만 더욱 중요한 것은 다음 공식들을 암기하는 것이다.
필자 나름대로의 암기 방법을 제시하고자 한다. 이렇게 외우면 기억에 오래 남는다.

Shim's Tip

Arc Length

① $L = \displaystyle\int_a^b \sqrt{(\dfrac{dx}{dt})^2 + (\dfrac{dy}{dt})^2} \, dt$

② $L = \displaystyle\int_a^b \sqrt{1 + (\dfrac{dy}{dx})^2} \, dx$

(dx가 서로 일치)

③ $L = \displaystyle\int_a^b \sqrt{1 + (\dfrac{dx}{dy})^2} \, dy$

(dy가 서로 일치)

⇒ 매개변수(Parameter,t)가
　　나오는 경우

⇒ x의 범위가 주어질 때
　(①에서 t대신 x대입!)

⇒ y의 범위가 주어질 때
　(①에서 t대신 y대입!)

05 Arc Length (BC)

Problem 1

(1) Find the length of the arc of $y = \ln(\sec x)$ from $x = 0 \ to \ x = \dfrac{\pi}{6}$

(2) Find the length of $x = e^t$, $y = \ln t$ from $t = 3 \ to \ t = 5$

Solution

(1) x의 범위가 주어졌으므로 ② 공식을 사용!

$$L = \int_0^{\frac{\pi}{6}} \sqrt{1 + \{(\ln(\sec x))'\}^2}\, dx$$

$$= \int_0^{\frac{\pi}{6}} \sqrt{1 + (\frac{\sec x \cdot \tan x}{\sec x})^2}\, dx$$

$$= \int_0^{\frac{\pi}{6}} \sqrt{1 + \tan^2 x}\, dx \qquad (1 + \tan^2 x = \sec^2 x \Rightarrow \text{일단 타면 시켜넣다.})$$

$$= \int_0^{\frac{\pi}{6}} \sqrt{\sec^2 x}\, dx$$

$$= \int_0^{\frac{\pi}{6}} |\sec x|\, dx = [\ln(\sec x + \tan x)]_0^{\frac{\pi}{6}}$$

에서 계산기를 사용하면 0.549

(2) 매개변수(Parameter) t가 나왔으므로 ① 공식을 사용!

$$L = \int_3^5 \sqrt{(\frac{dx}{dt})^2 + (\frac{dy}{dt})^2}\, dt = \int_3^5 \sqrt{e^{2t} + \frac{1}{t^2}}\, dt$$ 에서 계산기를 사용하면 128.33

정답　　(1) 0.549　　(2) 128.33

Problem 2

(1) Find the length of path by the parametric equations $x = 3(\ln t)^2$ and $y = (\ln t)^3$ for $1 \leq t \leq e$

(2) Find the length of arc of $y = \dfrac{1}{2}(e^x + e^{-x})$ from $x = -1$ to $x = 1$

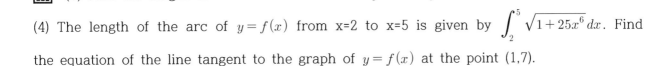 (3) Find the length of the arc of $x = e^y$ from $y = 2$ to $y = 3$

(4) The length of the arc of $y = f(x)$ from x=2 to x=5 is given by $\displaystyle\int_2^5 \sqrt{1 + 25x^6}\, dx$. Find the equation of the line tangent to the graph of $y = f(x)$ at the point (1,7).

Solution

(1) $L = \displaystyle\int_1^e \sqrt{(\frac{dx}{dt})^2 + (\frac{dy}{dt})^2}\, dt$ 에서 $\dfrac{dx}{dt} = 6\ln t \cdot \dfrac{1}{t}$ 이고 $\dfrac{dy}{dt} = 3(\ln t)^2 \cdot \dfrac{1}{t}$ 이므로

$L = \displaystyle\int_1^e \dfrac{3\ln t}{t} \sqrt{4 + (\ln t)^2}\, dt$. $4 + (\ln t)^2 = u$ 라고 하면 $\dfrac{2\ln t}{t} dt = du$ 이고 $t = 1$ 일 때 $u = 4$, $t = e$ 일

때 $u = 5$ 이므로 $L = \displaystyle\int_4^5 \dfrac{3}{2} \sqrt{u}\, du = [u^{\frac{3}{2}}]_4^5 = 5\sqrt{5} - 8$

(2) $\dfrac{dy}{dx} = \dfrac{1}{2}(e^x - e^{-x})$ 이므로 곡선의 길이는

$L = \displaystyle\int_{-1}^1 \sqrt{1 + (\frac{dy}{dx})^2}\, dx = \int_{-1}^1 \sqrt{1 + \frac{1}{4}(e^x - e^{-x})^2}\, dx = \int_{-1}^1 \sqrt{\frac{1}{4}(e^x + e^{-x})^2}\, dx$

$= \dfrac{1}{2} \displaystyle\int_{-1}^1 (e^x + e^{-x})dx = \dfrac{1}{2}[e^x - e^{-x}]_{-1}^1 = e - \dfrac{1}{e}$

(3) $\dfrac{dx}{dy} = e^y$ 에서 곡선의 길이를 L 이라고 하면

$L = \displaystyle\int_2^3 \sqrt{1 + (\frac{dx}{dy})^2}\, dy$ 에서 $L = \displaystyle\int_2^3 \sqrt{1 + e^y}\, dy \approx 3.67$

(4) 곡선의 길이는 $L = \displaystyle\int_a^b \sqrt{1 + \{f'(x)\}^2}\, dx$ 이므로 $f'(x) = 5x^3$. 그러므로 $x = 1$ 에서 Slope는 5

이고 $(1, 7)$을 지나므로 $y - 7 = 5(x - 1)$ 에서 $y = 5(x - 1) + 7$ 또는 $y = 5x + 2$

정답　　　(1) $5\sqrt{5} - 8$　　(2) $e - \dfrac{1}{e}$　　(3) 3.67　　(4) $y = 5(x - 1) + 7$ 또는 $y = 5x + 2$

1. A moving particle at position (x, y), at time t, is given parametrically by $x = 2t^2$ and $y = t + t^3$. Find the distance traveled by particle from $t = 2$ to $t = 4$.

2. Find the length of the curve of $y = \sqrt{x}$ from $x = 2$ to $x = 5$.

3. Find the length of the curve $x = 7y^3$ from $y = 1$ to $y = 3$.

4. Find the length of the path by the parametric equations $x = \ln t$ and $y = \dfrac{t}{2} + \dfrac{1}{2t}$, for $\dfrac{1}{e} \leq t \leq e$.

5. Find the length of the arc of $y^2 = 2x$ from $y = 1$ to $y = 2$.

6. Find the length of the arc of $y = \dfrac{1}{3}x^3$ from $x = 1$ to $x = 2$.

7. The length of the arc of $y = f(x)$ from $x = 1$ to $x = 3$ is given by $\displaystyle\int_1^3 \sqrt{1 + 4x^2}\, dx$. Find the slope of line normal to the curve $y = f(x)$ at the point $x = -\dfrac{1}{2}$

Exercise 5

1. 62.889

Parameter t로 주어진 식이므로 $l = \int_a^b \sqrt{(\frac{dx}{dt})^2 + (\frac{dy}{dt})^2}\, dt$ 에 대입!

$l = \int_2^4 \sqrt{(4t)^2 + (1+3t^2)^2}\, dt \approx 62.889$

2. 3.112

x의 범위가 주어졌으므로 $l = \int_a^b \sqrt{1+(\frac{dy}{dx})^2}\, dx$ 에 대입! $l = \int_2^5 \sqrt{1+(\frac{1}{2\sqrt{x}})^2}\, dx \approx 3.112$

3. 84.026

y의 범위가 주어졌으므로 $l = \int_a^b \sqrt{1+(\frac{dx}{dy})^2}\, dx$에 대입! $l = \int_1^3 \sqrt{1+(21y)^2}\, dy \approx 84.026$

4. $e - \dfrac{1}{e}$

곡선의 길이 $L = \int_{\frac{1}{e}}^e \sqrt{(\frac{dx}{dt})^2 + (\frac{dy}{dt})^2}\, dt$ 이므로 $\dfrac{dx}{dt} = \dfrac{1}{t}$ 이고 $\dfrac{dy}{dt} = \dfrac{1}{2}(1-\dfrac{1}{t^2})$

$L = \int_{\frac{1}{e}}^e \sqrt{\frac{1}{t^2} + \frac{1}{4}(1-\frac{1}{t^2})^2}\, dt = \frac{1}{2}\int_{\frac{1}{e}}^e \sqrt{(1+\frac{1}{t^2})^2}\, dt = \frac{1}{2}\int_{\frac{1}{e}}^e (1+\frac{1}{t^2})\, dt = \frac{1}{2}[t - \frac{1}{t}]_{\frac{1}{e}}^e = e - \frac{1}{e}$

5. 1.810

곡선의 길이 $L = \int_1^2 \sqrt{1+(\frac{dx}{dy})^2}\, dy$ 이므로 $2y = 2\dfrac{dx}{dy}$ 이고 $\dfrac{dx}{dy} = y$, $L = \int_1^2 \sqrt{1+y^2}\, dy \approx 1.810$

6. 2.564

곡선의 길이 $L = \int_1^2 \sqrt{1+(\frac{dy}{dx})^2}\, dx$ 이므로 $\dfrac{dy}{dx} = x^2$ 이고 $L = \int_1^2 \sqrt{1+x^4}\, dx \approx 2.564$

7. 1

$L = \int_1^3 \sqrt{1+(2x)^2}\, dx = \int_1^3 \sqrt{1+\{f'(x)\}^2}\, dx,\ f'(x) = 2x$

The slope of normal line은 $-\dfrac{1}{f'(x)}$ 에서 $x = -\dfrac{1}{2}$. $f'(-\dfrac{1}{2}) = -1$ 이므로 $-\dfrac{1}{f'(-\frac{1}{2})} = 1$

6. More Applications of Definite Integrals

1. Definite Integral As Accumulated Change
2. Motion

시작에 앞서서...

Definite Integral As Accumulated Change 와 Motion을 한 단원으로 묶어 보았다.
꼼꼼히 공부하기 바란다.

1. Definite Integral As Accumulated Change

Ⅰ. 변화율(Rate of Change)이란?

다음을 보자.

① 부피(Volume)의 변화율(Rate of Change)

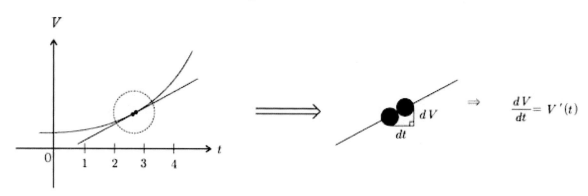

② 길이(Length)의 변화율(Rate of Change)

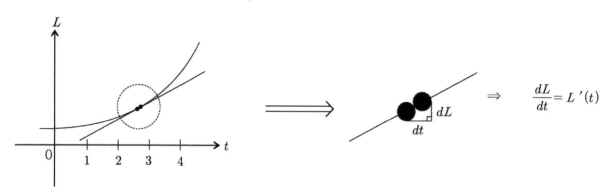

즉, 짧은 시간(dt)동안에 일어나는 미세한 부피(dV), 미세한 길이(dL) ⋯ 등의 변화 ⋯

Ⅱ. 변화율(Rate of Change) ⇒ 원래 값으로!

① 부피(Volume)의 변화율(Rate of Change)

$\Rightarrow \dfrac{dV}{dt} = V'(t) \Rightarrow dV = V'(t)dt \Rightarrow$ 양변에 $\displaystyle\int$ 을 붙인다.

$\Rightarrow \displaystyle\int 1dV = \int V'(t)dt \Rightarrow V = \int V'(t)dt$

② 길이(Length)의 변화율(Rate of Change)

$\Rightarrow \dfrac{dL}{dt} = L'(t) \Rightarrow dL = L'(t)dt \Rightarrow$ 양변에 $\displaystyle\int$ 을 붙인다.

$\displaystyle\int 1dL = \int L'(t)dt \Rightarrow L = \int L'(t)dt$

매년 5월에 실시되는 AP시험이나 학교 시험을 보면 다음과 같이 풀면 거의 모두 해결된다.
다음은 필자가 수업 시간에 필기 시키는 내용이다.

Accumulated Change 문제 풀이

① 학생들 눈에 익숙한 변화율(Rate of Change)을 나타내는 것은 $f'(t)$ or $g'(t)$ 등이다.
② 즉, 변화율(Rate of Change)을 $R(t)$, $W(t)$ 등으로 제시한 문제의 경우, $R(t)$, $W(t)$ 등을 $f'(t)$ 또는 $g'(t)$ 등으로 바꾸어 놓고 풀도록 하자.
③ 예를 들어, Volume의 변화율(Rate of Change)인 $f'(t)$가 $t = 2$일 때 Volume이 a이고, t=4일 때 Volume을 구한다고 하면, 다음과 같이 두 가지 방법으로 구할 수 있다.

• $V(4) = V(2) + \displaystyle\int_0^2 f'(t)dt = a + \int_0^2 f'(t)dt$

• $V(t) = \displaystyle\int f'(t)dt = f(t) + C$ 에서 $t = 2$일 때 $V(2) = a$인 조건에서 C 값을 구한 다음 t대신 4를 대입한다.

④ 예를 들어, $f'(t)$가 Volume의 변화율(Rate of Change)일 때, Time interval $2 \le t \le 4$ 동안의 Change in volume은 다음과 같이 구할 수 있다.

• $\triangle V(t) = \displaystyle\int_2^4 f'(t)dt$

⌂⌂ More Applications of Definite Integrals

다음의 예제를 보자.

$\left(\text{EX 1}\right)$ Water is leaking from a faucet at the rate of $W(t) = 2e^{-0.2t}$ gallons per hour, where t is measured in hours. How many gallons of water would have leaked from the faucet in the first 8 hours?

Solution

$W(t)$를 $f'(t)$라고 하면 $f(t)$는 흘러나온 물의 양이 된다. 즉, $f(t) = \int_0^8 2e^{-0.2t} = 7.98$ gallons.

정답   7.98gallons

$\left(\text{EX 2}\right)$ For $0 \leq t \leq 150$, the rate of change of the number of pigeons on national park at time t days is modeled by $P(t) = \sqrt{t}\cos(\frac{t}{10})$ pigeons per day. There are 300 pigeons on national park at time $t = 0$. How many pigeons will be on the park at $t = 150$? Round your answer to the nearest whole number.

Solution

$P(t)$를 $f'(t)$ 라고 하면

$$f(150) - f(0) = \int_0^{150} f'(t)dt, \quad f(150) = f(0) + \int_0^{150} \sqrt{t}\cos(\frac{t}{10})dt \approx 356.823$$

그러므로 357마리가 된다.

정답   357

Problem 1

(1) The number of microbes in a fish bowl is growing at a rate of $1000e^{\frac{t}{2}}$ per unit of time t. At $t=0$, the number of microbes present was 20. Find the number present $t=4$.

(2) In a forest, the population of rabbit is increasing at a rate which can be approximately represented by $P(t)=32e^{-0.8t}$, when t is measured in months. How much will the population of rabbit in a forest increase during 2 years from now on? Round your answer to the nearest whole number.

Solution

(1) Microbe의 수를 $f(t)$라고 하면 $f'(t)=1000e^{\frac{t}{2}}$ 이므로

$f(4)=f(0)+\int_0^4 f'(t)dt$ 에서 $f(4)=20+\int_0^4 1000e^{\frac{t}{2}}dt$. $\frac{t}{2}=u$ 라고 하면

$\frac{1}{2}=\frac{du}{dt}$ 에서 $dt=2du$ 이고 $t=4$일 때 $u=2$, $t=0$일 때 $u=0$이므로

$f(4)=20+\int_0^2 1000e^u\,du=20+2000\int_0^2 e^u\,du=20+2000(e^2-1)=2000(e^2-1)+20 \quad \approx 12798$

(2)Rabbit의 증가율을 $f'(t)$라고 하면 $P(t)=f'(t)$ 이므로 $f'(t)=32e^{-0.8t}$ 이고 2years는 24months이므로 $f(t)=\int_0^{24} f'(t)dt \approx 40$

정답 　　(1) 12798 　　(2) 40

Problem 2

A oil tank at a factory holds 1000 gallons of oil at time $t=0$.

During the time interval $0 \leq t \leq 12$ hours, oil is pumped into the tank at the rate $P(t) = 5\sqrt{t} \sin^2(\frac{1}{3}t)$ gallons per hour.

During the same time interval, oil is removed from the tank at the rate $R(t) = 4\sin^2(\frac{1}{2}t)$ gallons per hour.

How many gallons of oil are in the tank at time $t=12$?

Round your answer to the nearest whole number.

Solution

... rate ...라는 표현이 있으면 $f'(t)$ 또는 $g'(t)$ 등으로 바꾸어서 풀면 편할 때가 많다.

$P(t)$를 $f'(t)$로 $R(t)$를 $g'(t)$로 바꾸면 tank안의 oil양의 변화율은 $f'(t) - g'(t)$가 되므로 $h'(t) = f'(t) - g'(t)$ 라 두자.

$h(b) - h(a) = \int_a^b h'(t)dt$를 이용하면 $h(12) - h(0) = \int_0^{12} h'(t)dt$ 이므로

$h(12) = 1000 + \int_0^{12} (5\sqrt{t} \sin^2(\frac{1}{3}t) - 4\sin^2(\frac{1}{2}t))dt \approx 1034.303$

그러므로, 정답은 1,034

정답   1,034

Problem 3

A oil tank holds 500 gallons of oil at time $t = 0$. During the time interval $0 \leq t \leq 12$ hours, oil is pumped into the tank at the rate of $P(t) = 23t\cos^2(\frac{t}{4})$ gallons per hour.

During the same time interval, oil is removed from the tank at the rate $R(t) = 14t\sin^2(\frac{t}{3})$ gallons per hour.

(1) To the nearest whole number, how many gallons of oil are in the tank at time $t = 12$?

(2) How much oil will be removed from the tank during this 12-hour period?

Solution

(1) $P(t)$와 $R(t)$는 변화율(Rate of Change)이므로 $P(t)$를 $f'(t)$로 $R(t)$를 $g'(t)$로 놓자.
Tank 내의 oil 양을 $A(t)$라 하면

$A(t) = A(0) + \int_0^{12} \{f'(t) - g'(t)\}dt$ 이므로

$A(12) = 500 + \int_0^{12} (f'(t) - g'(t))dt \approx 851.666 \approx 852$ gallons

(2) Tank로부터 빠져나간 oil의 양을 $L(t)$라고 하면

$L(12) = \int_0^{12} 14t\sin^2(\frac{t}{3})dt \approx 397.382 \approx 397$ gallons.

정답   (1) 852 gallons   (2) 397 gallons

2. Motion

I. Position, Velocity, Acceleration 사이의 관계

$$\text{Position (t)} \underset{Integrate}{\overset{Differentiate}{\rightleftarrows}} \text{Velocity (t)} \underset{Integrate}{\overset{Differentiate}{\rightleftarrows}} \text{Acceleration(t)}$$

① Velocity와 Acceleration은 Vector이다. 즉, 부호(Sign)가 의미하는 것은 방향이다.

$$\Rightarrow \begin{cases} \bullet\ Positive\ \Rightarrow\ (Right)\ \Uparrow (Up) \\ \bullet\ Negative\ \Leftarrow\ (Left)\ \Downarrow (Down) \end{cases}$$

② Position, Velocity, Acceleration은 모두 time이 결정되어야 구할 수 있다. 즉, 문제의 조건에서 time이 없는 경우 time을 찾아야만 한다.

③ • 어떤 물체의 운동 방향이 바뀐다 ⇒ Velocity의 부호가 바뀜

  • 어떤 물체가 쉬고 있다. ⇒ Velocity가 0.

④ $\int_a^b a(t)dt = V(b) - V(a)$, $\int_a^b V(t)dt = P(b) - P(a)$

  ($a \leq t \leq b$에서 Velocity의 변화)   ($a \leq t \leq b$에서 Position의 변화)

⑤ Position의 변화

$P(t) = P(0) + \int_0^t V(t)dt$

예를 들어, 어떤 물체가 $t=2$일 때 $x=-1$에 있었다고 할 때, $t=5$일 때 이 물체의 Position을 찾는 다고 하면 $P(5) = P(2) + \int_2^5 V(t)dt$: $P(2)$는 $t=2$일 때 물체의 위치, $\int_2^5 V(t)dt$는 3초 동안의 위치 변화(이동거리)

위 식을 그림으로 나타내어 보면,

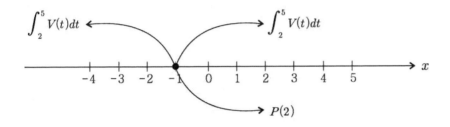

⑥ 어느 물체가 오른쪽으로 5, 왼쪽으로 3만큼 이동하였다면 …

$\Rightarrow$ Total distance = 8, 즉, $\displaystyle\int_a^b |V(t)| dt$

$\Rightarrow$ Displacement = 2, 즉, $\displaystyle\int_a^b V(t) dt$

⑦

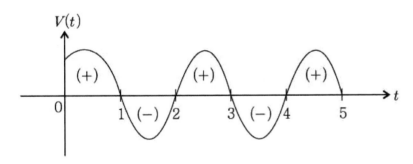

$\Rightarrow$ 물체가 가장 오른쪽에 있을 때 t는? 1 or 3 or 5중 하나!
$\Rightarrow$ 물체가 가장 왼쪽에 있을 때 t는? 2 or 4 중 하나!
이유는?

0초(시작)	Velocity (+)	• 1초
2초 <	Velocity (−)	• 1초
2초	Velocity (+)	• 3초
4초 <	Velocity (−)	• 3초
4초	Velocity (+)	• 5초

$\Rightarrow$ 왼쪽에 있을 때의 t $\Rightarrow$ 오른쪽에 있을 때의 t

II. Speed

자동차 계기판을 본 적이 있는가? 자세히 살펴보면 Velocity가 아닌 Speed라고 쓰여 있을 것이다. Speed는 Vector가 아니므로 방향에 상관없이 항상 Positive이다. 즉, 크기만 나타낸다. 자동차가 후진한다고 해서 계기판의 Speed는 Negative가 되지 않는 것을 많이 봤을 것이다. 자동차가 전진하던지 후진하던지 간에 가속 페달을 밟으면 계기판의 Speed는 Increasing할 것이고 브레이크 페달을 밟으면 계기판의 Speed는 Decreasing할 것이다. 즉, 전진하던지 후진하던지 간에 Velocity 방향(부호)과 Acceleration 의 방향(부호)이 같으면 Speed는 Increasing하고 다르면 decreasing한다.

이를 정리해보면,

$\Rightarrow$

- **Speed Increasing** : Velocity와 Acceleration의 부호(Sign)가 같을 때
- **Speed Decreasing** : Velocity와 Acceleration의 부호(Sign)가 다를 때

III. Vector (BC)

Vector는 방향(Direction)과 크기(Magnitude)를 갖는다.

화살표의 길이(Magnitude)

Vector는 방향(Direction)과 크기(Magnitude)가 같으면 같은 Vector이고, 다음 그림과 같이 좌표에 나타낼 수 있다. 다음의 두 Vector ①과 ②는 같은 Vector이다.

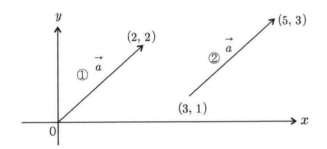

②의 $\vec{a}$는 initial point (3, 1), terminal point (5, 3)으로 나타낼 수 있고 ①의 $\vec{a}$는 initial point (0, 0), terminal point (2, 2)인데 이처럼 initial point가 (0, 0)인 경우에는 $\vec{a} = (2,2)$와 같이 나타낸다.

만약, $\vec{a} = (x_1, y_1)$이라고 하면 크기(magnitude)는 $\overrightarrow{|a|}$와 같이 나타내고 이는 원점(origin)과 (x_1, y_1) 사이의 거리를 나타낸다.

Vector로 표현한 Position, Velocity, Acceleration 사이의 관계

Position	Velocity	Acceleration
$(x(t), y(t))$ $\xrightarrow[Integration]{Differentiation}$	$(x'(t), y'(t))$ $\xrightarrow[Integration]{Differentiation}$	$(x''(t), y''(t))$

① Speed $= |V| = \sqrt{(x'(t))^2 + (y'(t))^2} = \sqrt{(\dfrac{dx}{dt})^2 + (\dfrac{dy}{dt})^2}$

② Velocity $= (\dfrac{dx}{dt}, \dfrac{dy}{dt}) = \dfrac{dx}{dt} i + \dfrac{dy}{dt} j$

③ Acceleration $= (\dfrac{d^2 x}{dt^2}, \dfrac{d^2 y}{dt^2}) = \dfrac{d^2 x}{dt^2} i + \dfrac{d^2 y}{dt^2} j$

Problem 4

(1) If the position of a particle at time t is given by the equation $x(t) = t^3 + 2t + 5$, find the velocity and the acceleration of the particle at time $t = 3$.

(2) If the position of a particle is given by $x(t) = 2t^2 - 8t + 2$, where $t > 0$, find the time at which the particle changes direction.

Solution

(1) $V(t) = x'(t) = 3t^2 + 2$ 에서 $V(3) = 3 \cdot 3^2 + 2 = 29$, $a(t) = V'(t) = 6t$ 에서 $a(3) = 18$

(2) 방향이 바뀐다는 것은 Velocity의 부호가 바뀐다는 것이므로 $V(t)$의 부호가 바뀌는 t의 값을 찾는다. $V(t) = x'(t) = 4t - 8$ 이므로 $t = 2$에서 부호가 바뀐다. 즉 $t = 2$.

정답   (1) $V(3)$=29, $a(3)$=18 (2) 2

Problem 5

(1) If the position of a particle at time t is given by $x(t) = 3t^3 - 36t^2 + 108t + 54$, where $t>0$, find the interval of the time during the particle slows down.

(2) How far does a particle travel between the second and fourth seconds, if its position function is $x(t) = 2t^2 - 12t$

Solution

(1) Slows down … 즉, speed가 감소한다는 것은 Velocity와 Acceleration의 부호가 다르다는 것! 이와 같은 문제는 그래프를 그려서 한방에 해결하도록 하자.

$$V(t) = x'(t) = 9t^2 - 72t + 108 = 9(t^2 - 8t + 12) \qquad a(t) = V'(t) = 18t - 72 = 18(t-4)$$

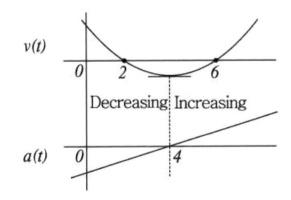

$V(t)$, $a(t)$ 두 그래프를 비교해 보면 0초~2초 사이에서 $V(t) > 0, a(t) < 0$이므로 speed는 감소하고 4초~6초 사이에서 $V(t) < 0,\ a(t) > 0$이므로 역시 이 구간에서도 speed는 감소한다. 그러므로 [0,2], [4,6]

(2) 2초에서 4초 사이에 움직인 거리라고 해서 $x(4) - x(2)$라고 하면 안 된다.

예를 들어 $\xrightarrow[2m]{3m}$ 의 그림처럼 오른쪽으로 3m, 왼쪽으로 2m를 움직였다면 총 5m를 움직인 것인데 위와 같이 하면 다른 결과가 나오게 된다. 즉 velocity가 (+)인 부분에서 운동한 거리와 (-) 부분에서 운동한 거리를 구해서 더해준다. $V(t) = x'(t) = 4t - 12$ 에서 $4t - 12 = 0$ 인 t는 3. 그러므로 2초에서 3초 사이 운동한 거리 $|x(3) - x(2)|$와 3초에서 4초 사이에 운동한 거리 $|x(4) - x(3)|$를 더하여 준다.

그러므로, $|x(3) - x(2)| = |(18 - 36) - (8 - 24)| = 2$, $|x(4) - x(3)| = |(32 - 48) - (18 - 36)| = 2$ 에서

$|x(3) - x(2)| + |x(4) - x(3)| = 4$

정답 (1) [0,2], [4,6] (2) 4

Problem 6

(1) A particle moves along the y-axis so that at time $t \geq 0$ its position is given by $y(t) = 2t^2 - 8t + 1$. At what time t is the particle at rest?

(2) The maximum acceleration attained on the interval $2 \leq t \leq 5$ by the particle whose velocity is given by $v(t) = \dfrac{1}{3}t^3 - 2t^2 + 2$ is

ⓐ 2   ⓑ 3   ⓒ 4   ⓓ 5

Solution

(1) Particle이 rest하고 있을 때는 velocity가 0일 때이다. 즉, $y'(t) = V(t) = 4t - 8 = 0$ 에서 $t = 2$.

(2) $V'(t) = a(t) = t^2 - 4t$ 이고 $a(t)$의 graph를 그려보면

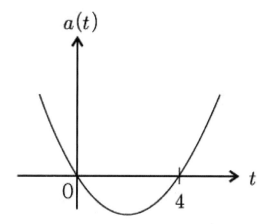

즉, $t = 5$일 때 acceleration은 maximum이 된다. $a(5) = 25 - 20 = 5$이므로 정답은 ⓓ

정답   (1) 2   (2) ⓓ

Problem 7

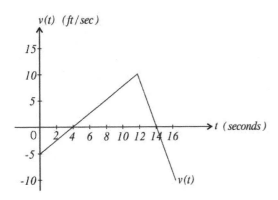

The graph shown above represents the velocity function of a moving particle.

(1) What is the total distance traveled by the particle during $0 \leq t \leq 16$?

(2) Find the displacement by the particle during $0 \leq t \leq 16$

Solution

(1) Total distance traveled

$$= | \int_{0}^{4} V(t)dt | + \int_{4}^{14} V(t)dt + | \int_{14}^{16} V(t)dt |$$

$$= \frac{1}{2} \times 4 \times 5 + \frac{1}{2} \times 10 \times 10 + \frac{1}{2} \times 2 \times 10 = 10 + 50 + 10 = 70 feet$$

(2) Displacement

$$= \int_{0}^{16} V(t)dt = -10 + 50 - 10 = 30 feet$$

정답   (1) 70 feet   (2) 30feet

Problem 8

The velocity function of a moving particle on a coordinate line is
$v(t) = t^2 - 3t + 2$ for $0 \leq t \leq 3$

(1) Determine when the particle stops.
(2) Find the total distance traveled by the particle during $0 \leq t \leq 3$
(3) Find the displacement by the particle during $0 \leq t \leq 3$

Solution

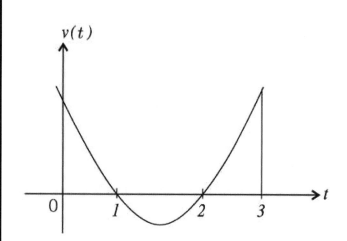

(1) $v(t) = 0$일 때, $t^2 - 3t + 2 = 0$ 이므로 t=1, 2

(2) Total distance traveled
$= \int_0^3 |t^2 - 3t + 2| dt$ 에서 $= \int_0^1 (t^2 - 3t + 2) dt + \int_1^2 (-t^2 + 3t - 2) dt + \int_2^3 (t^2 - 3t + 2) dt = 1.83$

(3) Displacement
$= \int_0^3 (t^2 - 3t + 2) dt = 1.5$

정답   (1) t=1, 2   (2) 1.83   (3) 1.5

Problem 9

(1) The acceleration function of a moving particle on a coordinate line is $a(t) = -2$ and $v_0 = 4$ for $0 \leq t \leq 4$. Find the total distance traveled by the particle during $0 \leq t \leq 4$

(2) The acceleration of a particle moving in a straight line is given in terms of time t by $a(t) = 4 - 2t$. If the velocity of the particle is 7 at $t = 2$ and if $P(t)$ is the distance of the particle from the origin at time t, what is $P(2) - P(1)$?

Solution

(1) $V(t) = \int a(t)dt = -2t + c$ 에서 $V(0) = 4$이므로 $c = 4$. 그러므로 $V(t) = -2t + 4$

Total distance traveled = $\int_0^4 |-2t+4|dt = \int_0^2 (-2t+4)dt + \int_2^4 (2t-4)dt = 8$

(2) $v(t) = \int a(t)dt = \int (4-2t)dt = 4t - t^2 + C$ 에서 $v(2) = 7$이므로 $8 - 4 + C = 7$ 에서

$C = 3$에서 $v(t) = 4t - t^2 + 3$. $P(2) - P(1) = \int_1^2 v(t)dt$ 이므로

$\int_1^2 (4t - t^2 + 3)dt = [2t^2 - \frac{1}{3}t^3 + 3t]_1^2 = (8 - \frac{8}{3} + 6) - (2 - \frac{1}{3} + 3) = \frac{20}{3}$

정답   (1) 8   (2) $\frac{20}{3}$

(BC)   **Problem 10**

A particle moving along a curve in the plane has position $(x(t), y(t))$ at time t, where

$$\frac{dx}{dt} = \sqrt{t^3 + 1} \ \text{ and } \ \frac{dy}{dt} = 3e^t + 4e^{-t}$$

for all real values of t. At time $t = 0$, the particle is at the point (3, 2)

(1) Find the speed of the particle at time $t = 0$.

(2) Find the total distance traveled by the particle over the time interval $0 \leq t \leq 2$

(3) Find the x-coordinate of the position of the particle at time $t = 5$.

Solution

(1) Speed = $\sqrt{(\frac{dx}{dt})^2 + (\frac{dy}{dt})^2} = \sqrt{(t^3+1) + (3e^t + 4e^{-t})^2}$ 에서 $t = 0$을 대입하면 $\sqrt{50} \approx 7.07$

(2) Total distance = $\int_0^2 (speed) dt = \int_0^2 \sqrt{(t^3+1) + (3e^t + 4e^{-t})^2}\, dt \approx 22.857$

(3) Position(b)−Position(a)=$\int_a^b (Velocity) dt$를 이용하면 $x(5) - x(0) = \int_0^5 \sqrt{t^3+1}\, dt$ 에서

$x(5) = 3 + \int_0^5 \sqrt{t^3+1}\, dt \approx 26.596$

정답   (1) 7.07   (2) 22.857   (3) 26.596

(BC) Problem 11

(1) A particle moves in the xy-plane so that at any time t, its coordinates are $x(t)=t^3+1$ and $y(t)=2t^4-1$. At $t=1$, find its acceleration vector.

(2) The position of a particle moving in the xy-plane is given by the parametric equations $x=\frac{1}{3}t^3-2t^2+3t+5$ and $y=\frac{1}{3}t^3-\frac{7}{2}t^2+12t+1$. For what values of t is the particle at rest?

ⓐ 1   ⓑ 2   ⓒ 3   ⓓ 4

Solution

(1) $a(t)=(x''(t), y''(t))$ 이므로 $x'(t)=3t^2 \Rightarrow x''(t)=6t$ 이고 $y'(t)=8t^3 \Rightarrow y''(t)=24t^2$ 이므로 t=1일 때, $x''(1)=6,\ y''(1)=24$. 그러므로 (6, 24)

(2) $x'(t)=V(t)=t^2-4t+3=0$ 에서 $t=1,3$

$y'(t)=V(t)=t^2-7t+12=0$ 에서 $t=3,4$

x, y 어느 방향으로도 움직이면 안 되므로 $t=3$

※ $t=1$일 때는 x방향으로는 안 움직이고 y방향으로만 움직인다.

$t=4$일 때는 y방향으로는 안 움직이고 x방향으로만 움직인다.

정답　　(1) <6, 24>　　(2) ⓒ

1. In a country, the population is increasing at a rate which can be approximately represented by $P(t) = 5 + 3\ln(2t+3)$, where t is measured in years. How much will the population increase between the 2nd and the 5th year?

2. If water is leaking from a tank at the rate of $f(t) = 3e^{0.5t}$ gallons per hour, where t is measured in hours, how many gallons of water will have leaked from the tank in the first 5 hours?

3. The rate of change of the altitude of a hot-air balloon is given by $A(t) = e^{0.3t} + \ln(3t)$ for $1 \leq t \leq 11$. Find the change in altitude of the balloon during the time interval $1 \leq t \leq 11$?

4. At time t (t is measured in years), the population of a country is growing at the rate $P(t) = 108e^{\frac{t}{3}}$ (people per year). If there were initially 1,000 people in this country, how many people are there in this country 10 years later?

5. The rate at which people enter a museum is modeled by the function E, given by $E(t) = 720t^2 - 120t^3$. The rate at which people go out a museum is modeled by the function G, given by $G(t) = 480t^2 - 80t^3$. Both $E(t)$ and $G(t)$ have unit of people per hour and t is measured in hours. No one is in the museum at time t=0.

(1) How many people are in the museum at time t=3?

(2) How many people enter in the museum during the time interval $1 \leq t \leq 3$?

6.

(1) If the position of a particle at time t is given by the equation $x(t) = 2t^3 - 2t + 1$, find the velocity and the acceleration of the particle at time $t = 2$.

(2) If the position of a particle is given by $x(t) = t^2 - 2t + 3$, where $t > 0$, find the time at which the particle change direction.

(3) Given the position function $x(t) = 2t^4 - 16t^2$, find the interval of a increasing speed of the particle.

(4) Given the position function $x(t) = \dfrac{1}{3}t^3 - \dfrac{3}{2}t^2 + 2t + 2$, find the distance particle traveled, between $t = 0$ and $t = 5$.

7. The acceleration function of a moving particle on a coordinate line is $a(t) = -3$ and $V_0 = 9$, for $0 \leq t \leq 7$.

(1) Find the total distance traveled by the particle during $0 \leq t \leq 7$.

(2) Find the displacement by the particle during $0 \leq t \leq 7$.

8. The velocity function of a moving particle on a coordinate line is $v(t) = t^2 - 4t + 3$ for $0 \leq t \leq 5$.

(1) Find the total distance traveled by the particle during $0 \leq t \leq 5$.

(2) Find the displacement by the particle during $0 \leq t \leq 5$.

9. The acceleration of a car driving in a straight road is given, in terms of time t by $a(t) = t + 2$. If the velocity of the car is 2 at $t = 1$ and if $P(t)$ is the distance of the car from the origin at time t, what is $P(3) - P(1)$?

10. A particle moves in a straight line with a constant acceleration of 2 kilometers per second. If the velocity of the car is 4 kilometers per second at time 2 seconds, how far does the car move during the time interval when its velocity increasing 10 meters per second to 20 meters per second?

11. A particle moves along the x-axis so that its acceleration at any time t is $a(t) = 2t - 5$. If the initial velocity of the particle is 4, at what time t during the interval $0 \leq t \leq 3$ is the particle farthest to the right?

$\left(\textbf{BC}\right)$ (※ 12~13). $p = (\cos\frac{\pi}{5}t)i + (3\sin\frac{\pi}{5}t)j$ is the positive vector $xi + yj$ from the origin to a moving point $p(x,y)$ at time t.

12. Find the speed of the particle when t is 5.

13. Find the magnitude of the acceleration when t is 5.

$\left(\textbf{BC}\right)$ (※ 14~16). If the position of a particle is given by $x(t) = (2t - t^2, 4t)$,

14. Find the velocity of the particle when t is 3.

15. Find the speed of the particle when t is 3.

16. Find the magnitude of the acceleration when t is 3.

Exercise 6

1. 35.58

   $\cdots$ the population is increasing at a rate $\cdots = \dfrac{dP}{dt} = 5 + 3\ln(2t+3)$ 이므로

   $$P = \int_2^5 \frac{dP}{dt}dt = \int_2^5 (5 + 3\ln(2t+3))dt \approx 35.58$$

2. 67.06

   $\cdots$ water is leaking from a tank at the rate of $\cdots = \dfrac{dV}{dt} = 3e^{0.5t}$ 이므로

   $$V = \int_0^5 \frac{dV}{dt}dt = \int_0^5 3e^{0.5t}dt \approx 67.09$$

3. 113.239

   $A(t) = f'(t)$라고 하면 $f(t)$는 Hot-Air Balloon의 Altitude가 된다.

   $$f(t) = \int_1^{11} f'(t)dt = \int_1^{11} \left\{ e^{0.3t} + \ln(3t) \right\}dt \approx 113.239$$

4. 9,758

   처음에 1000명의 people이 있었다. People의 수를 P라고 하면 $t = 0$이므로 $P(0) = 1000$.

   10년 후 인구수는 $P(10)$ 이므로 $P(10) = P(0) + 108\int_0^{10} e^{\frac{t}{3}}dt = 1000 + 108\int_0^{10} e^{\frac{t}{3}}dt$ 에서

   $$P(10) = 1,000 + 8,758 \approx 9,758$$

5. (1) 1350   (2) 3840

   (1) People의 수를 P라고 하면 $t = 3$에서 People의 수는

   $$P(3) = P(0) + \int_0^3 (E(t) - G(t))dt = 0 + \int_0^3 (240t^2 - 40t^3)dt = 1350 \text{ 명}$$

   (2) $P = \int_1^3 E(t)dt = \int_1^3 (720t^2 - 120t^3)dt = 3840$ 명

6.

(1) $V(2) = 22$, $a(2) = 24$

$V(t) = 6t^2 - 2$, $a(t) = 12t$ 에서 $V(2) = 22$, $a(2) = 24$

(2) $t = 1$

방향을 바꾸는 것은 velocity의 부호가 바뀌는 것!!!

$v(t) = 2t - 2$에서 velocity의 부호는 $t = 1$에서 바뀐다.

(3) $0 \le t \le 1.15$, $t \ge 2$

Speed가 increasing하려면 Acceleration과 Velocity의 부호가 같아야 한다.

$v(t) = 8t^3 - 32t$,
$a(t) = 24t^2 - 32$
에서

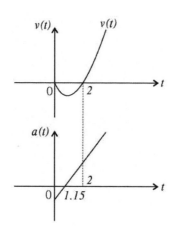

이므로

$0 \le t \le 1.15$ 일 때 $v(t) < 0$, $a(t) < 0$

$t \ge 2$일 때 $v(t) > 0$, $a(t) > 0$

(4) 14.5

$v(t) = t^2 - 3t + 2$ 에서

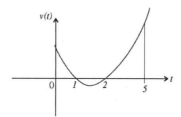

이므로 the distance traveled by particle.

$$= \int_0^1 (t^2 - 3t + 2)dt + |\int_1^2 (t^2 - 3t + 2)dt| + \int_2^5 (t^2 - 3t + 2)dt = 14.5$$

7. (1) 37.5   (2) -10.5

$V(t) = \int -3dt = -3t + C_1$ 에서 $V_0 = 9$ 이므로 $V(0) = 9 = C_1$ 그러므로 $V(t) = -3t + 9$ 에서

(1) Total Distance Traveled $= \int_0^7 |-3t + 9|dt$ 이므로 $= \int_0^3 (-3t + 9)dt + \int_3^7 (3t - 9)dt = 37.5$

(2) Displacement $= \int_0^7 (-3t + 9)dt = -10.5$

8. (1) 9.33   (2) 6.67

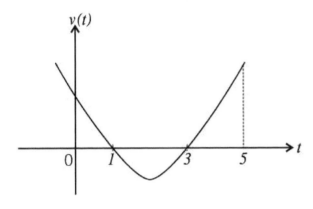

(1) Total Distance Traveled

$$= \int_0^5 |t^2 - 4t + 3| dt = \int_0^1 (t^2 - 4t + 3) dt + \int_1^3 -(t^2 - 4t + 3) dt + \int_3^5 (t^2 - 4t + 3) dt \approx 9.33$$

(2) Displacement $= \int_0^5 (t^2 - 4t + 3) dt \approx 6.67$

9. 11.33

(1) 먼저 Velocity를 구해 보면 $V(t) = \int (t + 2) dt = \frac{1}{2}t^2 + 2t + C$ 에서 $V(1) = 2$ 이므로

$2 = \frac{1}{2} + 2 + C$ 에서 $C = -\frac{1}{2}$

그러므로 $V(t) = \frac{1}{2}t^2 + 2t - \frac{1}{2}$ 에서 $P(3) - P(1) = \int_1^3 (\frac{1}{2}t^2 + 2t - \frac{1}{2}) dt \approx 11.33$

10. 75

(2) 먼저 Velocity를 구해 보면

$a(t) = 2$ 이므로 $V(t) = \int 2 dt = 2t + C$ 에서 $V(2) = 4$ 이므로 $4 = 4C$ 에서 $C = 0$

그러므로 $V(t) = 2t$ 에서 $V(t) = 10$ 일 때 $t = 5$ 이고 $V(t) = 20$일 때 $t = 10$

$\int_5^{10} 2t dt = 75$

Explanations and Answers for Exercises

11. 1초

$V(t) = \int (2t - 5)dt = t^2 - 5t + C$ 에서 $V(0) = 4$ 이므로 $V(t) = t^2 - 5t + 4$

$V(t)$ 의 Graph를 그려 보면 다음과 같다.

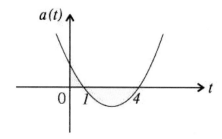

즉, 0~1초 사이에서는 오른쪽으로 움직였다가 1~3초 사이에서는 왼쪽으로 움직이므로 $t = 1$일 때 가장 오른쪽에 있게 된다.

12. 1.88

Speed $= \sqrt{(\frac{dx}{dt})^2 + (\frac{dy}{dt})^2}$ 이므로 $\frac{dx}{dt} = -\frac{\pi}{5}\sin\frac{\pi}{5}t$, $\frac{dy}{dx} = \frac{3}{5}\pi \cdot \cos\frac{\pi}{5}t$ 에서 $t = 5$일 때 Speed는 1.88

13. 0.39

$|\vec{a}| = \sqrt{(\frac{d^2x}{dt^2})^2 + (\frac{d^2y}{dt^2})^2}$ 이므로 $\frac{d^2x}{dt^2} = -\frac{\pi^2}{25} \cdot \cos\frac{\pi}{5}t$, $\frac{d^2y}{dt^2} = -\frac{3\pi^2}{25} \cdot \sin\frac{\pi}{5}t$ 에서 $t = 5$일 때

The magnitude of the acceleration 는 0.39

14. (-4, 4)

$v(t) = (\frac{dx}{dt}, \frac{dy}{dt}) = (2 - 2t, 4)$ 에서 $t = 3$일 때, 즉 $V(3) = (-4, 4)$

15. 5.66

Speed $= \sqrt{(\frac{dx}{dt})^2 + (\frac{dy}{dt})^2} = \sqrt{(2 - 2t)^2 + 4^2}$ 이므로 $t = 3$일 때 Speed $= \sqrt{16 + 16} = \sqrt{32} \approx 5.66$

16. 2

The magnitude of acceleration

$|\vec{a}| = \sqrt{(\frac{d^2x}{dt^2})^2 + (\frac{d^2y}{dt^2})^2} = \sqrt{(-2)^2} = 2$

Differential Equations

Differential Equations

1. Separable Differential Equations

2. Euler's Method (BC)

3. Slope Fields

4. Exponential Growth and <u>Logistic Differential Equations (BC)</u>

시작에 앞서서...

다른 단원들에 비해서 공부하기 편한 단원이다.
편안한 마음으로 필자가 설명하는 것들을 꼼꼼히 공부하기 바란다.

1.Separable Differential Equations

$\dfrac{dy}{dx} = 2y$ 와 같이 주어진 식에서 y에 대한 식을 찾는 단원이다.

방법은 간단하다. 예를 들어, $\dfrac{dy}{dx} = \dfrac{x}{2y}$ 이고 $y(0)=2$라고 할 때 x와 y에 대해 방정식(Equation)을 찾는다고 해보자.

① 일단 같은 변수(Variable)가 있는 것끼리 모은다. $\Rightarrow 2ydy = xdx$

② 양변에 $\int$ 을 취한다. 즉, 양변을 적분(Integral)!

$\Rightarrow 2\displaystyle\int ydy = \int xdx \Rightarrow 2 \cdot \dfrac{1}{2}y^2 = \dfrac{1}{2}x^2 + C$ 에서 $y^2 = \dfrac{1}{2}x^2 + C$

③ Initial Condition이 $x=0$일 때 $y=2$이므로, $2^2 = \dfrac{1}{2} \cdot 0^2 + C$ 에서 $C=4$.

그러므로, $y^2 = \dfrac{1}{2}x^2 + 4$ 의 방정식이 나온다.

다음의 예제들을 풀어보자.

$\left(\textbf{EX 1}\right)$ Given $\dfrac{dy}{dx} = 2x^2y^3$ and $y(0)=1$, solve the differential equation.

Solution

① 같은 변수(Variable)가 있는 것끼리 모은다. $\Rightarrow y^{-3}dy = 2x^2dx$

② 양변 적분(Integral)! $\Rightarrow \displaystyle\int y^{-3}dy = 2\int x^2 dx \Rightarrow -\dfrac{1}{2}y^{-2} = \dfrac{2}{3}x^3 + C$

③ $y(0)=1$에서 $C=-\dfrac{1}{2}$. 그러므로 $\dfrac{2}{3}x^3 + \dfrac{1}{2y^2} - \dfrac{1}{2} = 0$

정답 $\qquad \dfrac{2}{3}x^3 + \dfrac{1}{2y^2} - \dfrac{1}{2} = 0$

EX 2 Find the solution of the differential equation $\dfrac{dy}{dx} = x\cos(2x^2)$, $y(0) = 1$.

Solution

① 같은 변수(Variable)가 있는 것끼리 모은다. $\Rightarrow dy = x\cos(2x^2)dx$

② 양변 적분(Integral)! $\Rightarrow \displaystyle\int 1dy = \int x \cdot \cos(2x^2)dx$ ▸ u로 치환(Substitution)!

$u = 2x^2$ 에서 양변을 x에 대해서 미분(Differentiation)하면 $\dfrac{du}{dx} = 4x$ 에서 $dx = \dfrac{1}{4x}du$

$\Rightarrow y = \displaystyle\int x\cos u \dfrac{1}{4x}du = \dfrac{1}{4}\int \cos u\,du = \dfrac{1}{4}\sin u + C$ 에서 $u = 2x^2$ 이므로 $y = \dfrac{1}{4}\sin(2x^2) + C$

③ $x = 0$일 때, $y = 1$ 이므로 $C = 1$. 그러므로 $y = \dfrac{1}{4}\sin(2x^2) + 1$

정답 $y = \dfrac{1}{4}\sin(2x^2) + 1$

EX 3 If $\dfrac{d^2 y}{dx^2} = x - 2$ and $y'(0) = 1$ and $y(0) = 2$, find the solution of the differential equation.

Solution

① $\dfrac{d}{dx}\dfrac{dy}{dx} = x - 2$ 에서 $\dfrac{dy}{dx} = y'$ 이므로 $\dfrac{dy'}{dx} = x - 2$ 에서 같은 변수(Variable)가 있는 것끼리 모은다. $\Rightarrow dy' = (x - 2)dx$

② 양변 적분(Integral)! $\Rightarrow \displaystyle\int 1dy' = \int (x-2)dx \Rightarrow y' = \dfrac{1}{2}x^2 - 2x + C$

$\bullet \displaystyle\int 1dy = y + C \quad \bullet \int 1dy' = y' + C$

③ $x = 0$일 때, $y' = 1$이므로 $1 = \dfrac{1}{2} \cdot 0^2 - 2 \cdot 0 + C$ 에서 $C = 1$이므로 $y' = \dfrac{1}{2}x^2 - 2x + 1$

$\Rightarrow \dfrac{dy}{dx} = \dfrac{1}{2}x^2 - 2x + 1$ 이므로 같은 변수(Variable)끼리 모으면 $\Rightarrow dy = (\dfrac{1}{2}x^2 - 2x + 1)dx$

④ 양변 적분(Integral) $\Rightarrow \displaystyle\int 1dy = \int (\dfrac{1}{2}x^2 - 2x + 1)dx$ 에서 $y = \dfrac{1}{6}x^3 - x^2 + x + C$

$x = 0$일 때 $y = 2$이므로 $C = 2$. 그러므로 $y = \dfrac{1}{6}x^3 - x^2 + c + 2$

정답 $y = \dfrac{1}{6}x^3 - x^2 + c + 2$

Problem 1

(1) If $f(0)=1$, $\dfrac{dy}{dx} = \dfrac{x}{ye^{x^2}}$ and $y > 0$ for all x, find $f(x)$.

(2) If $\dfrac{dy}{dx} = \cos x \sin^2 x$ and $f(0)=0$, find $f(x)$.

Solution

(1) $\displaystyle\int y\,dy = \int xe^{-x^2}\,dx$ 에서 $-x^2 = u$ 라고 하면, $-2x = \dfrac{du}{dx}$ 이고 $\displaystyle\int xe^2\left(-\dfrac{1}{2x}\right)du$ 이므로

$-\dfrac{1}{2}\displaystyle\int e^u\,du$. 즉 $\dfrac{1}{2}y^2 = -\dfrac{1}{2}e^u + C$ 이고 $u = -x^2$ 이므로 $\dfrac{1}{2}y^2 = -\dfrac{1}{2}e^{-x^2} + C$

$f(0) = 1$이므로 $\dfrac{1}{2} = -\dfrac{1}{2} + C$ 에서 $C = 1$.

그러므로 $y^2 = -e^{-x^2} + C$ 이고 $y > 0$이므로 $y = \sqrt{-e^{-x^2} + 2}$

(2) $\displaystyle\int y\,dy = \int \cos x \sin^2 x\,dx$ 에서 $\sin x = u$ 라고 하면, $\cos x = \dfrac{du}{dx}$ 이고 $\displaystyle\int (\cos x)u^2\dfrac{du}{\cos x}$ 이

므로 $\displaystyle\int u^2\,du$. 즉 $y = \displaystyle\int u^2\,du$ 에서 $y = \dfrac{1}{3}u^3 + C$ 이고 $u = \sin x$ 이므로 $y = \dfrac{1}{3}\sin^3 x + C$ 이고

$f(0) = 0$ 에서 $C = 0$. 그러므로 $y = \dfrac{1}{3}\sin^3 x$

정답　　(1) $y = \sqrt{-e^{-x^2} + 2}$　　(2) $y = \dfrac{1}{3}\sin^3 x$

Problem 2

If $\dfrac{d^2y}{dx^2} = 3x + 1$, $y'(0) = 1$ and $y(0) = 2$, find the solution of the differential equation.

Solution

$\dfrac{d}{dx}\dfrac{dy}{dx} = 3x + 1$ 에서 $\dfrac{dy}{dx} = y'$ 이므로 $\dfrac{dy'}{dx} = 3x + 1$. $\displaystyle\int dy' = \int (3x + 1)dx$ 에서

$y' = \dfrac{3}{2}x^2 + x + C$ 이므로 $y'(0) = 1$ 에서 $C = 1$. 즉, $y' = \dfrac{dy}{dx} = \dfrac{3}{2}x^2 + x + 1$ 에서

$\displaystyle\int dy = \int (\dfrac{3}{2}x^2 + x + 1)dx$

$y = \dfrac{1}{2}x^3 + \dfrac{1}{2}x^2 + x + C$ 이므로 $y(0) = 2$ 에서 $C = 2$.

그러므로, $y = \dfrac{1}{2}x^3 + \dfrac{1}{2}x^2 + x + 2$

정답　　　$y = \dfrac{1}{2}x^3 + \dfrac{1}{2}x^2 + x + 2$

Problem 3

If $\dfrac{dy}{dx} = y\ln x$ and $f(1) = 1$, Find y.

Solution

같은 변수(Variable)끼리 모으고 양변에 $\displaystyle\int$ 을 취하면,

$\displaystyle\int \frac{1}{y}\,dy = \int \ln x\,dx$ 에서 $\ln|y| = \displaystyle\int \ln x\,dx = x\ln x - x + C$ 이므로 $\ln|y| = x\ln x - x + C$ 에서

$x = 1$일 때 $y = 1$이므로 $0 = -1 + C$ 에서 $C = 1$.

그러므로 $\ln y = x\ln x - x + 1$ 에서

$y = e^{x\ln x - x + 1}$ 이므로, $y = e^{x\ln x} \cdot e^{-x} \cdot e = \dfrac{e \cdot e^{x\ln x}}{e^{x}} = \dfrac{e^{x\ln x}}{e^{x-1}}$

정답 $\qquad y = \dfrac{e \cdot e^{x\ln x}}{e^{x}} \quad$ or $\quad y = \dfrac{e^{x\ln x}}{e^{x-1}}$

2. Euler's Method (BC)

간단한 공식만 암기하면 되는 단원이다.
다음의 예제를 본 후 공식을 암기하자.

$\left(\textbf{EX 1}\right)$ Let $\dfrac{dy}{dx} = \dfrac{1}{x}$. Use Euler's Method to approximate the y-values with three steps, starting at point $P_0 = (1,1)$ and letting $\triangle x = 1$.

Solution

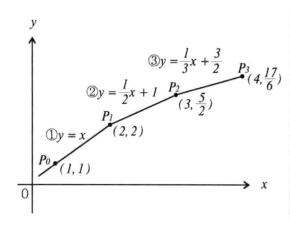
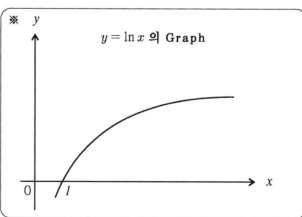

① Slope : $\dfrac{dy}{dx} = \dfrac{1}{x}$ 에서 $x=1$ 이므로 slope=1. 즉, $y-1 = 1 \cdot (x-1) \Rightarrow y=x$

② Slope : $\dfrac{dy}{dx} = \dfrac{1}{x}$ 에서 $\triangle x = 1$ 이므로 $x=2$, ①번 식에서 $x=2$ 를 대입하면 $y=2$,

$\dfrac{dy}{dx} = slope = \dfrac{1}{2}$. 즉, $y-2 = \dfrac{1}{2}(x-2) \Rightarrow y = \dfrac{1}{2}x+1$

③ Slope : $\triangle x = 1$ 이므로 $x=3$ 이고 ②번 식에 $x=3$ 을 대입하면 $y = \dfrac{5}{2}$ 이고 $\dfrac{dy}{dx} = slope = \dfrac{1}{3}$.

즉, $y - \dfrac{5}{2} = \dfrac{1}{3}(x-3) \Rightarrow y = \dfrac{1}{3}x + \dfrac{3}{2}$

④ $\triangle x = 1$ 이므로 좌표(Coordinate)는 $(4, \dfrac{17}{6})$, 즉, $y = \dfrac{17}{6}$

(EX1)을 이와 같이 일일이 접선의 방정식(The Equation of The Tangent Line)을 구해서 풀어도 되지만 너무 번거로울 때가 있다.

위의 방법을 공식화 시켰다. 다음의 것을 암기해서 풀면 훨씬 더 풀이가 간단해진다.

실제 AP 시험이나 학교 시험에서는 다음의 공식만 가지고도 모든 문제가 해결된다.

다음의 공식을 암기한 후 Table를 그려서 풀면 쉽게 해결이 된다.

Euler's Method

- $x_n = x_{n-1} + \triangle x$
- $y_n = y_{n-1} + \triangle x \cdot (y'_{n-1}), n = 1, 2, 3, \cdots$

암기한 것을 가지고 (EX1)을 다시 풀어보면 $\cdots$ $\triangle x = 1$이므로

	x	y
P_0	1	1
$P_1 (n=1)$	$x_1 = x_0 + 1 = 2$	$y_1 = y_0 + 1 \cdot (y_0') = 1 + 1 \cdot 1 = 2, \ y_0' : slope$ (※ $P_0 (1,1)$ 이므로 $\frac{dy}{dx}$에서 slope는 1)
$P_2 (n=2)$	$x_2 = x_1 + 1 = 3$	$y_2 = y_1 + 1 \cdot (y_1') = 2 + 1 \cdot \frac{1}{2} = \frac{5}{2}$ (※ $P_1 (2,2)$ 이므로 $\frac{dy}{dx} = \frac{1}{x}$에서 slope는 $\frac{1}{2}$)
$P_3 (n=3)$	$x_3 = x_2 + 1 = 4$	$y_3 = y_2 + \triangle x \cdot (y_2') = \frac{5}{2} + 1 \cdot \frac{1}{3} = \frac{17}{6}$

(**EX 2**) Given the differential equation $\dfrac{dy}{dx} = x + y$ with initial condition $(0,0)$.
Use Euler's method with $\triangle x = 0.1$ to estimate the value of y when $x = 0.4$

Solution

앞에서 소개한 공식을 이용하면

	x	y
P_0	0	0
P_1	$x_1 = x_0 + 0.1 = 0.1$	$y_1 = y_0 + 0.1(y_0{}') = 0$
P_2	$x_2 = x_1 + 0.1 = 0.2$	$y_2 = y_1 + 0.1(y_1{}') = 0 + 0.1 \times 0.1 = 0.01$
P_3	$x_3 = x_2 + 0.1 = 0.3$	$y_3 = y_2 + 0.1(y_2{}') = 0.01 + 0.1 \times 0.21 = 0.031$
P_4	$x_4 = x_3 + 0.1 = 0.4$	$y_4 = y_3 + 0.1(y_3{}') = 0.031 + 0.1 \times 0.331 = 0.0641$

그러므로 $y_4 = 0.0641$

정답 $y_4 = 0.0641$

Problem 1

Consider the differential equation $\dfrac{dy}{dx} = 2x + 5y - 1$. Let $y = f(x)$ be a particular solution to the differential equation with the initial condition $f(0) = 1$. Use Euler's method starting at $x = 0$, with a step size of $\dfrac{1}{2}$ to approximate $f(1)$.

Solution

	x	y
P_0	0	1
$P_1\,(n=1)$	$x_1 = x_0 + \dfrac{1}{2} = \dfrac{1}{2}$	$y_1 = y_0 + \dfrac{1}{2}\,(y_0{}') = 3$
$P_2\,(n=2)$	$x_2 = x_1 + \dfrac{1}{2} = 1$	$y_2 = y_1 + \dfrac{1}{2}\,(y_1{}') = 3 + \dfrac{1}{2}\,(15) = \dfrac{21}{2}$
$\vdots$	$\vdots$	$\vdots$

그러므로 $P_2 = f(1) = \dfrac{21}{2}$

정답 $\quad \dfrac{21}{2}$

3. Slope Fields

"Direction Field" 라고도 한다. 공부하기에 쉬운 단원 중 하나이다.

예를 들어, $\dfrac{dy}{dx} = 2x$ 라고 할 때 주어진 좌표에 slope field를 나타내 보자.

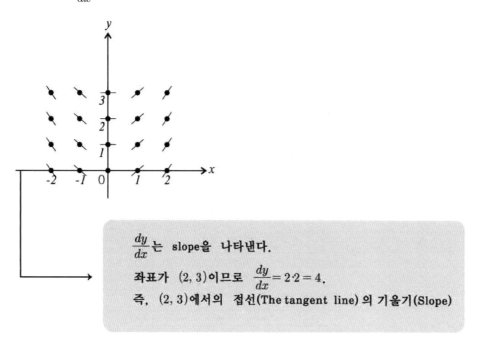

$\dfrac{dy}{dx}$는 slope을 나타낸다.

좌표가 $(2, 3)$이므로 $\dfrac{dy}{dx} = 2 \cdot 2 = 4$.

즉, $(2, 3)$에서의 접선(The tangent line)의 기울기(Slope)

위의 그림에서 수많은 선분(Segment)들은 각각의 점에서의 접선(The tangent line)이며
이 수많은 접선들로 하여금 굳이 Differential Equation을 풀지 않고도 원래 함수의 그래프(Solution Curve)의 형태를 짐작할 수 있다.

그렇다면 위의 Slope Field로부터 $(0,1)$을 지나는 Solution Curve를 그려보자.

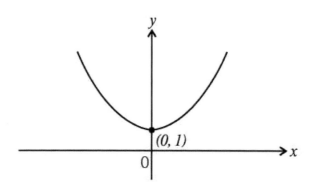

EX 1 Given $\dfrac{dy}{dx} = x+y$, sketch the slope field for the given function.

Solution

임의대로 15점을 잡아서 짧은 접선(The tangent line)들을 그리면

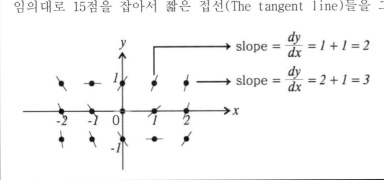

$$\text{slope} = \frac{dy}{dx} = 1+1 = 2$$

$$\text{slope} = \frac{dy}{dx} = 2+1 = 3$$

EX 2 Consider the differential equation $\dfrac{dy}{dx} = x-2y$. On the axes provided below, sketch a slope field for the given differential equation on the twelve points indicated.

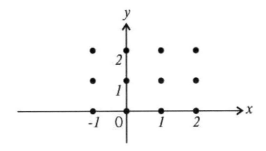

Solution

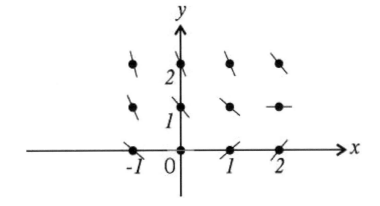

Problem 1

Consider the differential equation $\dfrac{dy}{dx} = \dfrac{y}{x}$, where $x \neq 0$.

Sketch a slope field for the given differential equation on the twelve points indicated.

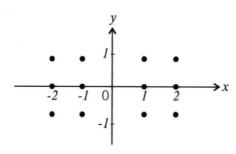

Solution

정답

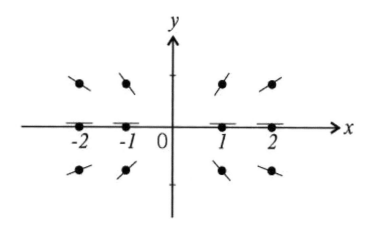

4. Exponential Growth and Logistic Differential Equations (BC)

1. Exponential Growth

"A positive quantity Q increases at a rate that at any time t is proportional to the amount present"

$\Rightarrow \dfrac{dQ}{dt} = kQ$, $\dfrac{dQ}{dt}$: 짧은 시간 동안 일어나는 어떤 양의 순간변화율, k : 비례상수 (Proportional constant), Q : 현재의 양

즉, $\dfrac{dQ}{dt} = kQ$ 에서 $\dfrac{1}{Q}dQ = kdt$의 양변을 적분(Integral)하면 $\displaystyle\int \dfrac{1}{Q}dQ = \int kdt$ 에서 $\ln|Q| = kt + C$ 이고, $Q \geq 0$이므로 $Q = e^{kt+C} = e^{kt} \cdot e^{C}$ 에서 $e^{C} = C$ 라고 하면, $Q = C \cdot e^{kt}$ 결과를 암기할 필요는 없다. 문장을 읽고 " $\dfrac{dQ}{dt} = kQ$ " 와 같은 식만 잘 세우면 된다. 식을 세우고 난 뒤에는 앞에서 풀었던 것처럼 풀면 된다.

$\left(\textbf{EX 1}\right)$ The hare population of a forest is growing at a rate proportional to its population. If the growth rate per months is 2% of the current population, how long will it take for the population to triple?

Solution

$\dfrac{dP}{dt} = 0.02 \cdot P \Rightarrow \dfrac{1}{P}dP = 0.02dt \Rightarrow \displaystyle\int \dfrac{1}{P}dP = \int 0.02dt \Rightarrow \ln P = 0.02t + C \Rightarrow$

$P = e^{0.0.2t} \cdot e^{C} \Rightarrow (e^{c} = P_0) \Rightarrow P = P_0 \cdot e^{0.02t}$ 에서 triple이 되어야 하므로

$P = 3P_0, \ 3P_0 = P_0 \cdot e^{0.02t} \Rightarrow 3 = e^{0.02t}$ 양변에 ln을 취하면 $\ln 3 = 0.02t$ 에서

$t = \dfrac{1}{0.02} \times \ln 3 \approx 54.93$ 그러므로, $t = 54.93 months$

정답   54.93 months

Logistic Differential Equations

EX 2 At a monthly rate of 1.5% compounded continuously, how long does it take for an investment to double?

Solution

$\dfrac{dA}{dt} = 0.015A \Rightarrow \dfrac{1}{A}dA = 0.015dt \Rightarrow \displaystyle\int \dfrac{1}{A}dA = \int 0.015dt \Rightarrow \ln|A| = 0.015t + C$ 에서

$A = e^{0.015t+C} = \pm e^{0.015t} \cdot e^C, \ (\pm e^C = A_0) \Rightarrow A = A_0 \cdot e^{0.015t}$ 에서 double이 되어야 하므로

$A = 2A_0, \ 2A_0 = A_0 \cdot e^{0.015t} \Rightarrow 2 = e^{0.015t}$ 양변에 ln을 취하면 $\ln 2 = 0.015t$ 에서

$t = \dfrac{1}{0.015} \times \ln 2 \approx 46.21$

그러므로, $t \approx 46.21 months$

정답　　　46.21 months

EX 3 A forest had a squirrel population of 500 in 1990 and 1500 in 2000. Assuming an exponential growth rate, estimate the forest's squirrel population in 2010.

Solution

① ⋯ exponential growth rate ⋯ $\Rightarrow \dfrac{dy}{dt} = ky$

② 같은 변수(Variable)끼리 모으면 $\dfrac{1}{y}dy = kdt$ 에서

③ 양변 적분(Integrate) $\displaystyle\int \dfrac{1}{y}dy = \int kdt$ 에서 $\ln|y| = kt + C$ 에서 $y = \pm e^C \cdot e^{kt} = C \cdot e^{kt}$

④ 1900년 $\Rightarrow t = 0$일 때 500이므로 $500 = C \cdot e^{k \cdot (0)}$ 에서 $C = 500$

　　2000년 $\Rightarrow t = 10$일 때 1500이므로 $1500 = 500 \cdot e^{10k}$ 에서 $e^{10k} = 3$ 의 양변에 ln을 취하면

　　$10k = \ln 3$ 에서 $k = \dfrac{1}{10} \cdot \ln 3 = 0.11$

⑤ 그러므로 2010년은 $t = 20$이고 $y = 500 \cdot e^{kt}$ 에서 $y = 500 \cdot e^{(0.11) \cdot (20)} \approx 4513$

정답　　　4513

Problem 1

The squirrel population P in a forest grows according to the equation $\dfrac{dP}{dt} = kP$, where k is a constant and t is measured in years. If the squirrel population triples every 5 years, Find the value of k.

Solution

$\dfrac{dP}{dt} = kP$ 에서 $\displaystyle\int \dfrac{1}{P} dP = \int k\,dt$ 에서 $\ln|P| = kt + C \Rightarrow P = e^{kt} \cdot e^{C} \Rightarrow P = P_0 e^{kt}$ $(e^{C} = P_0)$

(※ $t = 0$ 일 때 $e^{C} = P$. 즉, C 값은 $t = 0$일 때의 값이다.)

문제의 조건에서 $t = 5$일 때, $P = 3P_0$이므로 $3P_0 = P_0 e^{5k}$ 에서 $3 = e^{5k}$ 이고 양변에 $\ln$을 취하면

$k \approx 0.22$

정답　　　0.22

2. Logistic Growth (BC)

만약 어느 숲에 토끼가 서식하고 있다고 가정해보자. 이 숲에는 토끼의 천적이 없다고 해보면 토끼의 수는 한없이 늘어나서 그 숲의 한계를 초과할까 …? 그렇지 않다.
생태계(Ecosystem)가 수용할 수 있는 수가 있는 것이다. 이러한 수를 Carrying Capacity라고 한다.
그렇다면 앞에서 공부한 Exponential Growth와 Logistic Growth와의 차이점은 무엇일까?…

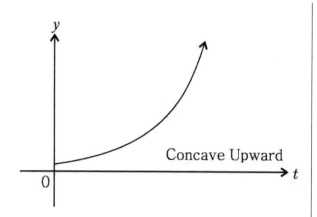

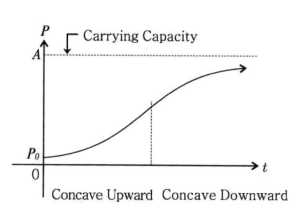

Exponential Growth
(어떤 수나 양(Quantity)이 어떤 제한 조건 (Restrictions)없이 증가)

Logistic Growth
(어떤 수의 양(Quantity)이 어떤 제한 조건 (Restriction)이 있다.)

<반드시 알아두자!>

$$\frac{dy}{dt} = ky$$

<반드시 알아두자!>

$$\frac{dy}{dt} = ky(A - y)$$

⇒ ① 같은 변수(Variable)끼리 모은다.

$$\frac{1}{y} dy = kdt$$

⇒ ② 양변 적분(Integrate)

$$\int \frac{1}{y} dy = \int kdt$$

⇒ $\ln|y| = kt + C$ 에서 결과는 다음과 같다.

⇒ ① 같은 문자끼리 모은다.

$$\frac{1}{y(A - y)} dy = kdt$$

⇒ ② 양변 적분(Integrate)

$$\int \frac{1}{y(A - y)} dy = \int kdt$$

결과는 다음과 같다.

<반드시 알아두자!>

암기보다는 식을 유도하자.

$$y = e^{kt + C} = C_0 \cdot e^{kt}$$

<반드시 알아두자!>

$$y = \frac{A}{1 + ce^{-Akt}}$$

다음의 내용은 매우 중요하다!

Logistic Growth

Logistic Growth는 Graph의 해석이 중요하다.

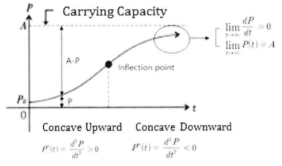

위의 Logistic Growth Curve로부터 알 수 있는 것!

① Time t가 무한히 커지면 Curve는 Carrying Capacity(A)와 거의 같아진다. 또한 t가 무한히 커졌을 때, 접선의 기울기(The slope of the tangent line)도 거의 0이 됨을 알 수 있다.

$$\Rightarrow \lim_{t \to \infty} \frac{dP}{dt} = 0, \ \lim_{t \to \infty} P(t) = A$$

② Logistic Growth Curve는 Concave up $(P''(t) = \frac{d^2P}{dt^2} > 0)$에서 Concave down $(P''(t) = \frac{d^2P}{dt^2} < 0)$으로 바뀐다.

③ Curve는 Increasing한다. $(\frac{dP}{dt} > 0)$

④ $P(t)$는 개채수를 나타내므로 항상 Positive이다.$(P(t) > 0)$

⑤ $\frac{dP}{dt} = kP(A - P)$

※Logistic Growth Curve의 상황설명

천적이 없고 풀이 무성한 초원에 암수 토끼 100마리가 있다고 해보자. 너무나 살기가 좋은 나머지 그 개체수가 급속도로 증가할 것이다. 하지만 너무 급속도로 개체수가 증가한 나머지 먹이가 부족한 현상이 발생하여 어느 순간부터 개체수의 증가 속도가 더뎌지다가 일정한 개체수를 유지하게 된다.

$\frac{dy}{dt} = ky(A - y)$ 가 $y = \frac{A}{1 + ce^{-Akt}}$ 되는 것은 다음의 예제를 통해서 알아보도록 하자.

Logistic Differential Equations

(EX 1) Because of the limited food, a hare population cannot exceed 5000. It grows at a rate proportional both to the existing population and to the attainable additional population. If the initial hare population was 2000 and the hare population 10 years later was 2500, what will be the hare population after 20 years?

Solution

$\cdots$ a hare population cannot exceed 5000 $\Rightarrow$ Carrying Capacity! 즉, Logistic Growth!

시간 t일 때 hare의 수를 P라고 하면, $\dfrac{dP}{dt} = kP(5000-P)$ 에서 같은 문자끼리 모으면

$\dfrac{1}{P(5000-P)} dP = kdt$ 이므로 양변을 적분(Integrate)하면

$\displaystyle\int \dfrac{1}{P(5000-P)} dP = \int kdt$ 에서 $\dfrac{1}{P(5000-P)}$ 를 다시 구하면

$\dfrac{a}{P} + \dfrac{b}{5000-P} = \dfrac{5000a - Pa + Pb}{P(5000-P)} = \dfrac{(b-a)P + 5000a}{P(5000-P)}$ 이 $\dfrac{1}{P(5000-P)}$ 과 같아야 하므로

$(b-a)P + 5000a = 1 \Rightarrow b - a = \dfrac{1-5000a}{P}$ 에서 $a = \dfrac{1}{5000}$, $b = \dfrac{1}{5000}$ 이므로

$\dfrac{1}{P(5000-P)} = \dfrac{a}{P} + \dfrac{b}{5000-P} = \dfrac{1}{5000} \cdot \dfrac{1}{P} + \dfrac{1}{5000} \cdot \dfrac{1}{5000-P}$ 에서

$\dfrac{1}{5000} \displaystyle\int \dfrac{1}{P} dP + \dfrac{1}{5000} \int \dfrac{1}{5000-P} dP = \dfrac{1}{5000} \ln P - \dfrac{1}{5000} \ln(5000-P)$

$\Rightarrow kt + C = \dfrac{1}{5000} \ln \dfrac{P}{5000-P} = kt + C$ 에서 $\ln \dfrac{P}{5000-P} = 5000kt + C$

(여기서 C 는 $5000C$ 라고 쓸 필요는 없다. C는 임의의 Constant이니까!)

$= \dfrac{P}{5000-P} = e^{5000kt + C} = e^{C} \cdot e^{5000kt} = C \cdot e^{5000kt}$ (C is a Constant)

바로 앞에서 $\dfrac{P}{5000-P} = e^C \cdot e^{5000kt}$ 였으므로 $\dfrac{5000-P}{P} = \dfrac{1}{e^C \cdot e^{5000kt}} = e^{-C} \cdot e^{-5000kt}$ （여기

서 $e^{-C} = C$ ）

즉 $\dfrac{5000}{P} - 1 = C \cdot e^{-5000kt}$ 에서 $\dfrac{P}{5000} + \dfrac{1}{1+Ce^{-5000kt}}$ 이므로 $P(t) = \dfrac{5000}{1+Ce^{-5000kt}}$

문제의 조건에서,

① $t = 0$ 이라고 하면, 이 때 hare의 수는 2000이므로 $2000 = \dfrac{5000}{1+C}$ 에서 $C = 1.5$

② $t = 10$ 이라고 하면, 이 때 hare의 수는 2500이므로 $2500 = \dfrac{5000}{1+1.5e^{-50000k}}$ 이므로

$e^{-50000k} = \dfrac{1}{1.5} \approx 0.67$

③ $t = 20$ 이므로, $P(20) = \dfrac{5000}{1+1.5e^{-5000 \cdot 20 \cdot k}}$, ②에서 $e^{-50000k} \approx 0.67$ 이므로

$P(20) = \dfrac{5000}{1+1.5(e^{-50000k})^2} \approx 2988$ $(e^{-50000k} \approx 0.67$ 이므로） 대략 2.988마리가 된다.

정답   2.988

풀이 과정을 상세히 써 보았다. $y = \dfrac{A}{1+C \cdot e^{-Akt}}$ （A=Carrying Capacity, t=time）의 공식을 암기하지 않는다면 풀이과정이 위와 같이 길어지게 된다.

다음을 알아두자!

$$y = \dfrac{A}{1+C \cdot e^{-Akt}}$$ (A=Carrying Capacity, t=time, C: t=0일 때의 값)

암기한 공식을 가지고 다음의 예제를 하나 더 풀어보자.

Logistic Differential Equations

$\left(\textbf{EX 2}\right)$ The population of a small town was initially 2500 but increased to 3500 5 years later. How many people will be there after 10 years? (Assume that the town population follows a logistic growth that has a carrying capacity of 10000.)

Solution

$$P(t) = \frac{A}{1 + C \cdot e^{-Akt}}$$

① $t = 0$이라고 하면, $P(0) = 2500 = \dfrac{10000}{1+C}$ 에서 $C = 3$

② $t = 5$라고 하면, $P(5) = 3500 = \dfrac{10000}{1 + 3 \cdot e^{-10000 \cdot 5 \cdot k}}$ 에서 $e^{-10000 \cdot 5 \cdot k} \approx 0.62$

③ $t = 10$이므로, $P(10) = \dfrac{10000}{1 + 3 \cdot e^{-10000 \cdot 10 \cdot k}}$, ②에서 $e^{-10000 \cdot 5 \cdot k} \approx 0.619$ 이므로

$$P(10) = \frac{10000}{1 + 3 \cdot (e^{-10000 \cdot 5 \cdot k})^2} \approx 4652.28$$

그러므로, 10년 후이 마을의 인구수는 대략 4652명이 된다.

정답　　　　4652

$\left(\textbf{EX 3}\right)$ A town initially had a population of 1000 and had 1200 people 5 years later. Assuming that the town population follows an exponential growth rate, estimate the town's population 10 years later.

Solution

$\dfrac{dP}{dt} = kP$ 에서 같은 문자끼리 모으면 $\dfrac{1}{P}dP = kdt$ 에서 양변을 적분(Integrate)하면

$\displaystyle\int \frac{1}{P}dP = \int kdt$ 에서 $\ln|P| = kt + C$, $|P| = e^{kt + C} = \pm e^{kt} \cdot e^{C} = C \cdot e^{kt}$ (여기서 $\pm e^{C} = C$)

즉, $P(t) = C \cdot e^{kt}$

① $t = 0$일 때 $P = 1000$ 이므로 $1000 = C$

② $t = 5$일 때 $P = 1200$ 이므로 $1200 = 1000 \cdot e^{5k}$ 에서 $e^{5k} \approx 1.2$

③ $t = 10$일 때 $P(10) = 1000(e^{5k})^2 = 1440$

정답　　　　1440명

(BC) Problem 1

The population $P(t)$ of a rabbit in a region satisfies the logistic differential equation $\dfrac{dP}{dt} = P(3 - \dfrac{P}{1000})$, where the initial population $P(0) = 2,500$ and t is the time in years. Evaluate $\lim\limits_{t \to \infty} P(t)$

Solution

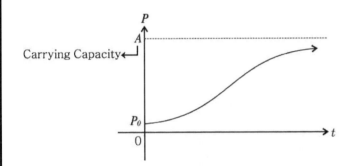

위의 Logistic Growth의 Graph를 보면 t값이 커질수록 Carrying capacity에 가까워짐을 알 수 있다. 즉, $\dfrac{dP}{dt} = kP(A-P)$ 에서 t가 ∞로 가까워지면 (즉, 시간이 충분히 커지면)

$P \approx A$ 이므로 $\dfrac{dP}{dt} = 0$ 이 된다.

그러므로 $\lim\limits_{t \to \infty} P(t) = 0 \Rightarrow P(3 - \dfrac{P}{1000})$ 에서 $P = 3000$, 즉 $\lim\limits_{t \to \infty} P(t) = 3,000$

정답　　　3,000

Logistic Differential Equations

Problem 2

An infectious disease is spreading through a population of 12,000 at a rate proportional both to the number of people already infected and to the number still uninfected.
If there were 300 infected people 2 months ago, and 1 month ago 900 people were infected, about how many infected people are there now?

Solution

Logistic Growth 문제이다!!

$P(t) = \dfrac{A}{1 + C \cdot e^{-Akt}}$ (A : Carrying Capacity, t : time)에서

① 2 months ago … 를 ⇒ $t = 0$이라 하면 $P(0) = 300 = \dfrac{12000}{1 + C}$ 에서 $C = 39$

② 1 month ago … 를 ⇒ $t = 1$이라 하면 $P(1) = 900 = \dfrac{12000}{1 + 39 \cdot C^{-12000k}}$ 에서

$e^{-12000k} \approx 0.316$

③ 현재는 ⇒ $t = 2$이므로 $P(2) = \dfrac{12000}{1 + 39 \cdot e^{-12000 \cdot 2 \cdot k}} = \dfrac{12000}{1 + 39 \cdot (e^{-12000k})^2} \approx 2451.79$

대략 2451명

정답   2,451

Problem 3

The number of rats in a region by the function P and grows according to the logistic

differential equation $\dfrac{dP}{dt} = 0.92P(1 - \dfrac{P}{4000})$, where t is the time in months and $P(0) = 300$.

Which of the following statements could be false?

(a) $\lim\limits_{t \to \infty} P(t) = 4000$ (b) $\lim\limits_{t \to \infty} \dfrac{dP}{dt} = 0$ (c) $\dfrac{dP}{dt} > 0$ (d) $\dfrac{d^2P}{dt^2} > 0$

Solution

$\dfrac{dP}{dt} = 0.92P(1 - \dfrac{P}{4000})$ 를 나타내는 Logistic Growth Curve는 다음과 같다.

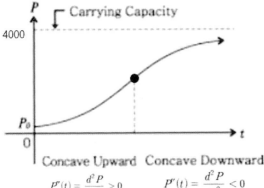

- $\lim\limits_{t \to \infty} \dfrac{dP}{dt} = 0$이 되어야 하므로 $P = 4000$이 되어야 한다. 그러므로 (a),(b)는 True.

- Curve가 Increasing 하므로 $\dfrac{dP}{dt} > 0$, 그러므로 (c)는 True.

- Concave up 에서 Concave Down으로 변하기 때문에 (d)는 False

그러므로, 정답은 (d)

정답   (d)

1. Find the solution of the differential equation $\dfrac{dy}{dx} = x \cdot e^{x^2}$ when $y(0) = 2$

2. If $\dfrac{d^2 y}{dx^2} = 4x + 1$, $y'(0) = 1$ and $y(0) = 1$, find the solution of the differential equation.

3. If $\dfrac{dy}{dx} = -y\csc^2 x$ and $y(\dfrac{\pi}{4}) = e$, Find y.

4. If $\dfrac{dy}{dx} = (3 + \ln x)y$ and $y(1) = e^2$, Find y.

(BC) 5. Use Euler's Method, with $\triangle x = 0.1$, to estimate $y(0.4)$ if $y' = x + 2$ and initial condition $(0,1)$.

(BC) 6. Use Euler's Method, with a step size of $\triangle x = 0.1$ to compute $y(0.3)$, if y is the solution of the differential equation $\dfrac{dy}{dx} = x^2 + y$ with the initial condition $(0,1)$.

7. Consider the differential equation $\dfrac{dy}{dx} = \dfrac{1}{x}$. On the axes provided below, sketch a slope field for the given differential equation on the twelve points indicated, and sketch the solution curve that passes through the point $(1, 0)$.

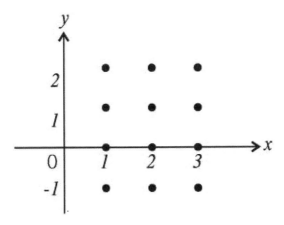

8. The population of a small town is growing at a rate proportional to its population. If the growth rate per year is 4% of the current population, how long will it take for the population to double?

9. At a yearly rate of 3% compounded continuously, how long does it take for an investment to triple?

10. Because of limited space, a rabbit population cannot exceed 8,000. It grows at a rate proportional both to the existing population and to the attainable population. If there were initially 1000 rabbits and the population became 2000 after 5 years, how many rabbits will be there 10 years later?

(BC) 11. The number of ants in a region is modeled by the function A that satisties the logistic differential equation $\dfrac{dA}{dt} = 0.2A\left(1 - \dfrac{A}{500}\right)$ where t is the time in days and $A(0) = 20$. Evaluate $\lim\limits_{t \to \infty} A(t)$.

12. A population of rabbits is modeled by the function P and grows according to the logistic differential equation $\frac{dP}{dt} = 3P(1 - \frac{P}{3000})$, where t is the time in years and $P(0) = 500$. Which of the following statements must be true?

I. $\lim\limits_{t \to \infty} P(t) = 3000$

II. $\frac{d^2P}{dt^2} > 0$

III. $\lim\limits_{t \to \infty} \frac{dP}{dt} = 0$

IV. $\frac{dP}{dt} < 0$

ⓐ I only
ⓑ I and II only
ⓒ I and III only
ⓓ I, II, and III

Exercise 7

1. $y = e^{x^2} + \dfrac{3}{2}$

같은 문자끼리 모으면 $dy = x \cdot e^{x^2}dx$ 에서 양변적분(Integral)하면 $\displaystyle\int 1dy = \int xe^{x^2}dx$, $x^2 = u$ 라고

하고 양변을 x에 대해서 미분하면 $2x = \dfrac{du}{dx}$ 에서 $dx = \dfrac{1}{2x}du$ 이므로 $\displaystyle\int 1dy = \int x \cdot e^u \cdot \dfrac{1}{2x}du$ 에서

$y = \dfrac{1}{2}e^u + c$, $u = x^2$ 이므로 $y = \dfrac{1}{2}e^{x^2} + c$ 에서 $x = 0$일 때 $y = 2$ 이므로 $2 = \dfrac{1}{2} + c$ 에서 $c = \dfrac{3}{2}$

$\therefore y = e^{x^2} + \dfrac{3}{2}$

2. $y = \dfrac{2}{3}x^3 + \dfrac{1}{2}x^2 + x + 1$

$\dfrac{d}{dx} \cdot \dfrac{dy}{dx} = 4x + 1$ 에서 $\dfrac{dy}{dx} = y'$ 이므로 $\dfrac{dy'}{dx} = 4x + 1$ 에서 같은 문자끼리 모으면 $dy' = (4x + 1)dx$

양변적분(Integral)하면 $\displaystyle\int 1dy' = \int (4x + 1)dx$ 에서 $y' = 2x^2 + x + C_1$ 에서 $y'(0) = 1$ 이므로 $C_1 = 1$

그러므로 $y' = 2x^2 + x + 1$. $y' = \dfrac{dy}{dx}$ 이므로 $\dfrac{dy}{dx} = 2x^2 + x + 1$ 에서 같은 문자끼리 모으면

$dy = (2x^2 + x + 1)dx$, 양변 적분(Integral) 하면

$\displaystyle\int 1dy = \int (2x^2 + x + 1)dx$ 에서 $y = \dfrac{2}{3}x^3 + \dfrac{1}{2}x^2 + x + C_2$ 에서 $y(0) = 1$ 이므로 $C_2 = 1$

3. $y = e^{\cot x}$

$\displaystyle\int \dfrac{1}{y}dy = \int (-\csc^2 x)dx$ 에서 $\ln|y| = \cot x + C$, $x = \dfrac{\pi}{4}$ 일 때 $y = e$ 이므로 $1 = 1 + C$ 에서 $C = 0$
그러므로 $y = e^{\cot x}$

4. $y = x^x \cdot e^{2x}$

$\displaystyle\int \dfrac{1}{y}dy = \int (3 + \ln x)dx$ 에서 $\ln|y| = 3x + x\ln x - x + C$. $x = 1$일 때, $y = e^2$ 이므로 $2 = 3 - 1 + C$ 에

서 $C = 0$. 그러므로 $\ln|y| = 3x + x\ln x - x$ 이므로 $y = e^{3x + x\ln x - x} = e^{3x} \cdot e^{\ln x^x} \cdot e^{-x} = x^x \cdot e^{2x}$

5. $y(0,4) = 1.86$

	x	y
P_0	0	1
P_1	0.1	$y_1 = 1 + 0.1 \cdot (2) = 1.2$
P_2	0.2	$y_2 = 1.2 + 0.1 \cdot (2.1) = 1.41$
P_3	0.3	$y_3 = 1.41 + 0.1 \cdot (2.2) = 1.63$
P_4	0.4	$y_4 = 1.63 + 0.1 \cdot (2.3) = 1.86$

6. $y(0,3) = 1.3361$

	x	y
P_0	0	1
P_1	0.1	$y_1 = 1 + (0.1)(1) = 1.1$
P_2	0.2	$y_2 = 1.1 + (0.1)(0.1^2 + 1.1) = 1.211$
P_3	0.3	$y_3 = 1.211 + (0.1)(0.2^2 + 1.211) = 1.3361$

7.

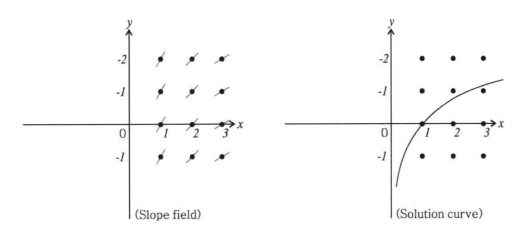

(Slope field)　　　(Solution curve)

8. 17.33 years

$\dfrac{dP}{dt}=0.04P$ 에서 같은 문자끼리 모으고 양변적분(Integral)하면 $\displaystyle\int\dfrac{1}{P}dP=\int 0.04dt$ 에서

$\ln P=0.04t+c$

$P=e^{0.04t}\cdot e^x=ce^{0.04t}$ $\Rightarrow$ $P=P_0\cdot e^{0.04t}$, $P=2P_0$ 이므로 $2P_0=P_0\cdot e^{0.04t}$ 에서 $t\approx 17.33years$

9. 36.62 years

$\dfrac{dA}{dt}=0.03A$ 에서 같은 문자끼리 모으고 양변 적분(Integral)하면 $\displaystyle\int\dfrac{1}{A}dA=\int 0.03dt$ 에서

$\ln A=0.03t+c$

$A=e^{0.03t}\cdot e^c=ce^{0.03t}$ $\Rightarrow$ $A=A_0\cdot e^{0.03t}$, $A=3A_0$ 이므로 $3A_0=A_0\cdot e^{0.03t}$ 에서 $t\approx 36.62years$

10. 3496

Logistic Growth 문제이다!!

$P(t)=\dfrac{A}{1+c\cdot e^{-Akt}}$ (A : carrying capacity, t : time)에서

① $t=0$ 이라고 하면 $P(0)=1000=\dfrac{8000}{1+c}$ 에서 $c=7$

② $t=5$ 이므로 $P(5)=2000=\dfrac{8000}{1+7\cdot e^{-8000\times 5\times k}}$ 에서 $e^{-8000\times 5\times k}\approx 0.429$

③ $t=10$ 이므로, $P(10)=\dfrac{8000}{1+7\cdot e^{-8000\times 10\times k}}=\dfrac{8000}{1+7\cdot (e^{-8000\times 5\times k})^2}\approx 3496$

11. 500

$t\rightarrow\infty$ 일 때, $\dfrac{dA}{dt}\rightarrow 0$ 이므로 $0=0.2A\left(1-\dfrac{A}{500}\right)$ 에서 $0.2A-\dfrac{0.2A^2}{500}=0$ 에서

$100A-0.2A^2=0$ 즉 $-A^2+500A=0$ 에서 $A=0$ 또는 500이므로 $\lim\limits_{t\rightarrow\infty}A(t)=500$

12. ⓒ

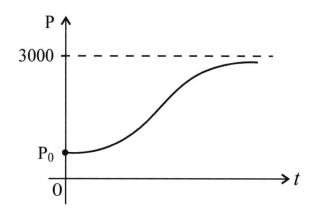

위의 Graph에서 보는 바와 같이

$\lim\limits_{t\rightarrow\infty}P(t)=3000$ 이고 $\lim\limits_{t\rightarrow\infty}\dfrac{dP}{dt}=0$ 이다.

Concave up에서 Concave down으로 바뀌고 Increasing 하기 때문에 Ⅱ, Ⅳ는 False.

Differentiation과
Integration의 응용

Differentiation과 Integration의 응용

1. $f(b) - f(a) = \int_a^b f'(t)dt$

2. $\int$를 포함한 Graph해석

3. Related Rate

4. Absolute Maximum, Absolute Minimum

5. Table 해석

6. Motion과 Intermediate Value Theorem
   Motion과 Mean Value Theorem

시작에 앞서서...

Differentiation과 Integration을 활용한 Topic들을 정리한 단원이다. Topic별로 정리를 하였고 Topic 마다 해설과 문제를 실었다. 그동안 공부한 내용들을 적용시켜 보도록 하자.

$$1. \quad f(b) - f(a) = \int_a^b f'(t)dt$$

$\displaystyle\int_a^b f'(t)dt = f(b) - f(a)$는 익숙하지만 이를 거꾸로 쓰는 것은 간단한 일인데도 잘 쓰여지지 않는다. 앞으로 많이 활용 될 내용이니 반드시 익혀두도록 하자.

 반드시 알아두자!

$$f(b) - f(a) = \int_a^b f'(t)dt$$

이는 AP Calculus의 여러 분야에서 활용이 된다. 미국 교과서에서는 위의 이론을 이용하여 여러 공식들을 만들어 낸다. 그 공식들을 모두 암기하는 것 보다 위의 내용을 활용하여 여러 분야의 문제들을 해결하는 것이 훨씬 효과적이다.

Motion에서의 활용을 보자

$$Position(t) \underset{Integration}{\overset{Differentiation}{\rightleftarrows}} Velocity(t) \underset{Integration}{\overset{Differentiation}{\rightleftarrows}} Acceleration(t)$$

$$\begin{cases} P(t) \\ = f(t) \end{cases} \qquad \begin{cases} V(t) \\ = f'(t) \end{cases} \qquad \begin{cases} A(t) \\ = f''(t) \end{cases}$$

즉, Position을 $f(t)$, Velocity를 $f'(t)$, Acceleration을 $f''(t)$라고 두고 풀면 훨씬 유용할 때가 많다.

① $$\begin{cases} f(b) - f(a) = \int_a^b f'(t)dt \\ P(b) - P(a) = \int_a^b V(t)dt \end{cases}$$

② $$\begin{cases} f'(b) - f'(a) = \int_a^b f''(t)dt \\ V(b) - V(a) = \int_a^b A(t)dt \end{cases}$$

Problem 1

The acceleration of a car driving in a straight road is given in terms of time t by $a(t) = 4$. If the velocity of the car is 10 at $t = 1$ and if $P(t)$ is the distance of the car from the origin at time t, what is $P(4) - P(1)$?

Solution

$V(t) = \int a(t)dt = \int 4dt = 4t + C$, $V(1) = 10$ 이므로 $10 = 4 + C$ 에서 $C = 6$.

그러므로, $V(t) = f'(t) = 4t + 6$.

$P(4) - P(1) = f(4) - f(1) = \int_1^4 f'(t)dt = \int_1^4 (4t + 6)dt$

$= [2t^2 + 6t]_1^4 = (2 \cdot 4^2 + 6 \cdot 4) - (2 + 6) = 48$

정답　48

(BC) Problem 2

A particle moving along a curve in the plane has position $(x(t), y(t))$ at time t, where $\dfrac{dx}{dt} = \sin(3\pi t)$ and $\dfrac{dy}{dt} = 3e^t + 4e^{-3t}$ for all real values of t. At time $t = 4$, the particle is at the point $(4, 1)$. Find the x-coordinate of the position of the particle at time $t = 1$.

Solution

$\dfrac{dx}{dt} = \sin(3\pi t)$ 이므로

$$V(t) = f'(t) = \sin(3\pi t) \quad \Rightarrow \quad x(4) - x(1) = \int_1^4 \sin(3\pi t)\,dt$$

$$x(4) = 4 \quad \Rightarrow \quad x(1) = 4 - \int_1^4 \sin(3\pi t)\,dt \approx 4.212$$

정답   4.212

2. $\int$를 포함한 Graph해석

Graph는 정확히 그리기가 까다롭다.

그렇기 때문에 f'과 f''을 통해 그 모양을 어느 정도 추정하려고 한다.

그렇기 때문에 Graph를 추정하는데 $\int$이 섞여 있으면 상당히 혼란스럽다.

앞으로 Graph를 해석하는데 $\int$이 섞여 있다면 다음과 같이 하도록 하자.

반드시 알아두자!

① $\displaystyle\int_a^x f(t)dt = F(x) - F(a)$를 이용하여 $\int$를 벗긴다.

② $F(a)$는 무조건 Constant이므로 $(F(a))' = 0$이 된다.

③ 정리해 보면, $g(x) = \displaystyle\int_a^x f(t)dt \Rightarrow g(x) = F(x) - F(a)$ 이고 $g'(x) = f(x)$로 정리가 된다.

Problem 3

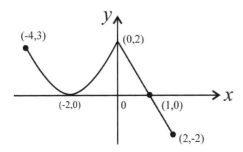

The graph of the function f shown above.

Let g be the function given by $g(x) = x + \int_0^x f(t)dt$.

(1) Find all values of x in the open interval $(-4,2)$ at which the graph of g has a point of inflection. Give a reason for your answer.

(2) Find all values of x in the open interval $(-4,2)$ at which g attains a relative maximum. Give a reason for your answer.

Solution

$$g(x) = x + \int_0^x f(t)dt \;\Rightarrow\; g(x) = x + F(x) - F(0) \;\Rightarrow\; g'(x) = 1 + f(x).$$

즉, g'은 f graph를 y-axis으로 1만큼 이동시킨 그래프이다.

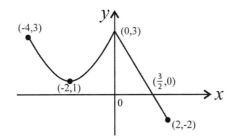

(1) $x = -2, 0$

g' changes from decreasing to increasing at $x = -2$ and increasing to decreasing at $x = 0$.

(2) $x = \dfrac{3}{2}$

g' changes from positive to negative at $x = \dfrac{3}{2}$.

정답   (1) -2, 0   (2) $\dfrac{3}{2}$

3. Related Rate

다음을 보자.

$\frac{df}{dt} = f'(t) \Rightarrow df = f'(t)dt$ 양변에 $\int$ 을 취해주면 $\int 1 df = \int f'(t)dt \Rightarrow f = \int f'(t)dt$.

Rate는 짧은 시간 동안 일어나는 짧은 변화이다.

$f = \int f'(t)dt$ 에서와 같이 Rate($f'(t)$)을 Integration하면 원래 값이 나온다.

다음의 세 가지 경우를 보자.

① $\int f'(t)dt = f(t) + C$

② $\int f(t)dt = F(t) + C$

③ $\int F(t)dt = $ "어떻게 쓰지?"

위의 ①,②,③ 중에 ③번이 가장 애매할 것이다. 우리들 눈에 가장 익숙한 것은 ①,②번일 것이며 그 중에서도 ①번이 가장 친근할 것이다.

그러므로, 필자는 다음과 같이 제안하고자 한다.

Rate 문제는 다음과 같이 하자.
1.Rate가 $F(t), R(t)$와 같이 대문자로 표현되어 있는 경우에는 무조건 $f'(t)$ or $g'(t)$와 같이 바꾸자!
2. Equation을 제대로 만들어서 풀도록 하자!

위의 1,2번 내용을 다음의 문제를 통해서 확인하도록 하자.

Problem 4

An oil tank holds 1000 gallons of oil at time $t=0$. During the time interval $0 \leq t \leq 12$ hours, oil is pumped into the tank at the rate.

$P(t) = 5\sqrt{t}\sin^2(\frac{1}{3}t)$ gallons per hour.

During the same time interval, oil is removed from the tank at the rate $R(t) = 4\sin^2(\frac{1}{2}t)$ gallons per hour.

(1) Is the amount of oil on the tank increasing at time $t=10$? Why or Why not?

(2) To the nearest whole number, how many gallons of oil are in the tank at time $t=12$?

Solution

$P(t)$와 $R(t)$는 각각 rate이므로 $P(t) = f'(t)$, $R(t) = g'(t)$로 두고 Equation을 만들도록 한다.

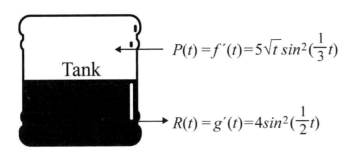

$$P(t) = f'(t) = 5\sqrt{t}\,sin^2(\frac{1}{3}t)$$

$$R(t) = g'(t) = 4sin^2(\frac{1}{2}t)$$

Oil 양의 변화율을 $h'(t)$라고 하면 $h'(t) = f'(t) - g'(t)$.

(1) $h'(10) = f'(10) - g'(10) < 0$

No, Because $h'(10) < 0$

(2) $h(12) - h(0) = \int_0^{12} h'(t)dt \Rightarrow h(12) = h(0) + \int_0^{12} h'(t)dt$

$\Rightarrow h(12) = 1000 + \int_0^{12} (f'(t) - g'(t))dt \approx 1034.303$

그러므로, 1034 gallons.

정답   1034 gallons

4. Absolute Maximum, Absolute Minimum

Relative Maximum 과 Relative Minimum과는 다르게 Absolute Maximum과 Absolute Minimum을 찾을 때는 $\int$ 을 자주 이용하게 된다.

Absolute Maximum 과 Absolute Minimum은 다음의 절차에 의해 구하도록 하자.

Absoulte Maximum과 Absolute Minimum 찾기

1. f' graph를 그린다.
2. f' graph로부터 f graph를 유추한다.

(Example)

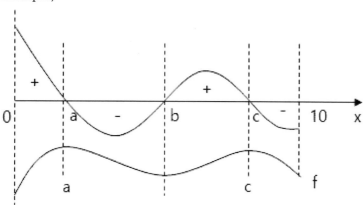

3. f graph에서 Absolute Maximum이 될 수 있는 후보는 $f(a)$와 $f(c)$이다.

4. $f(c) - f(a) = \int_a^c f'(x)dx$ 이용

5. $f(c) - f(a) = \int_a^c f'(x)dx$ 에서 $\int_a^c f'(x)dx$ 의 부호(Sign) 조사. (※ $f'(x)$ Graph 이용)

(※ 3-1>0 이면 3>1 인 것처럼 $f(a) - f(b) > 0$이면 $f(a) > f(b)$이고
$f(a) - f(b) < 0$이면 $f(a) < f(b)$ 가 되는 것과 같은 원리이다.)

Problem 5

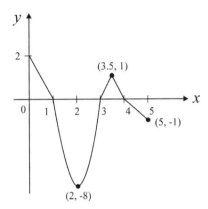

The figure above shows the graph of f', the derivative of a function f, $0 \leq x \leq 5$. Find the value of x at which the absolute maximum of f occurs.

Solution

① f' graph로부터 f graph를 추정해 보자.

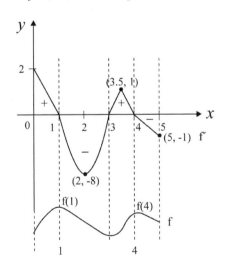

② $f(4)$ 또는 $f(1)$이 Absolute Maximum이 된다.

③ $f(4) - f(1) = \int_{1}^{4} f'(x)dx < 0$ (※ f' graph를 보면 (-)부분의 값이 더 큰 것을 알 수 있다.)

④ 그러므로, $f(4) < f(1)$. 그러므로, 정답은 $x = 1$

정답 $x = 1$

Problem 6

For $0 \leq t \leq 30$, the rate of change of the number of mice in the park at time t days is modeled by $F(t) = \sqrt{t} \sin\left(\frac{t}{3}\right)$ mice per day. There are 300 mice in the Park at time $t = 0$. To the nearest whole number, what is the maximum number of mice for $0 \leq t \leq 30$?

Solution

① F(t)는 rate이므로 $g'(t)$로 두고 Calculator를 이용하여 $g'(t)$ graph를 그린다.
② $g'(t)$ graph로부터 $g(t)$ graph를 유추한다.

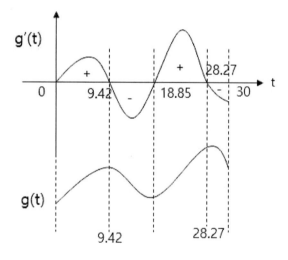

③ $g(28.27) - g(9.42) = \int_{9.42}^{28.27} g'(t)dt \approx 6.6 > 0$. 그러므로, $g(28.27) > g(9.42)$ $t = 28.27$ 일 때 Maximum이 된다.

$t = 0$일 때, Mice가 300마리이므로

$g(28.27) - g(0) = \int_{0}^{28.27} g'(t)dt$에서 $g(28.27) = 300 + \int_{0}^{28.27} g'(t)dt \approx 319.25$

그러므로, 319마리

정답   319

5. Table 해석

Differentiation과 Integration은 상당히 유용한 이론이지만 실생활에 적용시키기에는 무리가 있다. 우리가 항상 접하는 Data들은 사실상 Differentiable 이거나 Integration이 불가능 한 것들이 많기 때문이다.

실생활에서 보통 가장 많이 쓰는 것이 Table 인데 Table로 표현되는 Data에 "Differentiable" 이라는 가정을 두고 그 Data들을 해석하는 경우가 많다.

이 때 가장 많이 쓰이는 이론이 Mean Value Theorem(MVT)과 Riemann Sum 그리고 Average Value이다.

다음과 같이 알아두자.

알아두기

1. Table이 주어지고 "Differentiable"조건이 있다면 "Mean Value Theorem(MVT)"을 이용하여 해석한다.
2. Table이 주어지고 Average Value를 찾을 때에는 Riemann Sum을 이용한다. (※즉, Table에 나오는 Data를 가지고 Integral을 해야 할 때 쓰는 원리가 Riemann Sum이다.)

문제를 통해서 확인해 보도록 하자.

Problem 7

Height x(km)	0	1	3	7	9
Temperature $T(x)$(℃)	40	36	8	3	1

The table above gives selected values of the temperature $T(x)$, in degree Celsius(℃), $x$km from the ground. The function T is monotone decreasing and differentiable.

(1) Estimate $T'(8)$.

(2) Write on integral expression in terms of $T(x)$ for average temperature. Estimate average temperature using a right sum with the four subintervals indicated by the data in the table.

Solution

(1) Mean Value Theorem 이용!

$$T'(8) = \frac{1-3}{9-7} = -1 ℃/km$$

(2) Average Temperature = $\dfrac{\displaystyle\int_0^9 T(x)dx}{9-0} = \dfrac{1}{9}\displaystyle\int_0^9 T(x)dx$

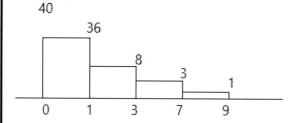

$$\Rightarrow \frac{1}{9}(1\times36 + 2\times8 + 4\times3 + 2\times1) = \frac{66}{9}$$

정답 $\dfrac{66}{9}$

6. Motion 과 Intermediate Value Theorem(IVT)
Motion 과 Mean Value Theorem(MVT)

앞에서 Position을 $f(t)$ Velocity를 $f'(t)$ Acceleration을 $f''(t)$로 두고 문제를 해결하자고 했다. 이번 Chapter에서는 Motion을 활용한 Mean Value Theorem (MVT)에 대한 문제들을 다루도록 하겠다.

문제를 통해서 익혀보도록 하자.

Problem 8

t (Minute)	0	1	2	3	4	5
$S(t)$ (meters)	20	14	10	7	5	4

The table above gives the distance $S(t)$, in meters, that a particle has traveled at various time t, in minute, during 5 minute. The graph of the function S is twice-differentiable, decreasing, and concave up. Based on the information, which of the following could be the velocity of the particle in meters per minute, at time $t = 2$?

ⓐ -4　　ⓑ -3.5　　ⓒ -3　　ⓓ -2.5

Solution

$S(t)$를 $f(t)$로 두면 Velocity는 $f'(t)$가 된다. $S(t) = f(t)$가 decreasing이면서 concave up 이므로 $S(t) = f(t)$의 Graph는 다음과 같다.

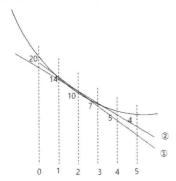

time t에서의 Velocity를 $v(t)$라고 하면 $v(2) = f'(2)$는 위 그림에서 line ①과 ②사이 값이어야 한다. Mean value Theorem을 적용하면 $v(1.5) = f'(1.5) < v(2) = f'(2) < v(2.5) = f'(2.5)$

$\Rightarrow \dfrac{10 - 14}{2 - 1} < v(2) = f'(2) < \dfrac{7 - 10}{3 - 2}$

$\Rightarrow -4 < v(2) = f'(2) < -3$. 그러므로, 정답은 ⓑ이다.

정답　　ⓑ

Problem 9

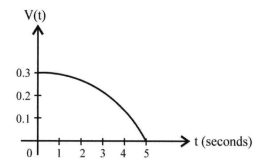

A particle moves along the y-axis. The above graph shows the velocity $v(t)$ of the particle for $0 \leq t \leq 5$, where t represents the time. At time $t=0$, the position of the particle is −3. Within the given time interval $0 \leq t \leq 5$, how many times does this particle visit position 0? (※ Assume that the graphs of the position and velocity are both differentiable.)

ⓐ 0

ⓑ Exactly one

ⓒ Exactly two

ⓓ At least one

Solution

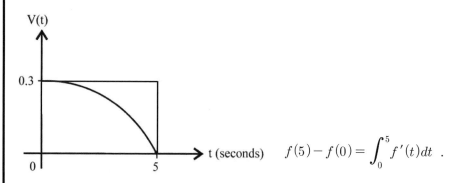

$$f(5) - f(0) = \int_0^5 f'(t)dt \ .$$

즉, $t=5$에서의 Position을 $P(5)$라고 할 때, $P(5) - P(0) = \int_0^5 v(t)dt$ 에서 $0 < \int_0^5 v(t)dt < 1.5$ 이 므로 $0 < P(5) - P(0) < 1.5$ 로부터 $-3 < P(5) < -1.5$ 이므로 $P(5) < 0$.
그러므로, Position이 0이 될 수 없다.

정답　　ⓐ

1.The acceleration of a car driving in a straight road is given in terms of time t by $a(t)=2$. If the velocity of the car is 8 at $t=0$ and if $p(t)$ is the distance of the car from the origin at time t, what is $p(5)-p(1)$?

2. A particle moving along a curve in the plane has position $(x(t), y(t))$ at time t, where $\frac{dx}{dt}=\cos(\frac{1}{2}t^2)$ and $\frac{dy}{dt}=e^t+4e^{-3t}$ for all real values of t. At time $t=0$, the particle is at the position $(3,4)$. Find the x-coordinate of the position of the particle at time $t=10$.

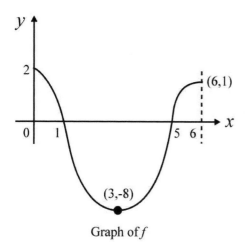

Graph of f

3. The graph of the function f shown above. Let g be the function given by

$$g(x) = \int_0^x f(t)dt.$$

(1) Find all values of x in the open interval $(0,6)$ at which the graph of g has a point of inflection. Give a reason for your answer.

(2) Find all values of x in the open interval $(0,6)$ at which g attains a relative maximum. Give a reason for your answer.

4. Julia makes beads with clay during the time interval $0 \le t \le 6$. There are 100 beads at $t=0$ and the rate Julia makes beads is

$$F(t) = \frac{9\sin^2(\frac{1}{2}t)}{\sqrt{t}} - \frac{1}{5} \text{ units per hour.}$$

(1) Is the number of beads increasing at $t=4$? Why or Why not?
(2) How many beads are at $t=6$ to the nearest whole number?
(3) What is the maximum numbers of beads for $0 \le t \le 6$ to the nearest whole number?

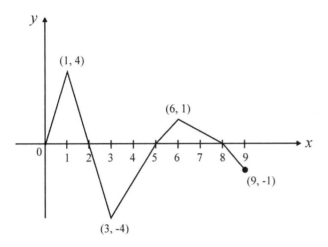

5. For $0 \leq x \leq 9$, the graph of f', the derivative of f, is piecewise linear as shown above. If $f(3) = 5$, what is the maximum value of f on the interval $[0,5]$?

t (hours)	0	1	4	5	8	10
$P(t)$ (people)	162	134	140	112	108	0

6. Movie tickets were on sale at 9AM ($t=0$) and were sold out within 10 hours. The number of people waiting in line to purchase tickets at time t is modeled by a twice-differentiable function P for $0 \leq t \leq 10$.

(1) Use the data in the table to estimate the rate at which the number of people waiting in line was changing at $t = 2.5$

(2) Use a trapezoidal sum with three subintervals to estimate the average number of people waiting in line during the first 5 hours that tickets were on sale.

t (Minute)	0	1	2	3	4	5
$S(t)$ (meters)	0	1	3	6	12	20

7. The table above gives the distance $S(t)$, in meters, that a particle has traveled at various time t, in minute, during 5 minute. The graph of the function S is differentiable, increasing, and concave up. Based on the information, which of the following could be the velocity of the particle in metes per minute, at time $t=3$?

ⓐ 2 　　ⓑ 3 　　ⓒ 4 　　ⓓ 6

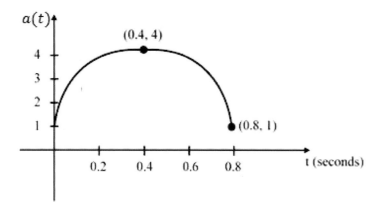

8. A particle moves along the x-axis so that its acceleration, $a(t)$, is given by the graph above for all values of t where $0 \le t \le 0.8$. At $t=0$, the velocity of the particle is -0.2. How many times does this particle change direction in $0 \le t \le 0.8$?
(※ The graphs of the velocity and acceleration are both differentiable.)

ⓐ 0

ⓑ Exactly one

ⓒ Exactly two

ⓓ More than twice

Exercise 8

1. 56

$$v(t) = \int 2dt = 2t + c \text{에서 } v(0) = 8 \text{이므로 } c = 8. \text{ 그러므로, } v(t) = f'(t) = 2t + 8$$

$$p(5) - p(1) = f(5) - f(1) = \int_1^5 f'(t)dt = \int_1^5 (2t+8)dt = [t^2 + 8t]_1^5 = 65 - 9 = 56$$

2. 3.86

$$\frac{dx}{dt} = f'(t) = v(t) = \cos(\frac{1}{2}t^2)$$

$$f(0) = 3 \text{이므로 } f(10) - f(0) = \int_0^{10} f'(t)dt \text{에서 } f(10) - f(0) = \int_0^{10} \cos(\frac{1}{2}t^2)dt \approx 0.86$$

그러므로, $f(10) = 3 + 0.86 = 3.86$

3. $g(x) = F(x) - F(0)$ 에서 $g'(x) = f(x)$

   (1) $x = 3$

   $g' = f$ changes from decreasing to increasing at $x = 3$

   (2) $x = 1$

   $g' = f$ changes from positive to negative at $x = 1$

4. $F(t)$를 $g'(t)$로 두고 풀도록 한다.

$$F(t) = g'(t) = \frac{9\sin^2(\frac{1}{2}t)}{\sqrt{t}} - \frac{1}{5}$$

   (1) Yes.

   $g'(4) \approx 3.52 > 0$

   (2) $g(6) - g(0) = \int_0^6 g'(t)dt$ 에서

   $g(6) = 100 + \int_0^6 g'(t)dt \approx 115.84$ 그러므로, 116개.

(3) ① g' graph를 calculator로 그려본다.

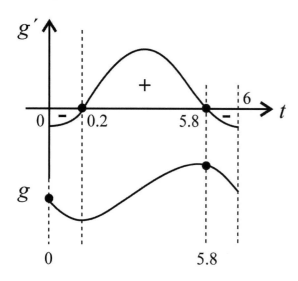

즉, $g(0)$ or $g(5.8)$이 Absolute maximum이 된다. 그러므로, $g(5.8) - g(0) = \int_0^{5.8} g'(t)dt \approx 15.86 > 0$

$\therefore g(5.8) > g(0)$

$\Rightarrow g(5.8) - g(0) = \int_0^{5.8} g'(t)dt$ 에서 $g(5.8) = 100 + \int_0^{5.8} g'(t)dt \approx 115.86$

5. 7

① f' graph로부터 f graph를 추정한다.

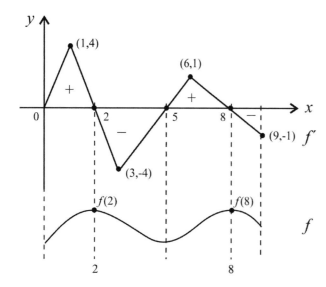

$\Rightarrow f(8) - f(2) = \int_{2}^{8} f'(x)dx < 0$ 에서

$f(8) < f(2)$이므로 Absolute Maximum은 $f(2)$

$\Rightarrow f(3) - f(2) = \int_{2}^{3} f'(x)dx$ 에서

$f(2) = f(3) - \int_{2}^{3} f'(x)dx = 5 - \frac{1}{2} \times 1 \times (-4) = 7$

그러므로, Absolute Maximum은 7

6.

(1) $p'(2.5) \approx \dfrac{140-134}{4-1} = \dfrac{6}{3} = 2$ people per hour

(2)

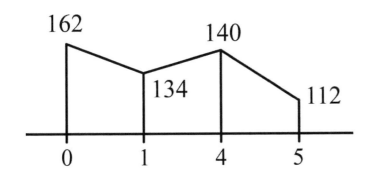

$T(3) = \dfrac{1}{2}(162+134) + \dfrac{1}{2}(134+140) \times 3 + \dfrac{1}{2}(140+112)$

$= 685$

7. ⓒ

$S(t) = f(t)$ Graph 는 Increasing이면서 Concave up 이어야 하므로

$f'(2.5) < f'(3) < f'(3.5)$ 를 만족해야 한다.

Mean Value Theorem을 이용하여 구하면

$f'(2.5) = \dfrac{6-3}{3-2} < f'(3) < f'(3.5) = \dfrac{12-6}{4-3}$

$\Rightarrow 3 < f'(3) < 6$

그러므로, 정답은 ⓒ

8.ⓑ

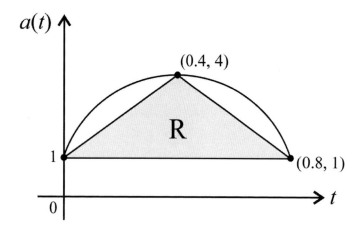

$t = 0$에서의 Velocity를 $v(0)$이라고 하면 $v(0) = -0.2$ 이고 $v(0.8) - v(0) = \int_0^{0.8} a(t)dt$ 이다.

$\int_0^{0.8} a(t)dt > 1.2$ 이므로 $v(0.8) = v(0) + \int_0^{0.8} a(t)dt$로부터 $v(0.8) > 0$이 된다.

$v(0) < 0$ 이고 $v(0.8) > 0$ 이므로 최소 한 번은 (At least one) Velocity의 부호(Sign)가 바뀐다.

또한 $0 \leq t \leq 0.8$일 때 항상 $a(t) > 0$이므로, $v(t)$는 이 구간에서 monotone increasing하므로 sign이 딱 1번만 변한다.

Series

Series

1. Series?

2. Convergence Test

3. Series의 계산

4. Power Series

5. Taylor Series and MacLaurin Series

6. Error Bound

┌─ 시작에 앞서서...

많은 학생들이 Series를 어렵다고 하는데 이는 생소하게 보이는 내용을 무조건 암기만 하려고 해서 그렇다. 물론 다른 단원에 비해서 암기할 부분이 많은 것이 사실이지만 필자가 설명하는 모든 것들을 꼼꼼히 봐 가면서 공부하기 바란다.

☞ 심선생 Math Series

1. Series?

"Series" 를 한 마디로 표현하자면 "수를 한없이 더해나가는 것" 이다. 다음을 보자.

- The Sum of the sequence
$$S_n = a_1 + a_2 + a_3 + \cdots + a_n$$

- Series
$$S = \underbrace{a_1 + a_2 + a_3 + \cdots + a_n}_{(S_n = \sum_{k=1}^{n} a_k)} + \underbrace{\cdots}_{\lim_{n \to \infty}}$$

즉, Series는 "The Sum of the Sequence" 에 lim만 추가시키면 된다. 그러므로, Series는 다음과 같이 표현할 수 있다. 암기할 필요는 없지만 이렇다는 것만 알아두자.

반드시 알아두자!

$$\lim_{n \to \infty} S_n = \lim_{n \to \infty} \sum_{k=1}^{n} a_k = \sum_{k=1}^{\infty} a_k = \sum a_k \cdots$$

다음은 여러 가지 수들을 나열한 후 한없이 더한 것들이다. 결과를 보도록 하자.

① $1 + 3 + 5 + 7 + 9 \cdots$ $\quad = \infty$ $\quad$ (Diverge)

② $1 - 1 - 3 - 5 - 7 - \cdots$ $\quad = -\infty$ $\quad$ (Diverge)

③ $1 + 2 + 4 + 8 + 16 + \cdots$ $\quad = \infty$ $\quad$ (Diverge)

④ $1 - 2 + 4 - 8 + 16 - \cdots$ $\quad = \infty$ $\quad$ (Diverge)

⑤ $1 + \dfrac{1}{2} + \dfrac{1}{4} + \dfrac{1}{8} + \dfrac{1}{16} + \cdots$ $\quad = C$ $\quad$ (Converge)

⑥ $1 - \dfrac{1}{3} + \dfrac{1}{9} - \dfrac{1}{27} + \dfrac{1}{81} - \cdots$ $\quad = C$ $\quad$ (Converge)

⑦ $-\dfrac{1}{\sqrt{2}} + \dfrac{1}{\sqrt{3}} - \dfrac{1}{\sqrt{4}} + \dfrac{1}{\sqrt{5}} - \dfrac{1}{\sqrt{6}} + \cdots$ $\quad = ?$ $\quad$ (Diverge? or Converge?)

⑧ $\dfrac{1}{3} + \dfrac{1}{5} + \dfrac{1}{7} + \dfrac{1}{9} + \dfrac{1}{11} + \cdots$ $\quad = ?$ $\quad$ (Diverge? or Converge?)

⑨ $\dfrac{1}{e} + \dfrac{2}{e^2} + \dfrac{3}{e^3} + \dfrac{4}{e^4} + \dfrac{5}{e^5} + \cdots$ $\quad = ?$ $\quad$ (Diverge? or Converge?)

위의 ①~⑨까지의 예제를 통해서 보듯이 …
- ①~②는 Arithmetic Series
  ⇒ Arithmetic Series는 계산해봐야 ±∞로 뻔하다. (Diverge)

- ③~⑥는 Geometric Series
  ⇒ Geometric Series는 한없이 더하면 결과가 여러 가지!!
  ⇒ ⑤, ⑥번이 Converge하는 경우인데 이때의 Ratio가 ⑤는 $\frac{1}{2}$, ⑥은 $-\frac{1}{3}$, 즉, Ratio가
  $-1 < r < 1$이면 Geometric Series는 한없이 더했을 때 Converge!
  ⇒ ⑦~⑨은 Arithmetic Series도 Geometric Series도 아니다.
  ⇒ Converge인지 Diverge인지 알 수가 없다.

∞는 "너무 커서 알 수 없는 수"이고 $-\infty$는 "너무 작아서 알 수 없는 수"이다. 이처럼 결과가 너무 작거나 커서 알 수가 없는 상태를 "Diverge"라고 하고 어떤 수에 비슷한 값이 나올 때를 "Converge"라고 한다.

여러분들한테 어떤 수를 한없이 더하라고 할 때 결과가 "Diverge"라면 계산을 할 수 있을까?

필자라면 그 시간에 딴 짓을 할 것이다. 다행히도 Arithmetic Series는 계산해봐야 결과가 $\pm\infty$로 "Diverge"한다는 것을 알 수 있으므로 계산할 필요가 없고 Geometric Series의 경우에도 Ratio가 $-1 < r < 1$일 때 빼고서는 계산할 필요가 없다.

이처럼 Arithmetic Series나 Geometric Series의 경우에는 계산을 해야 할지 말아야 할지 바로 알 수가 있지만 앞의 ①~⑨까지의 예제에서 ⑦~⑨처럼 Arithmetic Series도 Geometric Series도 아닌 경우에는 계산할 필요가 있는지 없는지를 알 수가 없게 된다.

그래서, 우리는 Series를 계산하기에 앞서서 "Convergence Test"를 하게 된다.

Test 결과 "Diverge"이면 계산할 필요가 없고 "Converge"이면 계산할 필요가 있게 된다.

AP Calculus 과정에서는 Arithmetic Series도 Geometric Series도 아닌 경우에는 "Diverge"인지 "Converge"인지 판정하는 Test만 다룬다.

Geometric Series

$S = \lim_{n \to \infty} S_n = \lim_{n \to \infty} \frac{a(1-r^n)}{1-r}$ 에서 $-1 < r < 1$인 경우 $\lim_{n \to \infty} r^n = 0$ 이므로 $S = \frac{a}{1-r}$ 의 공식이 성립한다.

반드시 암기하자!

Ratio가 $-1 < r < 1$ 일 때, Geometric Series 계산하면 $S = \frac{a}{1-r}$ (a:Initial Value, r:Ratio)

다음의 예제들을 보자.

(EX 1) Find the sum of the series $2 + 1 + \dfrac{1}{2} + \dfrac{1}{4} + \cdots$

Solution

Ratio가 $\dfrac{1}{2}$ 이고 $a = 2$ 이므로 공식에 대입하면 $S = \dfrac{2}{1 - \dfrac{1}{2}} = 4$

정답　　4

(EX 2) Find the sum of the series $1 + 4 + 7 + 10 + 13 \cdots$

Solution

Arithmetic Series를 계산해봐야 결과는 $\pm \infty$ 중 하나이다.
$1 + 4 + 7 + 10 + 13 + \cdots + = \infty$ 이므로 Diverge

정답　　Diverge

(EX 3) Find the sum of the series $2 + \dfrac{3}{5} + \dfrac{4}{10} + \dfrac{5}{17} + \cdots$

Solution

Arithmetic Series도 Geometric Series도 아니다. 즉, 계산 결과를 알 수가 없다.
Convergence Test가 필요하다.

정답　　계산 결과를 알 수가 없다. Convergence Test가 필요하다.

어느 수들을 한없이 더해나가는 문제를 보면 …

① Arithmetic Series인지, Geometric Series인지 검토해보고…

② Geometric Series인 경우에는 Ratio가 $-1 < r < 1$인 경우에는 "Converge" 하면서

$S = \dfrac{a}{1-r}$ 로 그 결과도 바로 알 수 있지만, 그렇지 않을 경우는 "Diverge" 한다.

③ Arithmetic Series도 Geometric Series도 아닌 경우에는 다음 단원에서 설명하는 Convergence Test를 하여야 한다.

2. Convergence Test

1. The nth Term Test (The Diverge Test)

2. The Integral Test

3. The P-series Test

4. The Basic Comparison Test

5. The Limit Comparison Test

6. The Ratio Test

7. The Root Test

8. The Alternating Series

9. Absolute and Conditional Convergence

시작에 앞서서...

어느 수들을 한 없이 더해 나가는데 그 나열되어 있는 수들이 Arithmetic Series도 Geometric Series도 아니었다면 위에 나열된 9가지 Convergence Test를 하여 계산을 할지 안할지 결정하여야 한다.

위에 소개되어 있는 9가지 Convergence Test들은 한없이 더해나가는 Series와 계산 결과가 같은 것이 아니라 "Diverge", "Converge" 여부만 일치하는 것이다. 즉, Convergence Test의 결과가 Series의 결과와 같은 것이 아니다. 많은 학생들이 이 부분을 헷갈려한다.

즉, "이렇게 해보니까 Series의 값은 정확히 모르겠지만 Diverge인지 Converge인지는 일치하더라." 이렇게 말할 수 있다. 조금 미안한 말을 하자면 위의 9가지 Convergence Test들은 필자가 소개하는 모양과 풀이 방법을 구구단 외우듯이 암기해야 한다.

1. The nth Term Test

$$-\begin{array}{l} S_n = a_1 + a_2 + a_3 + \cdots + a_{n-1} + a_n \\ \underline{S_{n-1} = a_1 + a_2 + a_3 + \cdots + a_{n-1}} \\ S_n - S_{n-1} = \qquad\qquad a_n \end{array}$$

즉, $S_n - S_{n-1} = a_n$ 인데 양변에 $\lim\limits_{n\to\infty}$을 붙이면 $\lim\limits_{n\to\infty} S_n - \lim\limits_{n\to\infty} S_{n-1} = \lim\limits_{n\to\infty} a_n$ 에서 만약 $\lim\limits_{n\to\infty} S_n$가 어떤 값 C로 "Converge" 한다면 $\lim\limits_{n\to\infty} S_n = C$ (Constant)라고 할 수 있고 $\lim\limits_{n\to\infty} S_{n-1} = C$ 라고 할 수 있을 것이다.

예를 들어, $\lim\limits_{n\to\infty} S_n = 5$ 라고 한다면

$\lim\limits_{n\to\infty} S_{n-1} = a_1 + a_2 + a_3 + \cdots + a_{n-1} + \cdots$ 도 대략 5정도 된다고 보는 것이다.

즉, $\lim\limits_{n\to\infty} S_n$ 이 어떤 값 C 로 Converge하면 $\lim\limits_{n\to\infty} S_n = C$ 라고 할 수 있고 $\lim\limits_{n\to\infty} S_{n-1}$ 도 C 라고 할 수 있으므로 $\lim\limits_{n\to\infty} S_n (=C) - \lim\limits_{n\to\infty} S_{n-1} (=C) = \lim\limits_{n\to\infty} a_n (=0)$

⇒ 그러므로

$$\boxed{\lim\limits_{n\to\infty} S_n}$$ 이 Converge하면 $\lim\limits_{n\to\infty} a_n = 0$ 이다.

$$= \boxed{\lim\limits_{n\to\infty} \sum_{k=1}^{n} a_k = \sum a_n = \sum_{n=1}^{\infty} a_n}$$

즉, If $\sum a_n$ converge, then $\lim\limits_{n\to\infty} a_n = 0$.

Contraposition(대우)은 참, 거짓이 일치한다.

Contraposition:

(p이면 q이다 $\Rightarrow$ q가 아니면 p가 아니다.) $\Leftrightarrow$ ($p \to q \Rightarrow \sim q \to \sim p$)

앞의 문장을 다시 써보면, If $\sum\limits_{n=1}^{\infty} a_n$ converge, then $\lim\limits_{n \to \infty} a_n = 0$ 이 되고 Contraposition은 다음과 같다.

반드시 암기하자!

$$\text{If } \lim_{n \to \infty} a_n \neq 0, \text{ then } \sum_{n=1}^{\infty} a_n \text{ diverges.}$$

요것이 바로 The nth Term Test! 반드시 암기하여야 한다.

다음을 보자.

$\sum\limits_{n=1}^{\infty} a_n$ 에서 $\lim\limits_{n \to \infty} a_n \neq 0$ 이면 $\sum\limits_{n=1}^{\infty} a_n$은 Diverge이다!

$\lim\limits_{n \to \infty} a_n = 0$ 이면 $\sum\limits_{n=1}^{\infty} a_n$은 Diverge인지 Converge인지 모른다.

즉, 다음에 소개되는 2th. ~ 8th. 의 Convergence Test들은 Test들을 해보기에 앞서 The nth Term Test를 해봐서 $\lim\limits_{n \to \infty} a_n \neq 0$ 인 경우는 굳이 Test를 할 필요 없이 "Diverge" 이지만 $\lim\limits_{n \to \infty} a_n = 0$ 인 경우는 각각의 형태에 맞는 Test를 하여야 한다.

(EX 1) Does $\displaystyle\sum_{n=1}^{\infty} \frac{3n}{2n+1}$ converge or diverge?

Solution

$$\lim_{n\to\infty} \frac{3n}{2n+1} = \frac{3}{2} \neq 0 \quad \text{이므로 Diverge!}$$

정답 　　　 Diverge

(EX 2) Does $\displaystyle\sum_{n=1}^{\infty} \frac{n}{n^2+1}$ converge or diverge?

Solution

$\displaystyle\lim_{n\to\infty} \frac{n}{n^2+1} = 0$ 이므로 알 수 없다. 즉, The nth Term Test으로는 알 수 없고, 이 형태에 맞는 Convergence Test를 하여야 한다.

정답 　　 알 수 없다.

(EX 3) Does $\displaystyle\sum_{n=1}^{\infty} \frac{n+1}{e^{2n}}$ converge or diverge?

Solution

$\displaystyle\lim_{n\to\infty} \frac{(n+1)'}{(e^{2n})'} \Rightarrow \lim_{n\to\infty} \frac{1}{2\cdot e^{2n}} = \frac{1}{\infty} = 0$　(L'Hopital's Rule)이므로 알 수 없다.

즉, The nth Term Test으로는 알 수 없고, 이 형태에 맞는 Convergence Test를 하여야 한다.

정답 　　 알 수 없다.

2. The Integral Test

If f is positive, continuous, and decreasing for $x \geq 1$, and $a_n = f(n)$, then :

$$\sum_{n=1}^{\infty} a_n \text{ and } \int_1^{\infty} f(x)dx \text{ Either both converge or both diverge.}$$

Integral Test를 하는 경우

 반드시 암기하자!

① 모양

$$: \sum_{n=1}^{\infty} \frac{1}{\sqrt{n}}, \ \sum_{n=1}^{\infty} \frac{1}{n^2}, \ \sum_{n=1}^{\infty} \frac{1}{n}, \ \sum_{n=1}^{\infty} \frac{1}{n^2} \cdot \cos\frac{\pi}{n}, \ \sum_{n=1}^{\infty} \frac{1}{n+1}$$

$$\sum_{n=1}^{\infty} \frac{2n}{n^2+1} \quad (n^2+1 \text{은 } 2n \text{과 U-Substitution}) \ \cdots \ \text{등} \cdots$$

Integration 단원에서 계산했던 형태이거나
분모(Denominator)가 $\sqrt{n}$, n, n^2 $\cdots$ 일 때 $\cdots$

② 계산법 :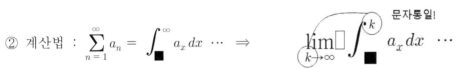

a_n이 정의되는 범위에서는 아무 숫자나 와도 된다. 1이든 10이든 100이든 $\cdots$ 맘대로!

(예를 들어, a_n이 $\frac{1}{n}$ 일 때 $\int_{\blacksquare}^{\infty}$ 에서 $\blacksquare$은 0이 아닌 a_n이 정의되는 Domain의 아무 수나 와도 된다.)

어차피 Converge, Diverge만 일치하면 되는 것이므로

이 계산 결과가 $\sum_{n=1}^{\infty} a_n$ 의 값이 아니고 Converge, Diverge 여부만 일치한다.

$\left(\textbf{EX 1}\right)$ Does $\displaystyle\sum_{n=1}^{\infty} \frac{1}{n}$ converge or diverge?

Solution

Integral Test를 해야 하는 경우의 문제이다.

$$\sum_{n=1}^{\infty} \frac{1}{n} \Rightarrow \int_{1}^{\infty} \frac{1}{x}\, dx$$

(굳이 1을 쓰지 않더라도 아무 숫자 마음대로! (단, 0보다 작거나 같으면 안 된다.))

$$= \lim_{k\to\infty} \int_{1}^{k} \frac{1}{x}\, dx = \lim_{k\to\infty} [\ln x]_{1}^{k} = \lim_{k\to\infty} [\ln k - \ln 1] = \lim_{k\to\infty} \ln k = \infty \quad \text{이므로 Diverge}$$

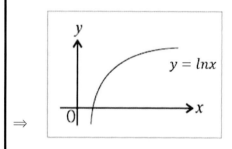

$\Rightarrow$

정답　　　Diverge

$\left(\textbf{EX 2}\right)$ Does $\displaystyle\sum_{n=1}^{\infty} \frac{1}{\sqrt{n}}$ converge or diverge?

Solution

Integral Test를 해야 하는 경우의 문제이다.

$$\sum_{n=1}^{\infty} \frac{1}{\sqrt{n}} \Rightarrow \int_{1}^{\infty} \frac{1}{\sqrt{x}}\, dx$$

(굳이 1을 쓰지 않더라도 아무 숫자 마음대로! (단, 0보다 작거나 같으면 안 된다.))

$$= \lim_{k\to\infty} \int_{1}^{k} x^{-\frac{1}{2}}\, dx = \lim_{k\to\infty} [2\sqrt{x}]_{1}^{k} = \lim_{k\to\infty} [2\sqrt{k} - 2] = \infty \quad \text{이므로 Diverge}$$

정답　　　Diverge

(EX 3) Does $\displaystyle\sum_{n=1}^{\infty}\frac{1}{n^2}$ converge or diverge?

Solution

Integral Test를 해야 하는 경우의 문제이다.

$$\sum_{n=1}^{\infty}\frac{1}{n^2} \Rightarrow \int_{1}^{\infty}\frac{1}{x^2}dx$$

(굳이 1을 쓰지 않더라도 아무 숫자 마음대로! (단, 0은 안 된다.))

$$= \lim_{k\to\infty}\int_{1}^{k}x^{-2}dx = \lim_{k\to\infty}[-\frac{1}{x}]_{1}^{k} = \lim_{k\to\infty}[-\frac{1}{k}+1] = 1 \quad \text{이므로 Converge}$$

정답   Converge

(EX 4) Does $\displaystyle\sum_{n=1}^{\infty}\frac{1}{2n^2}\cdot\sin\frac{3\pi}{n}$ converge or diverge?

Solution

Integral Test를 해야 하는 경우의 문제이다.

$$\sum_{n=1}^{\infty}\frac{1}{2n^2}\cdot\sin\frac{3\pi}{n} \Rightarrow \lim_{k\to\infty}\int_{1}^{k}\frac{1}{2x^2}\cdot\sin\frac{3\pi}{x}dx\,(\frac{3\pi}{x} \quad \text{와} \quad \frac{1}{2x^2}\text{은 U-Substitution)에서}$$

$\dfrac{3\pi}{x}=u$ 라고 치환(Substitution)하고 양변을 x에 대해서 미분(Differentiation)하면

$-\dfrac{3\pi}{x^2}=\dfrac{du}{dx}$ 이므로 $dx=-\dfrac{x^2}{3\pi}du$.

$$\lim_{k\to\infty}\int_{3\pi}^{\frac{3\pi}{k}}\frac{1}{2x^2}\cdot\sin u\cdot(-\frac{x^2}{3\pi})du = \frac{1}{6\pi}\lim_{k\to\infty}\int_{\frac{3\pi}{k}}^{3\pi}\sin u\,du \quad \text{에서}$$

$$\frac{1}{6\pi}\lim_{k\to\infty}[-\cos u]_{\frac{3\pi}{k}}^{3\pi} = \frac{1}{6\pi}\lim_{k\to\infty}[1+\cos\frac{3\pi}{k}] = \frac{1}{6\pi}\cdot 2 = \frac{1}{3\pi} \quad \text{이므로 Converge!!}$$

정답   Converge

$\left(\textbf{EX 5}\right)$ Does $\displaystyle\sum_{n=1}^{\infty} \frac{\ln n}{n}$ converge or diverge?

Solution

Integral Test를 해야 하는 경우의 문제이다.

$\displaystyle\int_{1}^{\infty} \frac{\ln x}{x}\, dx$ 에서 $\displaystyle\lim_{k\to\infty}\int_{1}^{k} \frac{1}{x}\cdot \ln x\, dx$ (여기서 $\frac{1}{x}$와 $\ln x$는 U-Substitution)이다.

$\ln x = u$라고 하고 양변을 x에 대해서 미분(Differentiation)하면 $\dfrac{1}{x} = \dfrac{du}{dx}$ 에서 $dx = x\,du$ 이므로

$\displaystyle\lim_{k\to\infty}\int_{0}^{\ln k} \frac{1}{x}\cdot u \cdot x\,du$

$\displaystyle\lim_{k\to\infty}\int_{0}^{\ln k} u\,du = \lim_{k\to\infty}\left[\frac{1}{2}u^2\right]_{0}^{\ln k} = \lim_{k\to\infty}\left[\frac{1}{2}(\ln k)^2\right] = \infty$ 이므로 Diverge

정답　　　Diverge

※ (Ex1)~(EX5) 모두 "The nth term Test" 에 의해 $\displaystyle\lim_{n\to\infty} a_n = 0$ 이기 때문에 모두 Integral Test로 풀었다.

3. The P-series Test

"2. The Integral Test" 에서 (EX1)~(EX3)까지 보면

(EX1) $\displaystyle\sum_{n=1}^{\infty}\frac{1}{n} \Rightarrow$ Diverge   (EX2) $\displaystyle\sum_{n=1}^{\infty}\frac{1}{\sqrt{n}} \Rightarrow$ Diverge   (EX3) $\displaystyle\sum_{n=1}^{\infty}\frac{1}{n^2} \Rightarrow$ Converge

즉, "Integral Test" 에서 $\displaystyle\sum_{n=1}^{\infty}\frac{1}{n^p}$ 의 모양은 굳이 계산하지 않아도 바로 결과를 알 수가 있다.

다음을 암기하자!

 반드시 암기하자!

$$\sum_{n=1}^{\infty}\frac{1}{n^p} \text{ 은 } \cdots \text{ ①} P \leqq 1 \text{ 이면 Diverge ②} P > 1 \text{ 이면 Converge}$$

Shim's Tip

위의 암기사항은 반드시 알아야 하지만 대부분의 학생들은 잊어버리거나
위에 나오는 **Ratio Test**와 햇갈려 한다. 다음의 그림이 도움이 되기를 바라면서...^_^m

① 땅에 떨어진 돈이 1 Penny 이거나
   1Penny 가 인되면 사람들은 다른 사람 보기에
   창피해서 가던 길을 그냥 멀리 간다 (Diverge)

② 땅에 떨어진 돈이 1Penny가 넘으면 (예를 들어. $100 정도)
   사람들은 창피함을 무릅쓰고 땅에 떨어진 돈으로 몰려든다(Converge)

(EX 1) Determine whether the series $\sum\limits_{n=1}^{\infty} \dfrac{1}{n^3}$ converges or diverges?

Solution

$\sum\limits_{n=1}^{\infty} \dfrac{1}{n^p}$ 의 모양이고 $P = 3 > 1$ 이므로 Converge!

정답　　Converge

(EX 2) Determine whether the series $\sum\limits_{n=1}^{\infty} \dfrac{2}{3\sqrt[3]{n}}$ converges or diverges?

Solution

$\sum\limits_{n=1}^{\infty} \dfrac{1}{n^p}$ 의 모양이다. $\sum\limits_{n=1}^{\infty} \dfrac{2}{3\sqrt[3]{n}} = \dfrac{2}{3} \sum\limits_{n=1}^{\infty} \dfrac{1}{n^{\frac{1}{3}}}$ 에서 $P = \dfrac{1}{3} < 1$ 이므로 Diverge!

정답　　Diverge

4. The Basic Comparison Test

Let $0 \leq a_n \leq b_n$

1) If $\displaystyle\sum_{n=1}^{\infty} b_n$ converges, then $\displaystyle\sum_{n=1}^{\infty} a_n$ converges.

2) If $\displaystyle\sum_{n=1}^{\infty} a_n$ diverges, then $\displaystyle\sum_{n=1}^{\infty} b_n$ diverges.

① 작은 것이 Diverge 하면 당연히 큰 것도 Diverge 하고
② 큰 것이 Converge 하면 당연히 작은 것도 Converge …!

음 … 이것이 무슨 말인지는 … 다음의 예제를 보도록 하자.

Shim's Tip

The Basic Comparison Test.

위의 두 문장은 다음과 같이 이해를 해 보자! 계란에는 흰자와 노른자가 있다.
다음 두개의 계란을 보자

①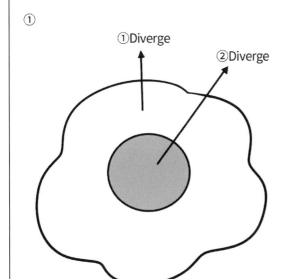

②Diverge

②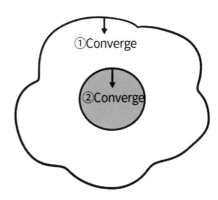

작은 것(노른자)이 부불어 오르면(Diverge)
큰 것(흰자)도 부풀어 오른다.(Diverge)

※ 그럼 작은 것(노른자)이 수축(Converge)하면
   큰 것(흰자)는 어떻게 될지 알 수 없다!

⇒ 이때는 뒤에 나오는 LImit Comparison Test를
   사용!

큰 것(흰자)이 수축하면(Converge)
작은 것(노른자)도 수축한다.(Converge)

※ 그럼 큰 것(흰자)이 부풀어 오르면(Diverge)?
   작은 것(노른자)은 어떻게 될지 알 수 없다!

⇒ 이때는 뒤에 나오는 Limit Comparison Test를
   사용

$\left(\textbf{EX 1}\right)$ Does $\displaystyle\sum_{n=1}^{\infty} \frac{1}{n^2+1}$ converge or diverge?

Solution

3. The P-series Test에서 $\displaystyle\sum_{n=1}^{\infty}\frac{1}{n^2}$은 Converge한다는 사실을 바로 알 수 있다.

Convergence Test에 의해 $\dfrac{1}{n^2} > \dfrac{1}{n^2+1}$ 이므로 즉, $\displaystyle\sum_{n=1}^{\infty}\frac{1}{n^2+1}$ 보다 더 큰 $\displaystyle\sum_{n=1}^{\infty}\frac{1}{n^2}$이 Converge 하

므로 $\displaystyle\sum_{n=1}^{\infty}\frac{1}{n^2+1}$은 당연히 Converge!

정답   Converge

$\left(\textbf{EX 2}\right)$ Does $1+\dfrac{1}{\sqrt{3}}+\dfrac{1}{\sqrt{5}}+\dfrac{1}{\sqrt{7}}+\cdots$ converge or diverge?

Solution

$1+\dfrac{1}{\sqrt{3}}+\dfrac{1}{\sqrt{5}}+\dfrac{1}{\sqrt{7}}+\cdots = \dfrac{1}{\sqrt{1}}+\dfrac{1}{\sqrt{3}}+\dfrac{1}{\sqrt{5}}+\dfrac{1}{\sqrt{7}}+\cdots = \displaystyle\sum_{n=1}^{\infty}\frac{1}{\sqrt{2n-1}}$

(※ 1, 3, 5, 7 ⋯ 은 Arithmetic Sequence이므로 $a_n = a+(n-1)d$ 공식에 대입하면 $a=1$이고
Difference $d=2$ 이므로 $a_n = 1+(n-1)\cdot 2 = 2n-1$)

The P-series Test에서 $\displaystyle\sum_{n=1}^{\infty}\frac{1}{\sqrt{2n}} = \displaystyle\sum_{n=1}^{\infty}\frac{1}{\sqrt{2}}\cdot\frac{1}{\sqrt{n}} = \frac{1}{\sqrt{2}}\cdot\displaystyle\sum_{n=1}^{\infty}\frac{1}{n^{\frac{1}{2}}}$ 에서 Diverge한다는 사실

을 바로 알 수 있다.

Convergence Test에 의해 $\dfrac{1}{\sqrt{2n}} < \dfrac{1}{\sqrt{2n-1}}$ 이므로 즉, $\displaystyle\sum_{n=1}^{\infty}\frac{1}{\sqrt{2n-1}}$ 보다 더 작은 $\displaystyle\sum_{n=1}^{\infty}\frac{1}{\sqrt{2n}}$

이 Diverge 하므로 $\displaystyle\sum_{n=1}^{\infty}\frac{1}{\sqrt{2n-1}}$은 당연히 diverge.

정답   Diverge

5. The Limit Comparison Test

Suppose that $a_n > 0$, $b_n > 0$ and $\lim\limits_{n \to \infty} \left(\dfrac{a_n}{b_n} \right) = L$ where L is finite and positive.

Then the two series $\sum a_n$ and $\sum b_n$ either both converge or diverge.

다음과 같이 알아두자.

앞의 4. The Basic Comparison Test를 사용하기에 애매한 경우에는 The Limit Comparison Test를 이용한다.

다음과 같이 해보자.

예를 들어, $\sum\limits_{n=1}^{\infty} \dfrac{\sqrt{n}}{n^2+2}$ 이 Converge 하는지 Diverge 하는지 조사한다고 하면, p-series에 의해

$\sum\limits_{n=1}^{\infty} \dfrac{\sqrt{n}}{n^2} \Rightarrow \sum\limits_{n=1}^{\infty} \dfrac{1}{n^{\frac{3}{2}}}$ 에서 Converge 한다는 것을 알 수 있다.

$\sum\limits_{n=1}^{\infty} \dfrac{1}{n^{\frac{3}{2}}}$ 이 Converge 한다는 사실을 알았다면 다음의 ①②③ 순서대로 따라 해보자.

① $\sum\limits_{n=1}^{\infty} \dfrac{\sqrt{n}}{n^2+2} \times (\blacksquare)$: $\blacksquare$ 는 $\dfrac{1}{n^{\frac{3}{2}}}$ 의 역수 (Reciprocal)

$\Downarrow$

② $\lim\limits_{n \to \infty} \dfrac{n^2}{n^2+2} = 1$: "1" is Finite and Positive!

$\Downarrow$

③ $\sum \dfrac{\sqrt{n}}{n^2}$ 이 Converge하고 결과가 1로 (Finite and Positive) 나왔으므로 $\sum\limits_{n=1}^{\infty} \dfrac{\sqrt{n}}{n^2+2}$ 도 Converge!

Shim's Tip

다음과 같이 따라해 보자!

- $\displaystyle\sum_{n=1}^{\infty} \frac{1}{2n^2 + n + 2}$ $\Rightarrow \displaystyle\sum_{n=1}^{\infty} \frac{1}{n^2}$ (Converge) $\Rightarrow \dfrac{1}{n^2}$ 의 역수(Reciprocal)를 곱!

  $\Rightarrow \displaystyle\lim_{n \to \infty} \frac{n^2}{2n^2 + n + 2} = \frac{1}{2}$

  $\Rightarrow$ Finite and Positive

  $\Rightarrow$ Converge!

- $\displaystyle\sum_{n=1}^{\infty} \frac{n^2 - 1}{3n^5 + n^2}$ $\Rightarrow \displaystyle\sum_{n=1}^{\infty} \frac{n^2}{n^5} \Rightarrow \displaystyle\sum_{n=1}^{\infty} \frac{1}{n^3}$ (Converge) $\Rightarrow \dfrac{1}{n^3}$ 의 역수(Reciprocal)를 곱!

  $\Rightarrow \displaystyle\lim_{n \to \infty} \frac{n^5 - n^3}{3n^5 + n^2} = \frac{1}{3}$

  $\Rightarrow$ Finite and Positive

  $\Rightarrow$ Converge!

- $\displaystyle\sum_{n=1}^{\infty} \frac{ne^n}{3n^4 + 1}$ $\Rightarrow \displaystyle\sum_{n=1}^{\infty} \frac{ne^n}{3n^4} \Rightarrow \frac{1}{3} \displaystyle\sum_{n=1}^{\infty} \frac{e^n}{n^3}$ (Diverge) (※ L'Hopital's Rule 적용!)

  $\Rightarrow \dfrac{e^n}{n^3}$ 의 역수(Reciprocal)를 곱!

  $\Rightarrow \displaystyle\lim_{n \to \infty} \frac{ne^n}{3n^4 + 1} \times \frac{n^3}{e^n}$

  $\Rightarrow \displaystyle\lim_{n \to \infty} \frac{n^4}{3n^4 + 1} = \frac{1}{3}$

  $\Rightarrow$ Finite and Positive

  $\Rightarrow$ Diverge!

$\left(\textbf{EX 1}\right)$ Does $\displaystyle\sum_{n=1}^{\infty}\frac{1}{3n+2}$ converge or diverge?

Solution

① Basic Comparison Test를 사용해 본다.

$n \geq 1$일 때, $\dfrac{1}{6n} < \dfrac{1}{3n+2}$ 이고 $\displaystyle\sum_{n=1}^{\infty}\frac{1}{6n}$ 는 P-series test에 의해 diverge이므로 $\displaystyle\sum_{n=1}^{\infty}\frac{1}{3n+2}$ 도 diverge이다.

② Integral Test로 가능하다.

③ Limit Comparison Test를 사용한다.

$\displaystyle\sum \frac{1}{n}$ 이 p-series에 의해 Diverge 하므로 $\dfrac{1}{n}$ 의 역수(Reciprocal)를 곱하면,

$\displaystyle\lim_{n\to\infty}\frac{1}{3n+2}\times n \Rightarrow \lim_{n\to\infty}\frac{n}{3n+2} = \frac{1}{3} \Rightarrow$ Finite and Positive $\Rightarrow$ Diverge

정답　　　Diverge

(**EX 2**) Does $\displaystyle\sum_{n=1}^{\infty} \frac{n}{n^2-1}$ converge or diverge?

Solution

Limit Comparison Test를 사용!

$\displaystyle\sum_{n=1}^{\infty} \frac{n}{n^2} = \sum_{n=1}^{\infty} \frac{1}{n}$ 은 Diverge!

$\displaystyle\lim_{n\to\infty} \frac{n}{n^2-1} \times n = 1$ 이고 1은 Positive and Finite!

그러므로 $\displaystyle\sum_{n=1}^{\infty} \frac{n}{n^2-1}$ 은 Diverge

정답   Diverge

6. The Ratio Test

Let $\sum_{n=1}^{\infty} a_n$ be a series where all of the terms are positive, and suppose that $\lim_{n \to \infty} \dfrac{a_{n+1}}{a_n} = \alpha$ then :

1) If $\alpha < 1$, the series converges.

2) If $\alpha > 1$, the series diverges.

3) If $\alpha = 1$, the test provides insufficient information and the series might converge or diverge.

Ratio Test를 하는 경우

반드시 암기하자!

$\sum_{n=1}^{\infty} a_n$ 에서

① $\lim_{n \to \infty} \dfrac{a_{n+1}}{a_n} = \alpha$

$\alpha < 1$: Converge

$\alpha > 1$: Diverge

$\alpha = 1$: 다른 Test를 해야 함 (Fail)

② 모양 : a_n이 ( )^n, $n!$, 3^n, $\ln n$ … 일 때 Ratio Test 사용!

다음과 같이 암기해보자.

위의 암기 사항을 필자는 수업시간에 다음과 같이 암기 시킨다

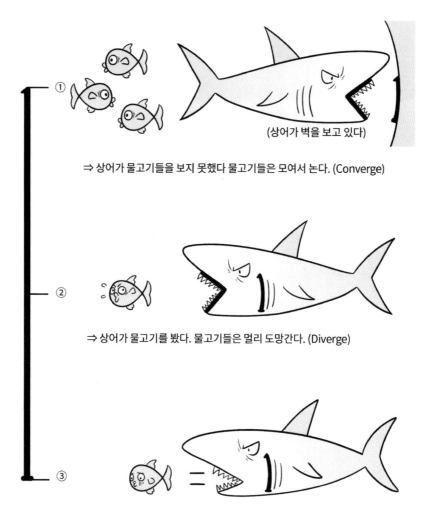

① (상어가 벽을 보고 있다)

⇒ 상어가 물고기들을 보지 못했다 물고기들은 모여서 논다. (Converge)

② ⇒ 상어가 물고기를 봤다. 물고기들은 멀리 도망간다. (Diverge)

③ ⇒ 상어가 물고기를 잡았다. 물고기 인생이 끝났다. 즉, 인생실패(Fail)

다소 유치한 감이 있기는 하지만 한 번에 암기 시키고 싶어서 많이 고민했던 부분이다. 암기에 꼭 도움이 되시길...^_^m

$\left(\textbf{EX 1}\right)$ Does $\displaystyle\sum_{n=1}^{\infty} \frac{n^2}{3^n}$ converge or diverge?

Solution

Ratio Test를 해야 하는 경우의 문제이다.

$\displaystyle\sum_{n=1}^{\infty} \frac{n^2}{3^n}$ 에서 $a_n = \dfrac{n^2}{3^n}$ 이므로 $a_{n+1} = \dfrac{(n+1)^2}{3^{n+1}}$ 에서

$$\lim_{n\to\infty} \frac{\dfrac{(n+1)^2}{3^{n+1}}}{\dfrac{n^2}{3^n}} = \lim_{n\to\infty} \frac{3^n \cdot (n+1)^2}{3^{n+1} \cdot n^2} = \lim_{n\to\infty} \frac{3^n \cdot (n+1)^2}{3^n \cdot 3 \cdot n^2} = \frac{1}{3} < 1 \text{ 이므로 Converge!}$$

※ 여기에서 $\dfrac{1}{3}$ 은 $\displaystyle\sum_{n=1}^{\infty} \frac{n^2}{3^n}$의 계산 결과가 아니라는 사실!

$\dfrac{1}{3}$ 은 $\displaystyle\sum_{n=1}^{\infty} \frac{n^2}{3^n}$이 Converge하는지 Diverge하는지만 알게 해주는

수이다. The nth Term Test에 의해 $\displaystyle\lim_{n\to\infty} \frac{n^2}{3^n} = 0$ 이므로

Convergence Test가 필요!

정답   Converge

$\left(\textbf{EX 2}\right)$ Does $\displaystyle\sum_{n=1}^{\infty} \frac{n^3}{e^n}$ converge or diverge?

Solution

Ratio Test를 해야 하는 경우의 문제이다.

$\displaystyle\sum_{n=1}^{\infty} \frac{n^3}{e^n}$ 에서 $a_n = \dfrac{n^3}{e^n}$ 이므로 $a_{n+1} = \dfrac{(n+1)^3}{e^{n+1}}$ 에서

$$\lim_{n\to\infty} \frac{\dfrac{(n+1)^3}{e^{n+1}}}{\dfrac{n^3}{e^n}} = \lim_{n\to\infty} \frac{e^n \cdot (n+1)^3}{e^{n+1} \cdot n^3} = \lim_{n\to\infty} \frac{e^n \cdot (n+1)^3}{e^n \cdot e \cdot n^3} = \frac{1}{e} < 1 \quad \text{이므로 Converge!}$$

The nth Term Test에 의해 $\displaystyle\lim_{n\to\infty} \frac{n^3}{e^n} = 0$ 이므로 Convergence Test가 필요!

정답   Converge

(EX 3) Does $\displaystyle\sum_{n=1}^{\infty} \frac{n!}{n^3}$ converge or diverge?

Solution

Ratio Test를 해야 하는 경우의 문제이다.

$\displaystyle\sum_{n=1}^{\infty} \frac{n!}{n^3}$ 에서 $a_n = \dfrac{n!}{n^3}$ 이므로 $a_{n+1} = \dfrac{(n+1)!}{(n+1)^3}$ 에서

$\displaystyle\lim_{n\to\infty} \frac{\dfrac{(n+1)!}{(n+1)^3}}{\dfrac{n!}{n^3}} = \lim_{n\to\infty} \frac{(n+1)! \cdot n^3}{n! \cdot (n+1)^3} = \lim_{n\to\infty} \frac{(n+1) \cdot n^3}{(n+1)^3} = \infty > 1$ 이므로 diverge!

정답　　　Diverge

(EX 4) Does $\displaystyle\sum_{n=1}^{\infty} \frac{(n+1) \cdot 3^n}{n!}$ converge or diverge?

Solution

Ratio Test를 해야 하는 경우의 문제이다.

$\displaystyle\sum_{n=1}^{\infty} \frac{(n+1) \cdot 3^n}{n!}$ 에서 $a_n = \dfrac{(n+1) \cdot 3^n}{n!}$ 이므로 $a_{n+1} = \dfrac{(n+2) \cdot 3^{n+1}}{(n+1)!}$ 에서

$\displaystyle\lim_{n\to\infty} \frac{\dfrac{(n+2) \cdot 3^{n+1}}{(n+1)!}}{\dfrac{(n+1) \cdot 3^n}{n!}} = \lim_{n\to\infty} \frac{(n+2) \cdot n! \cdot 3^{n+1}}{(n+1) \cdot (n+1)! \cdot 3^n} = \lim_{n\to\infty} \frac{(n+2) \cdot 3}{(n+1) \cdot (n+1)} = 0 < 1$ 이므로

Converge!

정답　　　Converge

(EX1) ~ (EX3)까지는 비교적 간단하지만 (EX4)의 경우 복잡해지기 시작한다 … 음 …
여기서 필자가 여러분들에게 비교적 쉽게 답이 나오는 비법 하나 알려드릴까 … 한다. ^^*

$$\ln n < \begin{pmatrix} n \\ n^2 \\ n^3 \\ \vdots \end{pmatrix} < \begin{pmatrix} 3^n \\ (\ln 3)^n \\ \vdots \end{pmatrix} < n! < n^n$$

$\xleftarrow{\text{약하다}}$ $\xrightarrow{\text{강하다}}$

… 강한 놈 앞에 약한 놈은 설 데가 없다!
즉, 강한 놈 앞에 약한 놈은 없는 것이나 다름없다. …

이것이 무슨 말인고 하니 …

(EX1)의 경우 $\displaystyle\sum_{n=1}^{\infty} \frac{n^2}{3^n}$ 에서 $n^2 < 3^n$ 이므로 약한 n^2은 설 데가 없다! 즉, $\displaystyle\sum_{n=1}^{\infty} \frac{n^2}{3^n} \Rightarrow \sum_{n=1}^{\infty} \frac{1}{3^n}$

$\Rightarrow \displaystyle\sum_{n=1}^{\infty} (\frac{1}{3})^n$ 에서 $(\frac{1}{3})^n$은 Geometric Sequence이고 Ratio가 $\frac{1}{3}$. 즉, $-1 < r < 1$ 이므로
Converge!

(EX2)의 경우 $\displaystyle\sum_{n=1}^{\infty} \frac{n^3}{e^n}$ 에서 $n^3 < e^n$ 이므로 약한 n^3은 설 데가 없다! 즉, $\displaystyle\sum_{n=1}^{\infty} \frac{n^3}{e^n} \Rightarrow \sum_{n=1}^{\infty} \frac{1}{e^n}$

$\Rightarrow \displaystyle\sum_{n=1}^{\infty} (\frac{1}{e})^n$ 에서 $(\frac{1}{e})^n$은 Geometric Sequence이고 Ratio가 $\frac{1}{e}$. 즉, $-1 < r < 1$ 이므로
Converge!

(EX3)의 경우 $\displaystyle\sum_{n=1}^{\infty} \frac{n!}{n^3}$ 에서 $n^3 < n!$ 이므로 약한 n^3은 설 데가 없다! 즉, $\displaystyle\sum_{n=1}^{\infty} \frac{n!}{n^3} \Rightarrow \sum_{n=1}^{\infty} \frac{n!}{1}$

$\Rightarrow \displaystyle\sum_{n=1}^{\infty} n!$은 당연히 Diverge! (The nth Term Test에 의해 $\displaystyle\lim_{n \to \infty} n! = \infty \neq 0$ 이므로)

(EX4)의 경우 $\displaystyle\sum_{n=1}^{\infty} \frac{(n+1) \cdot 3^n}{n!}$ 에서 분자(Numerator)의 경우 $(n+1) < 3^n$이므로 $(n+1)$이 없어진다.

$\displaystyle\sum_{n=1}^{\infty} \frac{3^n}{n!}$ 에서 $3^n < n!$ 이므로 3^n이 없어진다. 즉, $\displaystyle\sum_{n=1}^{\infty} \frac{1}{n!}$은 Ratio Test에 의해

$$\lim_{n \to \infty} \frac{\frac{1}{(n+1)!}}{\frac{1}{n!}} = \lim_{n \to \infty} \frac{n!}{(n+1)!} = \lim_{n \to \infty} \frac{1}{n+1} = 0 < 1 \quad \text{Converge!}$$

<AP CALCULUS AB&BC>

약간의 편법(Expedient) 사용하여 다음의 예제들도 조금 빨리 풀어보면 …

① $\displaystyle\sum_{n=1}^{\infty} \frac{n!}{10^n} \Rightarrow \sum_{n=1}^{\infty} \frac{n!}{1} = \infty$ (Diverge)

② $\displaystyle\sum_{n=1}^{\infty} \frac{n!}{(3^n)^2} \Rightarrow \sum_{n=1}^{\infty} \frac{n!}{1} = \infty$ (Diverge)

③ $\displaystyle\sum_{n=1}^{\infty} \frac{10^n}{(2n+1)!} = \sum_{n=1}^{\infty} \frac{1}{(2n+1)!}$ 에서 Ratio Test에 의해

$$\lim_{n \to \infty} \frac{\dfrac{1}{(2n+3)!}}{\dfrac{1}{(2n+1)!}} = \lim_{n \to \infty} \frac{(2n+1)!}{(2n+3)!} = \lim_{n \to \infty} \frac{1}{(2n+3)(2n+2)} = 0 < 1$$ 이므로 Converge!

④ $\displaystyle\sum_{n=1}^{\infty} \frac{n!}{e^n} \Rightarrow \sum_{n=1}^{\infty} n! = \infty$ (Diverge)

이 같은 방법을 사용하면 복잡한 식을 비교적 간단하게 만들어서 풀 수가 있다!^^*

아주 유용한 방법이니 꼭 알아두도록!

※ 여기서 잠깐!
어디까지나 편법(Expedient)이니 학교시험이나 5월 AP CALCULUS 시험
Free Response에서는 사용하지 말고 Multiple Choice에서만 사용할 것!

---

7. The nth root test

자주 사용하는 Test는 아니다. 여기에서는 간단하게 소개하도록 하겠다.

The nth Root Test $\cdots$

Let $\sum a_n$ be a series.

1) $\sum a_n$ converges absolutely if $\lim\limits_{n \to \infty} \sqrt[n]{|a_n|} < 1$.

2) $\sum a_n$ diverges if $\lim\limits_{n \to \infty} \sqrt[n]{|a_n|} > 1$ or $\lim\limits_{n \to \infty} \sqrt[n]{|a_n|} = \infty$.

3) The Root Test or inconclusive if $\lim\limits_{n \to \infty} \sqrt[n]{|a_n|} = 1$.

보통 nth Power를 포함하는 Series의 Converge 또는 Diverge 여부를 조사할 때 쓰인다.

다음의 예제를 통해서 알아보도록 하자.

$\left(\text{EX 1} \right)$ Does $\sum\limits_{n=1}^{\infty} \dfrac{e^n}{n^n}$ converge or diverge?

Solution

$$\lim_{n \to \infty} \sqrt[n]{|a_n|} = \lim_{n \to \infty} \sqrt[n]{\frac{e^n}{n^n}} = \lim_{n \to \infty} \frac{e}{n} = 0 < 1$$

그러므로, Converge.

정답   Converge

---

8. The Alternating Series

Alternating series

The Series $\sum_{n=1}^{\infty} (-1)^{n+1} b_n$ converges if all there of the following conditions are satisfied :

1) $b_n > 0$ (which means that the terms must be alternating in sign)

2) $b_n > b_{n+1}$ for all n

3) $\lim_{n \to \infty} b_n = 0$

즉, 다음과 같은 모양을 "Alternating Series" 라고 한다.

$$1 - \frac{1}{2} + \frac{1}{3} - \frac{1}{4} + \cdots \frac{(-1)^{n+1}}{n} + \cdots = \sum_{n=1}^{\infty} \frac{(-1)^{n+1}}{n}$$

다음을 암기하자!

반드시 암기하자!

> The Alternating Series $\sum_{n=1}^{\infty} (-1)^{n+1} b_n$ 은 다음과 같은 경우에 Converge한다.
>
> ① $b_n > 0$ ② $b_n > b_{n+1}$ ③ $\lim_{n \to \infty} b_n = 0$
>
> ※ Key Point는 $(-1)^n$ 과 b_n 또는 $(-1)^{n+1}$ 과 b_n 을 분리시키는 것이다.
>
> (Ex) $\sum_{n=1}^{\infty} \frac{(-1)^n}{n} \implies \sum_{n=1}^{\infty} (-1)^n \cdot \frac{1}{n}$ $(b_n = \frac{1}{n})$

이것이 무슨 말인지는 다음의 예제들을 통해서 알아보도록 하자.

$\left(\textbf{EX 1}\right)$ Does $1 - \dfrac{1}{2} + \dfrac{1}{3} - \dfrac{1}{4} + \cdots \dfrac{(-1)^{n+1}}{n} + \cdots$　converge or diverge?

Solution

Alternating Series의 모양이다.

$\displaystyle\sum_{n=1}^{\infty} \dfrac{(-1)^{n+1}}{n}$ 에서

$$\sum_{n=1}^{\infty} \boxed{(-1)^{n+1}} \cdot \boxed{\dfrac{1}{n}} \quad \overset{b_n}{}$$

이렇게 분리시킨다!

$\Rightarrow b_n = \dfrac{1}{n}$ 에서 $\dfrac{1}{n} > \dfrac{1}{n+1}$ 이고 $\displaystyle\lim_{n\to\infty} \dfrac{1}{n} = 0$ 이므로 Converge!

정답　　Converge

$\left(\textbf{EX 2}\right)$ Does $\dfrac{1}{e} - \dfrac{2}{e^2} + \dfrac{3}{e^3} - \dfrac{4}{e^4} + \cdots$　converge or diverge?

Solution

$$\dfrac{1}{e} - \dfrac{2}{e^2} + \dfrac{3}{e^3} - \dfrac{4}{e^4} + \cdots = \sum_{n=1}^{\infty} \boxed{(-1)^{n-1}} \cdot \boxed{\dfrac{n}{e^n}} \quad \overset{b_n}{}$$

$\Rightarrow b_n = \dfrac{n}{e^n}$ 에서 $\dfrac{n}{e^n} > \dfrac{n+1}{e^{n+1}}$ (n대신 1, 2, 3… 대입해 보면 알 수 있다.)

이고 $\displaystyle\lim_{n\to\infty} \dfrac{n}{e^n} = 0$　(L'Hopital's Rule로 계산!)이므로 Converge!

정답　　Converge

9. Absolute and Conditional Convergence

앞에서 공부한 Alternating Series Test는 독일의 수학자(라이프니치, Leibniz)에 의해 제안된 방법이다. 사실 모든 Alternating Series의 Convergence와 Divergence를 판정하는 것은 불가능하지만 Alternating Harmonic Series와 Geometric Series같이 특정한 형태를 가지면 무조건 "Convergence"를 판정하는 방법은 존재한다.

그렇다면 Alternating Harmonic Series와 Geometric Series는 어떤 모양인가?

⇒ **Alternating Harmonic Series**

$$1 - \frac{1}{2} + \frac{1}{3} - \frac{1}{4} + \frac{1}{5} + \cdots$$

⇒ **Geometric Series**

$$1 - \frac{1}{2} + \frac{1}{4} - \frac{1}{8} + \frac{1}{16} + \cdots$$

위의 두 가지는 우리가 자주 보던 Series들이다.

위의 두 가지 Alternating Series의 경우 쉽게 Converge한다는 사실을 알 수 있다.

그렇다면 왜 "Absolute Convergence Test" 를 쓰는가?

다음의 두 가지 예제를 보도록 하자.

(EX 1) Determine whether the series $\displaystyle\sum_{n=1}^{\infty} \frac{(-1)^n}{n^2}$ converges or diverges?

Solution

앞에서 공부한대로 쉽게 Converge 하는 것을 알 수 있다.

$b_n = \dfrac{1}{n^2}$ 이라고 하면,

① $b_n > 0$ ② $b_n > b_{n+1}$ ③ $\displaystyle\lim_{n \to \infty} b_n = 0$

①,②,③을 모두 만족하므로 정답은 Converge.

정답　　　Converge

(EX 2) Determine whether the series $\displaystyle\sum_{n=1}^{\infty} (-1)^n \cdot \frac{(n!)^2 \cdot 2^n}{(2n+1)!}$ converges or diverges?

Solution

$b_n = \dfrac{(n!)^2 \cdot 2^n}{(2n+1)!}$ 이라고 하면

① $b_n > 0$

② $b_n > b_{n+1}$ (?)

③ $\displaystyle\lim_{n \to \infty} b_n = 0$ (?)

이런 경우 (EX1)과 같이 ②,③을 쉽게 알 수가 없게 된다. 이럴 때 우리는 절대수렴판정법 (Absolute Convergence Test)을 쓰게 된다.

그렇다면 절대수렴판정법 (Absolute Convergence Test)이란 무엇인가?

다음을 반드시 알아두자!

Absolute and Conditional Convergence

1. $\displaystyle\sum_{n=1}^{\infty} |a_n|$ 이 Converge하고 $\displaystyle\sum_{n=1}^{\infty} a_n$ 도 Converge하면 **Absolute Convergence.**

2. $\displaystyle\sum_{n=1}^{\infty} |a_n|$ 이 Diverge하지만 $\displaystyle\sum_{n=1}^{\infty} a_n$ 이 Converge하면 **Conditional Convergence.**

3. $\displaystyle\sum_{n=1}^{\infty} |a_n|$ 이 Diverge하고 $\displaystyle\sum_{n=1}^{\infty} a_n$ 도 Diverge하면 **Absolute Diverge. (Diverge)**

다음의 네 가지 경우를 보도록 하자.

(Case Ⅰ)

$$\sum_{n=1}^{\infty} \frac{(-1)^n}{n} \quad \Rightarrow \quad \text{Converge}$$

$$\sum_{n=1}^{\infty} \left| \frac{(-1)^n}{n} \right| \Rightarrow \sum_{n=1}^{\infty} \frac{1}{n} \quad \Rightarrow \quad \text{Diverge (By P-Series)}$$

$\Rightarrow \displaystyle\sum_{n=1}^{\infty} a_n$ 이 Converge하고 $\displaystyle\sum_{n=1}^{\infty} |a_n|$ 이 Diverge하는 경우를 "Conditional Convergence" 라고 한다.

(Case Ⅱ)

$$\sum_{n=1}^{\infty} \frac{(-1)^n}{n^2} \quad \Rightarrow \quad \text{Converge}$$

$$\sum_{n=1}^{\infty} \left| \frac{(-1)^n}{n^2} \right| \Rightarrow \sum_{n=1}^{\infty} \frac{1}{n^2} \quad \Rightarrow \quad \text{Converge (By P-Series)}$$

$\Rightarrow \displaystyle\sum_{n=1}^{\infty} a_n$ 이 Converge하고 $\displaystyle\sum_{n=1}^{\infty} |a_n|$ 도 Converge하는 경우를 "Absolute Convergence" 라고 한다.

(Case Ⅲ)

$$\sum_{n=1}^{\infty} \frac{1}{\sqrt{n}} \quad \Rightarrow \quad \text{Diverge}$$

$$\sum_{n=1}^{\infty} \left| \frac{1}{n} \right| \Rightarrow \sum_{n=1}^{\infty} \frac{1}{\sqrt{n}} \quad \Rightarrow \quad \text{Diverge (By P-Series)}$$

⇒ (Case Ⅲ)는 이해를 돕고자 제시해 보았다. $\sum_{n=1}^{\infty} \frac{1}{\sqrt{n}}$ 은 Alternating Series가 아니면서

Diverge하는데 어차피 $\sum_{n=1}^{\infty} \left| \frac{1}{\sqrt{n}} \right|$ 도 Diverge한다. 이런 경우에는 그냥 "Diverge" 한다고 한다.

(Case Ⅳ)

$\sum_{n=1}^{\infty} a_n$ 이 Diverge 하면서 $\sum_{n=1}^{\infty} |a_n|$ 이 Converge하는 경우가 있을까?

그런 경우는 존재하지 않는다고 알려져 있다. 즉, $\sum_{n=1}^{\infty} |a_n|$ 이 converge하면 $\sum_{n=1}^{\infty} a_n$ 은 무조건 converge

한다.

이쯤에서 앞에서 풀다가 만 (EX2)를 다시 풀어보도록 하자. $\sum_{n=1}^{\infty} a_n$ 상태에서는 "Converge" 여부를 판

단하기 어려웠기 때문에 이번에는 $\sum_{n=1}^{\infty} |a_n|$ 로 판단해보도록 하자.

앞의 정의(Definition)에서 말한 것처럼 $\sum_{n=1}^{\infty} |a_n|$ 이 Converge하면 "Absolutely Convergent" 가 된다.

즉, Alternating Series에서 $\sum_{n=1}^{\infty} |a_n|$ 이 Converge하면 $\sum_{n=1}^{\infty} a_n$ 도 무조건 Converge하기 때문이다.

P. 333의 $\left(\text{EX 2}\right)$ 의 풀이를 다시 해보면 다음과 같다.

Solution

$$\left| \sum_{n=1}^{\infty} (-1)^n \cdot \frac{(n!)^2 \cdot 2^n}{(2n+1)!} \right| \;\Rightarrow\; \sum_{n=1}^{\infty} (-1)^n \cdot \frac{(n!)^2 \cdot 2^n}{(2n+1)!}$$

$\Rightarrow$ Alternating Series에서 Ratio Test 모양으로 탈바꿈~!

$a_n = \dfrac{(n!)^2 \cdot 2^n}{(2n+1)!}$ 으로 놓으면

$$\lim_{n \to \infty} \frac{a_{n+1}}{a_n} = \lim_{n \to \infty} \frac{(n+1) \cdot (n+1) \cdot 2}{(2n+3)(2n+1)} = \frac{2}{4} < 1 \qquad \text{이므로 Converge.}$$

$\Rightarrow$ 즉, Absolute Convergence

    정답   Absolute Convergence

다음의 사항도 알아두자!

The Ratio Test for Absolute Convergence

$\sum\limits_{n=1}^{\infty} a_n$ 에서 $\lim\limits_{n \to \infty} \left| \dfrac{a_{n+1}}{a_n} \right| = \alpha$ 라고 할 때,

① $\alpha < 1$ 이면 Converges absolutely and therefore converges

② $\alpha > 1$ Diverge

③ $\alpha = 1$ 이면 Fail

(EX 3) Use the ratio test for absolute convergence to determine whether the series converges.

(a) $\sum\limits_{n=1}^{\infty} (-1)^n \cdot \dfrac{3^n}{(n+1)!}$

(b) $\sum\limits_{n=1}^{\infty} (-1)^n \cdot \dfrac{(n+1)!}{3^n}$

Solution

(a) $\lim\limits_{n \to \infty} \left| \dfrac{(-1)^n \cdot (-1) \cdot \dfrac{3^n \cdot 3}{(n+2)!}}{(-1)^n \cdot \dfrac{3^n}{(n+1)!}} \right| = \lim\limits_{n \to \infty} \left| -\dfrac{3}{n+2} \right| = 0 < 1$

$\Rightarrow$ This series converges absolutely and therefore converges.

(b) $\lim\limits_{n \to \infty} \left| \dfrac{(-1)^n \cdot (-1) \cdot \dfrac{(n+2)!}{3^n \cdot 3}}{(-1)^n \cdot \dfrac{(n+1)!}{3^n}} \right| = \lim\limits_{n \to \infty} \left| -\dfrac{n+2}{3} \right| = \infty > 1$

$\Rightarrow$ This series diverges.

정답　　　(a) Converge　　　(b) Diverge

Problem 1

Determine whether the following series converges or diverges

(1) $\displaystyle\sum_{n=1}^{\infty} \sin^n \frac{\pi}{6}$

(2) $\displaystyle\sum_{n=1}^{\infty} \frac{4n^2 - 1}{2n^2 + n}$

(3) $\displaystyle\sum_{n=1}^{\infty} \frac{n}{3n + 1}$

(4) $1 + \dfrac{2}{3} + \dfrac{3}{5} + \dfrac{4}{7} + \dfrac{5}{9} + \cdots$

Solution

(1) $\sin\dfrac{\pi}{6} = \dfrac{1}{2}$ 이므로 $\displaystyle\sum_{n=1}^{\infty} \sin^n \frac{\pi}{6} = \sum_{n=1}^{\infty} \left(\frac{1}{2}\right)^n$.

Geometric Series이고 $-1 < r < 1$ 이므로 Converge.

(2) The nth term test에 의해 $\displaystyle\lim_{n\to\infty} \frac{4n^2 - 1}{2n^2 + n} = 2 \neq 0$ 이므로 Diverge.

(3) The nth term test에 의해 $\displaystyle\lim_{n\to\infty} \frac{n}{3n + 1} = \frac{1}{3} \neq 0$ 이므로 Diverge.

(4) $1 + \dfrac{2}{3} + \dfrac{3}{5} + \dfrac{4}{7} + \dfrac{5}{9} + \cdots = \displaystyle\sum_{n=1}^{\infty} \frac{n}{2n-1}$ 이므로

The nth term test에 의해 $\displaystyle\lim_{n\to\infty} \frac{n}{2n-1} = \frac{1}{2} \neq 0$ 이므로 Diverge.

정답　　(1) Converge　(2) Diverge　(3) Diverge　(4) Diverge

Problem 2

Determine whether the following series converges or diverges

(1) $\displaystyle\sum_{n=1}^{\infty} \frac{3n}{3n^2+2}$

(2) $\displaystyle\sum_{n=1}^{\infty} \frac{\ln n}{n}$

Solution

(1) $\displaystyle\sum_{n=1}^{\infty} \frac{3n}{3n^2+2}$, ($3n^2+2$를 미분(Differentiation) 하면 $3n$이므로 $3n^2+2$를 치환(Substitution))

··· 왠지 "U-Substitution" 모양

$\Rightarrow$ The Integral Test. $\displaystyle\int_{1}^{\infty} \frac{3x}{3x^2+2}\,dx = \lim_{k\to\infty}\int_{1}^{k} \frac{3x}{3x^2+2}\,dx,\ 3x^2+2=u$ 라고 치환

(Substitution)하고 양변을 x에 대해서 미분(Differentiation)하면 $6x=\dfrac{du}{dx}$에서 $dx=\dfrac{1}{6x}\,du$

$\displaystyle\lim_{k\to\infty}\int_{1}^{k} \frac{3x}{u}\cdot\frac{1}{6x}\,du = \frac{1}{2}\cdot\lim_{k\to\infty}\int_{1}^{k}\frac{1}{u}\,du = \frac{1}{2}\lim_{k\to\infty}[\ln u]_{1}^{k} = \frac{1}{2}\cdot\lim_{k\to\infty}[\ln k] = \infty$ 이므로 Diverge.

(2) $\displaystyle\sum_{n=1}^{\infty} \frac{\ln n}{n}$, ($\ln n$을 미분(Differentiation)하면 $\dfrac{1}{n}$, $\ln n$을 치환(Substitution))

··· 왠지 "U-Substitution" 모양

$\Rightarrow$ The Integral Test. $\displaystyle\int_{1}^{\infty} \frac{1}{x}\cdot\ln x\,dx = \lim_{k\to\infty}\int_{1}^{k}\frac{1}{x}\cdot\ln x\,dx,\ \ln x=u$ 라고 치환

(Substitution)하고 양변을 x에 대해서 미분(Differentiation)하면 $\dfrac{1}{x}=\dfrac{du}{dx}$에서 $dx=x\,du$

$\displaystyle\lim_{k\to\infty}\int_{1}^{k} \frac{1}{x}\cdot u\cdot x\,du = \lim_{k\to\infty}\int_{1}^{k} u\,du = \lim_{k\to\infty}\left[\frac{1}{2}u^2\right]_{1}^{k} = \lim_{k\to\infty}\left[\frac{1}{2}k^2 - \frac{1}{2}\right] = \infty$ 이므로 Diverge.

정답   (1) Diverge   (2) Diverge

Problem 3

Determine whether the following series converges or diverges

(1) $\displaystyle\sum_{n=1}^{\infty} \frac{1}{n\sqrt{n}}$

(2) $\displaystyle\sum_{n=1}^{\infty} \frac{1}{n^2+1}$

(3) $\displaystyle\sum_{n=1}^{\infty} \frac{n}{2n^2-1}$

(4) $\displaystyle\sum_{n=1}^{\infty} \frac{2n}{3^n(n+1)}$

Solution

(1) $\displaystyle\sum_{n=1}^{\infty} \frac{1}{n\sqrt{n}} = \sum_{n=1}^{\infty} \frac{1}{n^{\frac{3}{2}}}$, 즉, The P-series Test에 의해 Converge!

(2) The P-series Test에 의해 $\displaystyle\sum_{n=1}^{\infty} \frac{1}{n^2}$ 는 Converge! $\dfrac{1}{n^2} > \dfrac{1}{n^2+1}$ 이므로. 즉, 큰 것이 Converge 하면 당연히 작은 것도 Converge! (The Basic Comparison Test)

(3) $\dfrac{n}{2n^2} < \dfrac{n}{2n^2-1}$ 이고 $\displaystyle\sum_{n=1}^{\infty} \frac{n}{2n^2} = \frac{1}{2}\sum_{n=1}^{\infty} \frac{1}{n}$ 이므로 Diverge! 작은 것이 Diverge하므로 큰 것은 당연히 Diverge! (The Basic Comparison Test)

(4) $\left(\dfrac{1}{3}\right)^n \dfrac{n}{n+1} < \left(\dfrac{1}{3}\right)^n$ 에서 $\displaystyle\sum_{n=1}^{\infty} \left(\frac{1}{3}\right)^n$ 은 Converge하므로 ($\displaystyle\sum_{n=1}^{\infty} \left(\frac{1}{3}\right)^n$ 은 Geometric Series이고 $-1 < r < 1$ 이므로 …) $\displaystyle\sum_{n=1}^{\infty} \frac{2n}{3^n(n+1)}$ 은 Converge!

(※ 큰 것이 Converge하면 작은 것은 당연히 Converge!)

  정답   (1) Converge   (2) Converge   (3) Diverge   (4) Converge

Problem 4

Determine whether the following series converges or diverges

(1) $\displaystyle\sum_{n=1}^{\infty} \frac{2n+3}{n^3-2n^2+3}$

(2) $\displaystyle\sum_{n=1}^{\infty} \frac{1}{\sqrt{n^2+5n}}$

Solution

(1) The Limit Comparison Test 사용!

$\displaystyle\sum_{n=1}^{\infty} \frac{2n}{n^3} = \sum_{n=1}^{\infty} \frac{2}{n^2}$ 은 Converge!

$\displaystyle\lim_{n\to\infty} \frac{2n+3}{n^3-2n^2+3} \times \frac{n^2}{2} \Rightarrow \lim_{n\to\infty} \frac{2n^3+3n^2}{2(n^3-2n^2+3)} = 1$ 에서 1은 Finite and Positive!

그러므로 $\displaystyle\sum_{n=1}^{\infty} \frac{2n+3}{n^3-2n^2+3}$ 도 Converge!

(2) The Limit Comparison Test 사용!

$\displaystyle\sum_{n=1}^{\infty} \frac{1}{\sqrt{n^2}} = \sum_{n=1}^{\infty} \frac{1}{n}$ 은 Diverge!

$\displaystyle\lim_{n\to\infty} \frac{1}{\sqrt{n^2+5n}} \times n \Rightarrow \lim_{n\to\infty} \frac{n}{n^2+5n} = 1$ 에서 1은 Finite and Positive!

그러므로 $\displaystyle\sum_{n=1}^{\infty} \frac{1}{\sqrt{n^2+5n}}$ 은 Diverge!

정답   (1) Converge   (2) Diverge

Problem 5

Determine whether the following series converges or diverges

(1) $\displaystyle\sum_{n=1}^{\infty} \frac{n!}{3^n}$

(2) $\displaystyle\sum_{n=1}^{\infty} \frac{n^2}{(\ln 5)^n}$

(3) $\displaystyle\sum_{n=1}^{\infty} \frac{(n+1)\cdot 2^n}{n^2}$

(4) $\displaystyle\sum_{n=1}^{\infty} \left(\frac{2n}{5n+2}\right)^n$

Solution

(1) The Ratio Test 사용!

$a_n = \dfrac{n!}{3^n}$ 이고 $a_{n+1} = \dfrac{(n+1)!}{3^{n+1}}$ 이므로 $\displaystyle\lim_{n\to\infty} \frac{\dfrac{(n+1)!}{3^{n+1}}}{\dfrac{n!}{3^n}} = \lim_{n\to\infty} \frac{n+1}{3} = \infty > 1$ 이므로 Diverge!

또는 The Ratio Test에서 편법(Expedient)을 사용하면 $3^n < n!$ 이므로 $\displaystyle\sum_{n=1}^{\infty} n!$ 로 생각해도 된다.

즉, $\displaystyle\sum_{n=1}^{\infty} n!$ 은 Diverge!

(2) The Ratio Test 사용!

$a_n = \dfrac{n^2}{(\ln 5)^n}$ 이고 $a_{n+1} = \dfrac{(n+1)^2}{(\ln 5)^{n+1}}$ 이므로 $\displaystyle\lim_{n\to\infty} \frac{\dfrac{(n+1)^2}{(\ln 5)^{n+1}}}{\dfrac{n^2}{(\ln 5)^n}} = \lim_{n\to\infty} \frac{(n+1)^2}{(\ln 5)n^2} = \frac{1}{\ln 5} < 1$ 이므로

Converge! 또는 The Ratio Test에서 편법(Expedient)을 사용하면 $n^2 < (\ln 5)^n$ 이므로

$\displaystyle\sum_{n=1}^{\infty} \frac{1}{(\ln 5)^n}$ 로 생각해도 된다. 즉, $\displaystyle\sum_{n=1}^{\infty} \left(\frac{1}{\ln 5}\right)^n$ 은 Converge!

(※ $\sum r^n$ 에서 $-1 < r < 1$ 이면 Converge)

Solution

(3) The Ratio Test 사용!

$a_n = \dfrac{(n+1) \cdot 2^n}{n^2}$ 이고 $a_{n+1} = \dfrac{(n+2) \cdot 2^{n+1}}{(n+1)^2}$ 이므로

$\lim\limits_{n \to \infty} \dfrac{\dfrac{(n+2) \cdot 2^{n+1}}{(n+1)^2}}{\dfrac{(n+1) \cdot 2^n}{n^2}} = \lim\limits_{n \to \infty} \dfrac{(n+2) \cdot n^2 \cdot 2^{n+1}}{(n+1)^2 \cdot (n+1) \cdot 2^n} = \lim\limits_{n \to \infty} \dfrac{2n^2(n+2)}{(n+1)^2(n+1)} = 2 > 1$ 이므로 Diverge!

또는 The Ratio Test에 분자(Numerator)의 경우 $n+1 < 2^n$ 이므로 $(n+1)$이 없어진다.

$\sum\limits_{n=1}^{\infty} \dfrac{2^n}{n^2}$ 에서 $n^2 < 2^n$ 이므로 n^2이 없어진다. 즉, $\sum\limits_{n=1}^{\infty} 2^n = \infty$ 이므로 Diverge!

(4) The nth Root Test 사용!

$\lim\limits_{n \to \infty} \sqrt[n]{\left(\dfrac{2n}{5n+2}\right)^n} = \lim\limits_{n \to \infty} \dfrac{2n}{5n+2} = \dfrac{2}{5} < 1$ 이므로 Converge!

정답   (1) Diverge   (2) Converge   (3) Diverge   (4) Converge

Problem 6

Determine whether the following series converges or diverges

(1) $\displaystyle\sum_{n=1}^{\infty} \frac{(-1)^n}{\sqrt{n^2+1}}$

(2) $\displaystyle\sum_{n=1}^{\infty} \frac{(-1)^n}{n}$

Solution

(1) The Alternating Series이고 $\displaystyle\sum_{n=1}^{\infty} (-1)^n \cdot \frac{1}{\sqrt{n^2+1}}$ 에서

$b_n = \dfrac{1}{\sqrt{n^2+1}}$ 이고 $b_n > 0$, $b_n > b_{n+1}$.

즉, $\dfrac{1}{\sqrt{n^2+1}} > \dfrac{1}{\sqrt{(n+1)^2+1}}$ 이고 $\displaystyle\lim_{n\to\infty} \frac{1}{\sqrt{n^2+1}} = 0$ 이므로 Converge!

(2) The Alternating Series이고 $\displaystyle\sum_{n=1}^{\infty} (-1)^n \frac{1}{n}$ 에서 $b_n = \dfrac{1}{n}$ 이고

① $b_n > 0$ ② $b_n > b_{n+1}$ ③ $\displaystyle\lim_{n\to\infty} b_n = 0$ 이므로 Converge!

정답　　(1) Converge　　(2) Converge

Problem 7

Which of the following series are conditionally convergent?

I. $\displaystyle\sum_{n=1}^{\infty} \frac{(-1)^n}{\sqrt[3]{n}}$

II. $\displaystyle\sum_{n=1}^{\infty} \frac{\cos n\pi}{n}$

III. $\displaystyle\sum_{n=1}^{\infty} \frac{(-1)^n}{2n^4}$

Solution

I. $\displaystyle\sum_{n=1}^{\infty} \frac{(-1)^n}{\sqrt[3]{n}} \;\Rightarrow\;$ Converge

$\displaystyle\sum_{n=1}^{\infty} \left| \frac{(-1)^n}{\sqrt[3]{n}} \right| = \sum_{n=1}^{\infty} \frac{1}{\sqrt[3]{n}} \;\Rightarrow\;$ Diverge

$\Rightarrow$ Conditionally Convergent

II. $\cos n\pi$ 은 $(-1)^n$ 이므로

$\displaystyle\sum_{n=1}^{\infty} \frac{(-1)^n}{n} \;\Rightarrow\;$ Converge

$\displaystyle\sum_{n=1}^{\infty} \left| \frac{(-1)^n}{n} \right| = \sum_{n=1}^{\infty} \frac{1}{n} \;\Rightarrow\;$ Diverge

$\Rightarrow$ Conditionally Convergent

III. $\displaystyle\sum_{n=1}^{\infty} \frac{(-1)^n}{2n^4} \;\Rightarrow\;$ Converge

$\displaystyle\sum_{n=1}^{\infty} \left| \frac{(-1)^n}{2n^4} \right| = \sum_{n=1}^{\infty} \frac{1}{2n^4} \;\Rightarrow\;$ Converge

$\Rightarrow$ Absolutely Convergent

그러므로, 정답은 I, II

정답   I, II

Problem 8

Show that the following series converge.

$$\sum_{k=1}^{\infty} \frac{\cos k\pi}{k^3}$$

Solution

$\cos k\pi$ 는 ± 1의 값을 가지므로 $|\cos k\pi| = 1$

그러므로, $\displaystyle\sum_{k=1}^{\infty} \left| \frac{\cos k\pi}{k^3} \right| = \sum_{k=1}^{\infty} \frac{1}{k^3}$ 에서 P-series에 의해 Converge.

Problem 9

Classify each series as absolutely convergent, conditionally convergent, or divergent.

I. $\displaystyle\sum_{n=1}^{\infty} (-1)^n \frac{n+1}{n(n+2)}$

II. $\displaystyle\sum_{n=1}^{\infty} \frac{(-1)^n}{n^2+1}$

III. $\displaystyle\sum_{n=1}^{\infty} \sin\frac{n\pi}{2}$

Solution

I.

$\Rightarrow \displaystyle\sum_{n=1}^{\infty} (-1)^n \frac{n+1}{n(n+2)}$ 에서 $b_n = \dfrac{n+1}{n^2+2n}$ 이라고 하면

① $b_n > 0$ ② $b_n > b_{n+1}$ ③ $\displaystyle\lim_{n\to\infty} b_n = 0$ 이므로 Converge

$\displaystyle\sum_{n=1}^{\infty} \left| (-1)^n \frac{n+1}{n(n+2)} \right| = \sum_{n=1}^{\infty} \frac{n+1}{n(n+2)} = \sum_{n=1}^{\infty} \frac{n+1}{n^2+2n}$

$\Rightarrow$ Limit Comparison Test 사용!

$\displaystyle\sum_{n=1}^{\infty} \frac{1}{n}$ 은 Diverge이므로 $\displaystyle\lim_{n\to\infty} \frac{n(n+1)}{n^2+2n} = 1$ 에서 $\displaystyle\sum_{n=1}^{\infty} \frac{n+1}{n(n+2)}$ 은 Diverge!

그러므로, Conditionally Convergent

Solution

Ⅱ.

$\Rightarrow \sum\limits_{n=1}^{\infty} \dfrac{(-1)^n}{n^2+1}$ 에서 $b_n = \dfrac{1}{n^2+1}$ 이라고 하면

① $b_n > 0$ ② $b_n > b_{n+1}$ ③ $\lim\limits_{n\to\infty} b_n = 0$ 이므로 Converge

$\sum\limits_{n=1}^{\infty} \left| \dfrac{(-1)^n}{n^2+1} \right| = \sum\limits_{n=1}^{\infty} \dfrac{1}{n^2+1}$

$\Rightarrow$ Limit Comparison Test 사용!

$\sum\limits_{n=1}^{\infty} \dfrac{1}{n^2}$ 은 Converge이므로 $\lim\limits_{n\to\infty} \dfrac{1}{n^2+1} \times n^2 = 1$

그러므로, $\sum\limits_{n=1}^{\infty} \dfrac{1}{n^2+1}$ 은 Converge

그러므로, Absolutely Convergent

Ⅲ.

$\Rightarrow \sum\limits_{n=1}^{\infty} \sin\dfrac{n\pi}{2} = 1+0-1+0-1+0-1\cdots$

$= 1-1+1\cdots \Rightarrow$ Common ratio가 -1이므로 Diverge

$\Rightarrow \sum\limits_{n=1}^{\infty} \left| \sin\dfrac{n\pi}{2} \right| = 1+1+1+\cdots \Rightarrow$ Diverge

그러므로, Absolutely Divergent (Divergent)

정답
Ⅰ. Conditionally Divergent
Ⅱ. Absolutely Convergent
Ⅲ. Divergent

Problem 10

Use the ratio test for absolute convergence to determine whether the series converges or diverges.

(1) $\displaystyle\sum_{n=1}^{\infty} (-1)^{n+1} \cdot \frac{2^n}{n^2}$

(2) $\displaystyle\sum_{n=1}^{\infty} (-1)^{n} \cdot \frac{n^2}{e^n}$

Solution

(1) $\displaystyle\lim_{n\to\infty} \left| \frac{(-1)^n \cdot (-1)^2 \cdot \dfrac{2^n \cdot 2}{(n+1)^2}}{(-1)^n \cdot (-1) \cdot \dfrac{2^n}{n^2}} \right| = \lim_{n\to\infty} \left| -\frac{2n^2}{(n+1)^2} \right| = 2 > 1$

그러므로, Diverge

(2) $\displaystyle\lim_{n\to\infty} \left| \frac{(-1)^n \cdot (-1) \cdot \dfrac{(n+1)^2}{e^n \cdot e}}{(-1)^n \cdot \dfrac{n^2}{e^n}} \right| = \lim_{n\to\infty} \left| -\frac{(n+1)^2}{e \cdot n^2} \right| = \frac{1}{e} < 1$

그러므로, Converges absolutely

정답   (1) Diverge   (2) Converges absolutely (Converge)

Problem 11

The power series $\displaystyle\sum_{n=0}^{\infty} a_n (x-2)^n$ converge conditionally at $x=7$.

Determine the convergence of the series at $x=-6$.

Solution

$x=7$에서 Conditionally Convergent이므로

$\displaystyle\sum_{n=0}^{\infty} \left| a_n (x-2)^n \right|$ 은 Diverge한다. 그러므로,

$$\lim_{n\to\infty} \left| \frac{a_{n+1} \cdot 5^{n+1}}{a_n \cdot 5^n} \right| \geq 1 \Rightarrow \left| \frac{5a_{n+1}}{a_n} \right| \geq 1 \Rightarrow \left| \frac{a_{n+1}}{a_n} \right| \geq \frac{1}{5}$$

$x=-6$ 일 때,

$$\lim_{n\to\infty} \left| \frac{(-8)^{n+1} \cdot a_{n+1}}{(-8)^n \cdot a_n} \right| = \lim_{n\to\infty} \left| -\frac{8a_{n+1}}{a_n} \right| = \lim_{n\to\infty} 8 \cdot \left| \frac{a_{n+1}}{a_n} \right| \geq \frac{8}{5} > 1 \text{ 이므로 Diverge}$$

정답   Diverge

3. Series의 계산

03 Series의 계산

Series는 AP Calculus 과정에서는 계산보다는 계산가치 여부(Convergence Test)를 더 많이 공부하게 된다.

이번 단원에서는 계산 가능한 Series의 계산에 대해 알아보도록 하겠다.

계산 가능한 Series
① Geometric Series
② Telescoping Series

1. Geometric Series

$S = a + ar + ar^2 + \dots + ar^{n-1} + \dots$ 에서 ratio(r)가 $-1 < r < 1$일 때

$S = \dfrac{a}{1-r}$ 로 Sum을 구할 수가 있다.

다음을 보자.

$$S = \left| a + ar + ar^2 + \cdots \quad + ar^{n-1} \right| + \cdots$$

$$S_n = \frac{a(1-r^n)}{1-r} \qquad \lim_{n \to \infty}$$

$\Rightarrow S = \lim\limits_{n \to \infty} \dfrac{a(1-r^n)}{1-r}$ 에서 $-1 < r < 1$ 이면 $\lim\limits_{n \to \infty} r^n = 0$ 이 되므로 $S = \dfrac{a}{1-r}$ 가 되는 것이다.

종종 학생들이 Alternating Sires와 Geometric Series를 헷갈려 하는 경우가 있다.
다음을 보도록 하자.

Geometric Series와 Alternating Series
1. $\displaystyle\sum_{n=1}^{\infty} \left(-\frac{1}{3} \right)^n \Rightarrow$ Geometric Series
2. $\displaystyle\sum_{n=1}^{\infty} \dfrac{(-1)^n}{n} \Rightarrow$ Alternating Series
위에서 보는바와 같이 $\displaystyle\sum_{n=1}^{\infty} a_n$ 에서
$a_n = (\ \ )^n$ 모양이 Geometric Series,
$a_n = (-1)^n \times b_n$ 모양이 Alternating Series 모양으로 구별하면 된다.

2.Telescoping Series

$\sum\limits_{k=1}^{\infty}(a_k - a_{k-1})$ 인 모양을 말한다.

$\sum$를 풀어서 항들을 주우욱~ 늘였다가 중간의 항들을 삭제하여 특정한 Term들만 구하는 형태이다.

다음의 예를 보도록 하자.

$$\sum_{k=1}^{n}\left(\frac{1}{k}-\frac{1}{k+1}\right)=\left(1-\frac{1}{2}\right)+\left(\frac{1}{2}-\frac{1}{3}\right)+\left(\frac{1}{3}-\frac{1}{4}\right)+\cdots+\left(\frac{1}{n}-\frac{1}{n+1}\right)$$
$$=1-\frac{1}{n+1}$$

이와 같은 형태가 Telescoping Series이다.

• The nth partial sum으로부터 General Term(a_n) 구하기 $\Rightarrow$ 즉, $a_n = S_n - S_{n-1}$ 이다.

다음을 보자.

$$S_n = a_1 + a_2 + a_3 + \ldots + a_{n-1} + a_n$$
$$-|\underline{S_{n-1} = a_1 + a_2 + a_3 + \ldots + a_{n-1}}$$
$$S_n - S_{n-1} = \qquad\qquad a_n$$

이미 Precalculus과정에서 Partial Fraction을 배웠을 것이다.
Series를 계산하기 위해서는 반드시 필요한 과정이다.

$\sum\limits_{k=1}^{n}\dfrac{1}{k(k+1)}$ 을 계산해보자.

$$\sum_{k=1}^{n}\frac{1}{k(k+1)}=\frac{1}{1\cdot 2}+\frac{1}{2\cdot 3}+\frac{1}{3\cdot 4}+\ldots+\frac{1}{n(n+1)}$$

이것도 복잡한데 만약에 ∞까지 Sum을 하라고 한다면 더욱 복잡해 질 것이다.

$$\sum_{k=1}^{\infty}\frac{1}{k(k+1)}=\frac{1}{1\cdot 2}+\frac{1}{2\cdot 3}+\frac{1}{3\cdot 4}+\ldots+\frac{1}{n(n+1)}+\ldots.$$

이것들을 계산할 자신이 있는가?
그래서 우리는 이와 같은 계산을 하기에 앞서서 이와 같은 Fraction들을 분리시켜야 한다.

다음의 Example대로 해보자.

(Example) Write the partial fraction decomposition of $\dfrac{1}{(x+1)(x+3)}$.

Solution

Step1. $\dfrac{A}{x+1}+\dfrac{B}{x+3}$ 형태로 일단 분리.

Step2. 통분해보자.(Find the common denominator) $\dfrac{(A+B)x+3A+B}{(x+1)(x+3)}$

Step3. $\dfrac{1}{(x+1)(x+3)}=\dfrac{(A+B)x+3A+B}{(x+1)(x+3)}$ 로부터 A, B 값을 찾는다.

$A+B=0$, $3A+B=1$에서 $A=\dfrac{1}{2}$, $B=-\dfrac{1}{2}$

Step4. $A=\dfrac{1}{2}$, $B=-\dfrac{1}{2}$을 Step1의 A, B에 대입한다.

$$\dfrac{\frac{1}{2}}{x+1}-\dfrac{\frac{1}{2}}{x+3}=\dfrac{1}{2}\left(\dfrac{1}{x+1}-\dfrac{1}{x+3}\right)$$

이제 다음의 두 예제를 풀어보자.

(**EX 1**) Evaluate $\displaystyle\sum_{k=1}^{n} \frac{1}{k(k+1)}$.

Solution

$\dfrac{1}{k(k+1)} = \dfrac{A}{k} + \dfrac{B}{k+1}$ 에서 $\dfrac{(A+B)k+A}{k(k+1)}$ 에서 $A+B=0$ 이고 $A=1$ 이므로 $B=-1$.

그러므로, $\displaystyle\sum_{k=1}^{n} \frac{1}{k(k+1)} = \sum_{k=1}^{n}(\frac{1}{k} - \frac{1}{k+1}) = (1 - \frac{1}{2}) + (\frac{1}{2} - \frac{1}{3}) + ... + (\frac{1}{n} - \frac{1}{n+1})$

$= 1 - \dfrac{1}{n+1}$

(**EX 2**) Evaluate $\displaystyle\sum_{k=1}^{\infty} \frac{1}{k(k+1)}$.

Solution

$\displaystyle\sum_{k=1}^{\infty} \frac{1}{k(k+1)} = \lim_{n \to \infty} \sum_{k=1}^{n}(\frac{1}{k} - \frac{1}{k+1}) = \lim_{n \to \infty}\left\{(1 - \frac{1}{2}) + (\frac{1}{2} - \frac{1}{3}) + ... + (\frac{1}{n} - \frac{1}{n+1})\right\}$

$= \displaystyle\lim_{n \to \infty}(1 - \frac{1}{n+1}) = 1 - \frac{1}{\infty} = 1$

위의 Example2에서 보는 바와 같이 Infinite Series 계산에서 Partial Fraction의 nth term은 0이 된다.

지금까지의 내용을 정리해보면...

 반드시 알아두자!

1. Geometric Series는 ratio(r)이 $-1 < r < 1$일 때 $\dfrac{a}{1-r}$ 로 계산할 수 있다.

2. nth Partial Sum을 S_n이라고 할 때, $a_n = S_n - S_{n-1}$

3. $\displaystyle\sum_{k=1}^{\infty} \dfrac{1}{k(k+1)} = \sum_{k=1}^{\infty} \left(\dfrac{A}{k} - \dfrac{B}{k+1}\right)$ 로 분리 후 A, B를 구한 후 $k = 1, 2, 3, ..$을 대입하여 구한다.

Problem 12

(1) $\displaystyle\sum_{n=1}^{\infty} \left(-\dfrac{1}{3}\right)^n$

(2) The infinite series $\displaystyle\sum_{k=1}^{\infty} a_k$ has nth partial sum $S_n = \dfrac{n}{2n+1}$ for $n \geq 1$.

Find the sum of the series $\displaystyle\sum_{k=1}^{\infty} a_k$.

(3) The infinite series $\displaystyle\sum_{k=1}^{\infty} a_k$ has nth partial sum $S_n = \left(-\dfrac{1}{2}\right)^n$ for $n \geq 1$.

Find the sum of the series $\displaystyle\sum_{k=1}^{\infty} a_k$.

Solution

(1) $\displaystyle\sum_{n=1}^{\infty}(-\frac{1}{3})^n=-\frac{1}{3}+\frac{1}{9}-\frac{1}{27}+\dots$ 은 Ratio가 $-\frac{1}{3}$이고

First term이 $-\frac{1}{3}$인 Geometric Series이므로 $-\dfrac{\dfrac{1}{3}}{1-(-\dfrac{1}{3})}=\dfrac{-\dfrac{1}{3}}{\dfrac{4}{3}}=-\dfrac{1}{4}$.

(2) $a_1=S_1=\dfrac{1}{3}$ and for $n\geq 2$,

$$a_n=S_n-S_{n-1}=\frac{n}{2n+1}-\frac{n-1}{2(n-1)+1}=\frac{n}{2n+1}-\frac{n-1}{2n-1}$$

$$=\frac{2n^2-n-(2n+1)(n-1)}{(2n+1)(2n-1)}=\frac{1}{(2n+1)(2n-1)}$$

$$\sum_{k=1}^{\infty}a_k=\frac{1}{3}+\sum_{k=2}^{\infty}\frac{1}{(2k-1)(2k+1)}=\frac{1}{3}+\frac{1}{2}\sum_{k=2}^{\infty}(\frac{1}{2k-1}-\frac{1}{2k+1})$$

$$=\frac{1}{3}+\frac{1}{2}\lim_{n\to\infty}\sum_{k=2}^{n}(\frac{1}{2k-1}-\frac{1}{2k+1})=\frac{1}{3}+\frac{1}{2}\lim_{n\to\infty}\left\{(\frac{1}{3}-\frac{1}{5})+(\frac{1}{5}-\frac{1}{7})+\dots+(\frac{1}{2n-1}-\frac{1}{2n+1})\right\}$$

$$=\frac{1}{3}+\frac{1}{2}\lim_{n\to\infty}\left\{\frac{1}{3}-\frac{1}{2n+1}\right\}=\frac{1}{3}+\frac{1}{6}=\frac{1}{2}$$

(3) $a_1=S_1=-\dfrac{1}{2}$ and for $n\geq 2$,

$$a_n=S_n-S_{n-1}=(-\frac{1}{2})^n-(-\frac{1}{2})^{n-1}=(-\frac{1}{2})^n-(-\frac{1}{2})^n\cdot(-\frac{1}{2})^{-1}$$

$$=(-\frac{1}{2})^n(1+2)=3\cdot(-\frac{1}{2})^n$$

$$\sum_{k=1}^{\infty}a_k=(-\frac{1}{2})+3\sum_{k=2}^{\infty}(-\frac{1}{2})^k=(-\frac{1}{2})+3\times\frac{(-\dfrac{1}{2})^2}{1+\dfrac{1}{2}}=(-\frac{1}{2})+3\times\frac{\dfrac{1}{4}}{\dfrac{3}{2}}=(-\frac{1}{2})+\frac{1}{2}=0$$

(※ $\displaystyle\sum_{k=1}^{\infty}(-\frac{1}{2})^k$는 First Term이 $-\dfrac{1}{2}$이고 Ratio가 $-\dfrac{1}{2}$인 Geometric Series이다.)

정답   (1) $\ -\dfrac{1}{4}$ (2) $\dfrac{1}{2}$ (3) 0

1. Which of the following series converges?

   I. $\displaystyle\sum_{n=1}^{\infty} \frac{1}{n^3}$ II. $\displaystyle\sum_{n=1}^{\infty} \frac{(-1)^n}{n+2}$ III. $\displaystyle\sum_{n=1}^{\infty} \frac{2n^2-n}{n^2+1}$ IV. $\displaystyle\sum_{n=1}^{\infty} \frac{n^2}{n^3+1}$

   ⓐ I only   ⓑ I and II only   ⓒ II and III only   ⓓ I, II, and IV only

2. Which of the following series diverges?

   I. $\displaystyle\sum_{k=5}^{\infty} \frac{1}{k^2+3}$ II. $\displaystyle\sum_{n=1}^{\infty} \left(\frac{8}{9}\right)^n$ III. $\displaystyle\sum_{n=1}^{\infty} \cos^n \frac{\pi}{3}$ IV. $\displaystyle\sum_{n=e}^{\infty} \frac{1}{n \cdot \ln n}$

   ⓐ I and II only   ⓑ III only   ⓒ III and IV only   ⓓ IV only

3. Which of the following series converges?

   I. $\displaystyle\sum_{n=1}^{\infty} \frac{n}{n+1}$ II. $\displaystyle\sum_{n=1}^{\infty} \frac{\cos(2n\pi)}{n}$ III. $\displaystyle\sum_{n=1}^{\infty} \frac{1}{n^2+1}$ IV. $\displaystyle\sum_{n=1}^{\infty} \frac{5n+2}{n^3+2n^2+5}$

   ⓐ I only   ⓑ I and III only   ⓒ III and IV only   ⓓ II, and III only

4. Which of the following series diverges?

I . $\displaystyle\sum_{n=1}^{\infty} \frac{3^n}{n!}$ II . $\displaystyle\sum_{n=1}^{\infty} \frac{5^n}{n^3}$ III . $\displaystyle\sum_{n=1}^{\infty} \frac{n^n}{n!}$ IV . $\displaystyle\sum_{n=1}^{\infty} \frac{n!}{n^3}$

ⓐ II only   ⓑ III only   ⓒ II and IV only   ⓓ II, III, and IV only

5. Which of the following series converges?

I . $\dfrac{1}{e} - \dfrac{2}{e^2} + \dfrac{3}{e^3} - \dfrac{4}{e^4} + \cdots$ II . $\displaystyle\sum_{n=3}^{\infty} (-1)^n \frac{1}{3n}$ III . $\displaystyle\sum_{n=1}^{\infty} \frac{3}{n\sqrt{n}}$

ⓐ I only   ⓑ II only   ⓒ I and III only   ⓓ I, II, and III only

6. Which of the following series diverges?

I . $1 + \dfrac{1}{4} + \dfrac{1}{9} + \dfrac{1}{16} + \cdots$ II . $1 + \dfrac{1}{\sqrt{2}} + \dfrac{1}{\sqrt{3}} + \dfrac{1}{\sqrt{4}} + \cdots$

III . $1 + \dfrac{1}{5} + \dfrac{1}{9} + \dfrac{1}{13} + \cdots$ IV . $1 - \dfrac{1}{3} + \dfrac{1}{9} - \dfrac{1}{27} + \cdots$

ⓐ I and IV only   ⓑ I and III only   ⓒ II and III only   ⓓ I, II, and III only

7. Which of the following series are conditionally convergent?

$\text{I}. \displaystyle\sum_{n=1}^{\infty}\frac{(-1)^n}{n^2}$ 　　　$\text{II}. \displaystyle\sum_{n=1}^{\infty}\frac{(-1)^n}{\sqrt{n}}$ 　　　$\text{III}. \displaystyle\sum_{n=1}^{\infty}\frac{(-1)^n}{n}$

　ⓐ I only 　　　ⓑ I and II only 　ⓒ III only 　　　ⓓ II and III only

8. Which of the following series are absolutely convergent?

$\text{I}. \displaystyle\sum_{n=1}^{\infty}\frac{n}{n^3+1}\cdot(-1)^n$ 　　　$\text{II}. \displaystyle\sum_{n=1}^{\infty}\frac{(-1)^n}{n}$ 　　　$\text{III}. \displaystyle\sum_{n=1}^{\infty}\frac{\cos n\pi}{3\sqrt{n}}$

ⓐ I only 　　　ⓑ II only 　　　ⓒ I and III only 　ⓓ II and III only

9. Use the ratio test for absolute convergence to determine whether the series converges or diverges.

$$\sum_{n=1}^{\infty}(-1)^n\cdot\frac{5^n}{n^3}$$

10. The power series $\displaystyle\sum_{n=0}^{\infty}a_n(x-3)^n$ converge conditionally at $x=9$. Determine the convergence of the series at $x=-8$.

11. The infinite series $\sum_{k=1}^{\infty} a_k$ has nth partial sum $S_n = (-\frac{1}{3})^n$ for $n \geq 1$.

Find the sum of the series $\sum_{k=1}^{\infty} a_k$

12. The infinite series $\sum_{k=1}^{\infty} a_k$ has nth partial sum $S_n = \dfrac{n}{n+1}$ for $n \geq 1$.

Find the sum of the series $\sum_{k=1}^{\infty} a_k$.

13. Find the sum of the series $\sum_{n=1}^{\infty} \dfrac{(-1)^{n+1}}{\pi^n}$.

14. Which of the following series converge?

I . $3 + (-3) + 3 + \dots + (-1)^{n-1} \cdot 3 + \dots$

II . $1 - \dfrac{1}{2} + \dfrac{1}{4} - \dfrac{1}{8} + \dots + \dfrac{1}{2^{n-1}} + \dots$

III. $1 + \dfrac{1}{4} + \dfrac{1}{7} + \dots + \dfrac{1}{3n-2} + \dots$

ⓐ I only
ⓑ II only
ⓒ III only
ⓓ I and II only

15.Which of the following series Converge?

I. $\displaystyle\sum_{n=1}^{\infty} \frac{4n^3}{3n^5+3n}$

II. $\displaystyle\sum_{n=1}^{\infty} \frac{4n^3}{3n^4+3n}$

III. $\displaystyle\sum_{n=1}^{\infty} \frac{n+1}{2^n}$

ⓐ I only

ⓑ II only

ⓒ III only

ⓓ I and III only

Exercise 9

1. ⓑ

Ⅰ. p-series에서 $\sum\limits_{n=1}^{\infty} \dfrac{1}{n^3}$ 에서 $3 > 1$ 이므로 Converge!

Ⅱ. Alternating series에서 $\sum\limits_{n=1}^{\infty} (-1)^n \dfrac{1}{n+2}$, $b_n = \dfrac{1}{n+2}$ 이라고 하면,

① $b_n > 0$ ② $b_n > b_{n+1}$ ③ $\lim\limits_{n \to \infty} b_n = 0$ 이므로 $\sum\limits_{n=1}^{\infty} \dfrac{(-1)^n}{n+2}$ 은 Converge!

Ⅲ. The nth term test에서 $\lim\limits_{n \to \infty} \dfrac{2n^2 - n}{n^2 + 1} = 2 \neq 0$ 이므로 Diverge!

Ⅳ. Integral test에서 $\displaystyle\int_{1}^{\infty} \dfrac{x^2}{x^3 + 1} dx$ 에서 $x^3 + 1 = u$ 라고 하면

$\displaystyle\int_{1}^{\infty} \dfrac{x^2}{u} \cdot \dfrac{1}{3x^2} du$ 에서 $\dfrac{1}{3} \displaystyle\int_{1}^{\infty} \dfrac{1}{u} du = \dfrac{1}{3} [\ln|u|]_{1}^{\infty} = \infty$.

① 그러므로, Diverge. (※ Limit Comparison Test를 사용해도 결과는 같다.)

2. ⓓ

Ⅰ. Comparison test에서 $\sum\limits_{k=5}^{\infty} \dfrac{1}{k^2}$ 은 Converge!

$\dfrac{1}{k^2} > \dfrac{1}{k^2 + 3}$ 이므로 $\sum\limits_{k=1}^{\infty} \dfrac{1}{k^2 + 3}$ 은 Converge!
(※ 큰 것이 Converge하면 작은 것도 Converge한다.)

Ⅱ. Geometric series이고 $r = \dfrac{8}{9}$ 이므로 즉, $-1 < r < 1$ 이므로 $\sum\limits_{n=1}^{\infty} (\dfrac{8}{9})^n$ 은 Converge!

Ⅲ. $\cos\dfrac{\pi}{3} = \dfrac{1}{2}$ 이므로 $\sum\limits_{n=1}^{\infty} \cos^n \dfrac{\pi}{3} = \sum\limits_{n=1}^{\infty} (\dfrac{1}{2})^n$ 에서 $r = \dfrac{1}{2}$. 즉, $-1 < r < 1$ 이므로 Converge!

Ⅳ. Integral test에서 $\displaystyle\int_{e}^{\infty} \dfrac{1}{x \ln x} dx$, $\ln x = u$ 라고 하면 $\displaystyle\int_{1}^{\infty} \dfrac{1}{x} \cdot \dfrac{1}{u} du$ 에서

$\displaystyle\int_{1}^{\infty} \dfrac{1}{u} du = [\ln|u|]_{1}^{\infty} = \infty$ 이므로 Diverge!

3. ⓒ

I. The nth term test에서 $\lim\limits_{n\to\infty}\dfrac{n}{n+1}=1\neq 0$ 이므로 Diverge!

II. $\cos(2n\pi)=1$이므로 $\sum\limits_{n=1}^{\infty}\dfrac{1}{n}$. p-series에 의해 Diverge!

III. Comparison test에서 $\sum\limits_{n=1}^{\infty}\dfrac{1}{n^2}$ 은 Converge하고 $\dfrac{1}{n^2}>\dfrac{1}{n^2+1}$ 이므로 $\sum\limits_{n=1}^{\infty}\dfrac{1}{n^2+1}$ 은 Converge!

IV. Limit Comparison Test 사용!

$\sum\limits_{n=1}^{\infty}\dfrac{5n}{n^3}=\sum\limits_{n=1}^{\infty}\dfrac{5}{n^2}$ 은 Converge!

$\lim\limits_{n\to\infty}\dfrac{5n+2}{n^3+2n^2+5}\times\dfrac{n^2}{5}=1$ 이고 1은 Finite and Positive 이므로 $\sum\limits_{n=1}^{\infty}\dfrac{5n+2}{n^3+2n^2+5}$ 는 Converge!

4. ⓓ

I, II, III, and IV 모두 Ratio Test를 사용한다. 여기에서는 필자가 본문에서 소개한 쉽게 푸는 방법으로 풀고자 한다.

I. $3^n<n!$ 이므로 $\sum\limits_{n=1}^{\infty}\dfrac{1}{n!}$ 로 생각해서 푼다. $a_n=\dfrac{1}{n!}$ 이고 $a_{n+1}=\dfrac{1}{(n+1)!}$ 이라고 하면

$\lim\limits_{n\to\infty}\dfrac{\dfrac{1}{(n+1)!}}{\dfrac{1}{n!}}=\lim\limits_{n\to\infty}\dfrac{1}{n+1}=0<1$ 이므로 Converge!

II. $n^3<5^n$ 이므로 $\sum\limits_{n=1}^{\infty}5n$ 로 생각해 푼다. $\sum\limits_{n=1}^{\infty}5n$은 Diverge!

III. $n!<n^n$ 이므로 $\sum\limits_{n=1}^{\infty}n^n$으로 생각해서 푼다. $\sum\limits_{n=1}^{\infty}n^n$은 Diverge!

IV. $n^3<n!$ 이므로 $\sum\limits_{n=1}^{\infty}n!$으로 생각해서 푼다. $\sum\limits_{n=1}^{\infty}n!$은 Diverge!

Explanations and Answers for Exercises

5. ⓓ

Ⅰ. $\dfrac{1}{e} - \dfrac{2}{e^2} + \dfrac{3}{e^3} - \dfrac{4}{e^4} = \cdots = \sum_{n=1}^{\infty} \dfrac{n}{e^n}(-1)^{n-1}$ 에서 $b_n = \dfrac{n}{e^n}$ 이므로

① $b_n > 0$ ② $n=1,2,3$ 대입해 보면 $b_n > b_{n+1}$ 임을 알 수 있다.   ③ $\displaystyle\lim_{n\to\infty} \dfrac{n}{e^n} = 0$

(※ L'Hopital's Rule) 그러므로, Converge!

Ⅱ. $\sum_{n=3}^{\infty}(-1)^n\dfrac{1}{3n}$ 에서 $b_n = \dfrac{1}{3n}$ 이므로 ① $b_n > 0$ ② $b_n > b_{n+1}$ ③ $\displaystyle\lim_{n\to\infty} b_n = 0$ 이므로 Converge!

Ⅲ. p-series에 의해 Converge!

6. ⓒ

Ⅰ. $1 + \dfrac{1}{4} + \dfrac{1}{9} + \dfrac{1}{16} + \cdots = \sum_{n=1}^{\infty} \dfrac{1}{n^2}$ 이므로 p-series에 의해 Converge!

Ⅱ. $1 + \dfrac{1}{\sqrt{2}} + \dfrac{1}{\sqrt{3}} + \dfrac{1}{\sqrt{4}} + \cdots = \sum_{n=1}^{\infty} \dfrac{1}{\sqrt{n}}$ 이므로 p-series에 의해 Diverge!

Ⅲ. $1 + \dfrac{1}{5} + \dfrac{1}{9} + \dfrac{1}{13} + \cdots = \sum_{n=1}^{\infty} \dfrac{1}{4n-3}$, $\sum_{n=1}^{\infty} \dfrac{1}{4n}$ 은 Diverge하고 $\dfrac{1}{4n-3} > \dfrac{1}{4n}$ 이므로

Basic comparison test에 의해 Diverge!

Ⅳ. $1 - \dfrac{1}{3} + \dfrac{1}{9} - \dfrac{1}{27} + \cdots$ 은 $r = -\dfrac{1}{3}$ 인 Geometric Series이다. $-1 < r < 1$ 이므로 Converge!

7. ⓓ

Ⅰ. $\sum_{n=1}^{\infty} \left| \dfrac{(-1)^n}{n^2} \right| = \sum_{n=1}^{\infty} \dfrac{1}{n^2}$ (Converge)

$\sum_{n=1}^{\infty} (-1)^n \cdot \dfrac{1}{n}$ (Converge)

그러므로, Absolutely Convergent

Ⅱ. $\sum_{n=1}^{\infty} \left| \dfrac{(-1)^n}{\sqrt{n}} \right| = \sum_{n=1}^{\infty} \dfrac{1}{\sqrt{n}}$ (Diverge)

$\sum_{n=1}^{\infty} (-1)^n \cdot \dfrac{1}{\sqrt{n}}$ (Converge)

그러므로, Conditionally Convergent

Ⅲ. $\sum_{n=1}^{\infty} \left| \dfrac{(-1)^n}{n} \right| = \sum_{n=1}^{\infty} \dfrac{1}{n}$ (Diverge)

$\sum_{n=1}^{\infty} (-1)^n \cdot \dfrac{1}{n}$ (Converge)

그러므로, Conditionally Convergent

8. ⓐ

I. $\displaystyle\sum_{n=1}^{\infty} \left| (-1)^n \cdot \frac{n}{n^3+1} \right| = \sum_{n=1}^{\infty} \frac{n}{n^3+1}$ $\Rightarrow$ Converge! (By limit comparison test)

$\displaystyle\sum_{n=1}^{\infty} (-1)^n \cdot \frac{n}{n^3+1}$ $\Rightarrow$ Converge

그러므로, Absolutely Convergent

II. $\displaystyle\sum_{n=1}^{\infty} \left| (-1)^n \cdot \frac{1}{n} \right| = \sum_{n=1}^{\infty} \frac{1}{n}$ $\Rightarrow$ Diverge

$\displaystyle\sum_{n=1}^{\infty} (-1)^n \cdot \frac{1}{n}$ $\Rightarrow$ Converge

그러므로, Conditionally Convergent

III. $\displaystyle\sum_{n=1}^{\infty} \left| \frac{(-1)^n}{3\sqrt{n}} \right| = \sum_{n=1}^{\infty} \frac{1}{3\sqrt{n}}$ $\Rightarrow$ Diverge

$\displaystyle\sum_{n=1}^{\infty} (-1)^n \cdot \frac{1}{3\sqrt{n}}$ $\Rightarrow$ Converge

그러므로, Conditionally Convergent

9. Diverge

$$\lim_{n \to \infty} \left| \frac{(-1)^n \cdot (-1) \cdot \dfrac{5^n \cdot 5}{(n+1)^3}}{(-1)^n \cdot \dfrac{5^n}{n^3}} \right| = \lim_{n \to \infty} \left| -\frac{5n^3}{(n+1)^3} \right| = 5 > 1$$

$\therefore$ Diverge

10. Diverge

$x = 9$ 에서 Conditionally Convergent이므로 $\displaystyle\sum_{n=0}^{\infty} \left| a_n(x-3)^n \right|$ 은 Diverge한다. 그러므로,

$\displaystyle\lim_{n \to \infty} \left| \frac{a_{n+1} \cdot 6^n \cdot 6}{a_n \cdot 6^n} \right| \geq 1 \Rightarrow \left| \frac{6a_{n+1}}{a_n} \right| \geq 1 \Rightarrow \left| \frac{a_{n+1}}{a_n} \right| \geq \frac{1}{6}$

$x = -8$ 일 때,

$\displaystyle\lim_{n \to \infty} \left| \frac{a_{n+1} \cdot (-11)^n \cdot (-11)}{a_n \cdot (-11)^n} \right| = \lim_{n \to \infty} \left| \frac{-11a_{n+1}}{a_n} \right| = 11 \left| \frac{a_{n+1}}{a_n} \right| > \frac{11}{6} > 1$ 이므로 Diverge.

11. 0

$a_1 = S_1 = \left(-\dfrac{1}{3}\right)^1 = -\dfrac{1}{3}$ and $a_n = S_n - S_{n-1} = \left(-\dfrac{1}{3}\right)^n - \left(-\dfrac{1}{3}\right)^{n-1} = 4 \cdot \left(-\dfrac{1}{3}\right)^n$ for $n \geq 2$.

Therefore, $\displaystyle\sum_{k=1}^{\infty} a_k = \left(-\dfrac{1}{3}\right) + 4\sum_{k=2}^{\infty}\left(-\dfrac{1}{3}\right)^k = \left(-\dfrac{1}{3}\right) + 4 \cdot \left\{\dfrac{1}{9} - \dfrac{1}{27} + \dfrac{1}{81} + \cdots\right\}$

$= -\dfrac{1}{3} + 4 \times \dfrac{\dfrac{1}{9}}{1 - \left(-\dfrac{1}{3}\right)} = -\dfrac{1}{3} + 4 \times \dfrac{\dfrac{1}{9}}{\dfrac{4}{3}} = 0.$

12. 1

$a_1 = S_1 = \dfrac{1}{2}$ and $a_n = S_n - S_{n-1} = \dfrac{n}{n+1} - \dfrac{n-1}{n} = \dfrac{1}{n(n+1)}$ for $n \geq 2$.

Therefore,

$\displaystyle\sum_{k=1}^{\infty} a_k = \dfrac{1}{2} + \sum_{k=2}^{\infty}\dfrac{1}{k(k+1)} = \dfrac{1}{2} + \sum_{k=1}^{\infty}\left(\dfrac{1}{k} - \dfrac{1}{k+1}\right) = \dfrac{1}{2} + \lim_{n\to\infty}\sum_{k=1}^{n}\left(\dfrac{1}{k} - \dfrac{1}{k+1}\right)$

$= \dfrac{1}{2} + \lim_{n\to\infty}\left\{\left(\dfrac{1}{2} - \dfrac{1}{3}\right) + \left(\dfrac{1}{3} - \dfrac{1}{4}\right) + \cdots + \left(\dfrac{1}{n} - \dfrac{1}{n+1}\right)\right\} = \dfrac{1}{2} + \lim_{n\to\infty}\left(\dfrac{1}{2} - \dfrac{1}{n+1}\right) = \dfrac{1}{2} + \dfrac{1}{2} = 1.$

13. $\dfrac{1}{\pi+1}$

$\displaystyle\sum_{n=1}^{\infty}\dfrac{(-1)^n \cdot (-1)}{\pi^n} \Rightarrow -\sum_{n=1}^{\infty}\left(-\dfrac{1}{\pi}\right)^n \Rightarrow$ Geometric Series!

$\Rightarrow -\left(\dfrac{-\dfrac{1}{\pi}}{1 + \dfrac{1}{\pi}}\right) = -\left(-\dfrac{\dfrac{1}{\pi}}{\dfrac{\pi+1}{\pi}}\right) = \dfrac{1}{\pi+1}$

14. ⓑ

Ⅰ. Geometric Series 이고 Common Ratio 가 -1 이므로 Diverge.

Ⅱ. Geometric Series이고 Common Ratio 가 $-\dfrac{1}{2}$이므로 Converge

Ⅲ. $\displaystyle\sum_{n=1}^{\infty}\dfrac{1}{3n-2} \Rightarrow$ Limit Comparison Test!

$\displaystyle\sum_{n=1}^{\infty}\dfrac{1}{3n}$이 Diverge 하므로 (p-series에 의해)

$\displaystyle\lim_{n\to\infty}\dfrac{1}{3n-2} \times 3n = 1$ 에서 1은 Finite and Positive 이므로 $\displaystyle\sum_{n=1}^{\infty}\dfrac{1}{3n-2}$ 은 Diverge

15. ⓓ

I .Limit Comparison Test!

$$\sum_{n=1}^{\infty} \frac{4n^3}{3n^5} = \sum_{n=1}^{\infty} \frac{4}{3n^2}$$ 는 Converge!

$$\lim_{n \to \infty} \frac{4n^3}{3n^5 + 3n} \times \frac{3n^2}{4} = 1$$ 에서 1은 Finite and Positive 이므로 Converge.

II. Limit Comparison Test!

$$\sum_{n=1}^{\infty} \frac{4n^3}{3n^4} = \sum_{n=1}^{\infty} \frac{4}{3n}$$ 는 Diverge!

$$\lim_{n \to \infty} \frac{4n^3}{3n^4 + 3n} \times \frac{3n}{4} = 1$$ 에서 1은 Finite and Positive 이므로 Diverge

III.Ratio Test!

$$a_n = \frac{n+1}{2^n}$$ 이므로

$$\lim_{n \to \infty} \frac{\frac{n+2}{2^{n+1}}}{\frac{n+1}{2^n}} \Rightarrow \lim_{n \to \infty} \frac{\frac{n+2}{2^n \cdot 2}}{\frac{n+1}{2^n}} \Rightarrow \lim_{n \to \infty} \frac{n+2}{2(n+1)} = \frac{1}{2} < 1$$ 이므로 Converge

심선생의 주절주절 잔소리 3

어느 학생들의 경우 Algebra2반에 갔더니 교사가 하는 수업내용이 너무 쉬워 그 시간에 본인 공부를 하고 수업도 안 듣는 학생들이 있었다. 이 학생들의 경우 학교의 모든 시험을 만점을 받았고 수학에 재능이 있다고 교사로부터 찬사를 받았다. 하지만 결과가 좋지 않았다면 왜일까? 과연 그 교사는 이 학생을 진심으로 좋아했을까?

절대로 아니라고 말씀드리고 싶다. 항상 겸손한 학생이 대우를 받는다. 제자 중에 소위 남들이 말하는 미국 최고의 대학에 진학한 한 학생은 뻔히 아는 내용을 수업을 하더라도 수업에 집중을 하였고 알면서도 잘 모르는 척 교사에게 기초적인 질문을 하면서 지냈고 나중에는 일부로 그 질문의 질을 높여가며 교사와 친분을 쌓았다. 물론 시험도 잘보고 과제도 잘했었다. 이런 학생이 교사가 봤을 때에는 정말로 가르친 보람이 있는 학생이 되는 것이고 높게 평가받는 학생이 된다. "아"다르고 "어"다르다고 하는 것처럼 교사의 멘트 또한 대학 진학에 크게 영향을 준다.

한국대학 입시도 많이 변하였다고는 하지만 아직도 점수가 우선시 되는 것이 사실이다. 하지만 미국의 경우 점수도 좋으면 좋겠지만 교사들로부터 좋은 평을 받는게 더 중요시 된다. 학교에서 대학으로 보내는 Recommendation을 학생들과 부모님들은 볼 수가 없다. 여기에 만약 안 좋은 말이라도 들어간다면 사실상 원하는 대학은 힘들다고 봐야한다.

예전에 지도했던 학생 중 학교 수학교사와 자주 다투는 학생이 있었다. 학생 말에 따르면 교사가 가끔 문제도 잘못 출제하고 내용을 잘못 설명할 때가 있다고 한다. 그때마다 이 학생은 그 교사에게 따졌었고 결국에는 큰 사건이 터지고 말았는데...파이널 시험지 답안에 "이 문제는 잘못 출제되었음"이라고 적어서 제출을 하였다고 한다. 나중에 학생이 가져온 문제를 봤을 때 필자의 눈에 문제에 오류가 있는 것이 확인되었다. 본인 이외에는 그 어떤 학생도 그 문제를 못 풀었다고 한다. 나중에 학생 성적표의 교사의 멘트가 심상치 않을 것이라는 불길한 예감이 들었는데....아니나 다를까..교사의 멘트가 상당히 적대적이었던 것이 기억이 난다. 당시 SAT 2360점으로 거의 만점에 가까웠고 전체적인 학점도 좋았으며 AP성적도 5개가 만점 이었던 학생이 진학했던 대학은 본인 생각에 완전 Safety학교인 대학에 진학을 하게 되었다. 본인이 원했던 모든 대학은 모두 Reject가 되었다. 과연 이것이 우연일까 싶다.

항상 겸손한 태도로 학교생활을 해야 한다는 말씀을 드리고 싶다.

4. Power Series

1. Power Series?

2. Radius and Interval of Convergence

1) Power Series?

Power Series의 모양은 다음과 같다.

Power Series?

- $\displaystyle\sum_{n=0}^{\infty} a_n x^n$ $[a_1, a_2, a_3 \cdots$ are constants, x is variable$]$

$= a_0 + a_1 x + a_2 x^2 + a_3 x^3 + \cdots + a_n x^n + \cdots$

- $\displaystyle\sum_{n=0}^{\infty} a_n (x-a)^n$

$= a_0 + a_1 (x-a) + a_2 (x-a)^2 + a_3 (x-a)^3 + \cdots + a_n (x-a)^n + \cdots$

---

2) Radius and Interval of Convergence

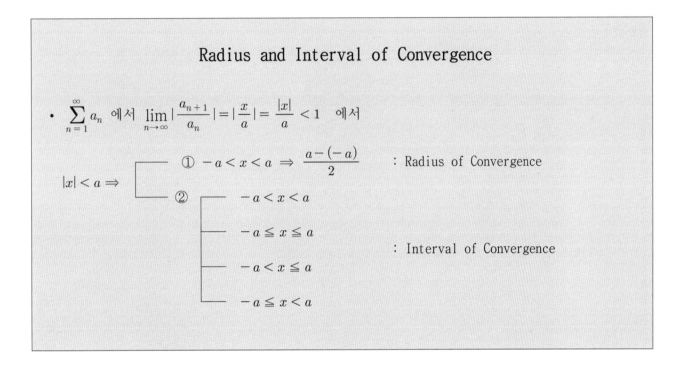

Radius and Interval of Convergence

- $\sum_{n=1}^{\infty} a_n$ 에서 $\lim_{n \to \infty} |\frac{a_{n+1}}{a_n}| = |\frac{x}{a}| = \frac{|x|}{a} < 1$ 에서

$$|x| < a \Rightarrow$$

① $-a < x < a \Rightarrow \frac{a-(-a)}{2}$: Radius of Convergence

②
$-a < x < a$
$-a \leq x \leq a$
$-a < x \leq a$
$-a \leq x < a$
: Interval of Convergence

"Radius of Convergence와 Interval of Convergence" 의 모양이 이렇다는 것 정도 알고 넘기면 된다.

중요한 것은 다음의 예제들이다. 다음의 예제들을 통해서 Radius of Convergence와 Interval of Convergence를 구하는 방법을 익히도록 하자. 다음의 예제들은 암기할 정도로 풀어봐야 한다.
다음의 예제에서 Radius of Convergence와 Interval of Convergence의 내용이 모두 나오기 때문이다.

여기서 잠깐!

우리는 어느 상황에서 Interval of Convergence를 구하는 것인가?

① $\sum_{n=1}^{\infty} \frac{3^n}{n} \Rightarrow$ The ratio test

② $\sum_{n=1}^{\infty} \frac{3^n}{n} \cdot x^n \Rightarrow$ Interval of Convergence

위의 ①, ②를 보면 ②는 n과 상관없는 x가 a_n에 포함되어 있으므로 x 범위가 어디부터 어디까지일 때 $\sum_{n=1}^{\infty} \frac{3^n}{n} \cdot x^n$ 이 Converge 하는지를 조사하게 되는 것이다.

$\left(\text{EX 1}\right)$ Find the interval of convergence of $\displaystyle\sum_{n=1}^{\infty} \frac{(-1)^{n-1} \cdot x^{n-1}}{n+2}$.

Solution

$a_n = \dfrac{(-1)^{n-1} \cdot x^{n-1}}{n+2}$ 이므로

$\displaystyle\lim_{n\to\infty} \left| \frac{\frac{(-1)^n \cdot x^n}{n+3}}{\frac{(-1)^{n-1} \cdot x^{n-1}}{n+2}} \right| = \lim_{n\to\infty} \left| \frac{(n+2) \cdot (-1)^n \cdot x^n}{(n+3) \cdot (-1)^{n-1} \cdot x^{n-1}} \right| = \lim_{n\to\infty} |x| = |x| < 1$ 에서

Radius of Convergence is 1.

$\Rightarrow -1 < x < 1$ 에서

① $x=1$을 원래 식 $\displaystyle\sum_{n=1}^{\infty} \frac{(-1)^{n-1} \cdot x^{n-1}}{n+2}$ 에 대입해보면 $\displaystyle\sum_{n=1}^{\infty} \frac{(-1)^{n-1}}{n+2}$ (Alternating Series)에

서 $\displaystyle\sum_{n=1}^{\infty} (-1)^{n-1} \cdot \frac{1}{n+2}$ (여기서 $\frac{1}{n+2} = b_n$), $\frac{1}{n+2} > \frac{1}{n+3}$ 이고 $\displaystyle\lim_{n\to\infty} b_n = \lim_{n\to\infty} \frac{1}{n+2} = 0$

이므로 Converge!

② $x=-1$을 원래 식 $\displaystyle\sum_{n=1}^{\infty} \frac{(-1)^{n-1} \cdot x^{n-1}}{n+2}$ 에 대입해보면 $\displaystyle\sum_{n=1}^{\infty} \frac{1}{n+2}$

Integral Test에 의해 $\displaystyle\int_1^{\infty} \frac{1}{x+2}\, dx \Rightarrow \lim_{k\to\infty} \int_1^k \frac{1}{x+2}\, dx \Rightarrow \lim_{k\to\infty} [\ln|x+2|]_1^k$

$\Rightarrow \displaystyle\lim_{k\to\infty} [\ln|k+2| - \ln 3] = \infty$ 이므로 Diverge!

그러므로, The Interval of Convergence is $-1 < x \leq 1$.

(※ Limit Comparison Test로 풀어도 된다.)

정답 $-1 < x \leq 1$

$\left(\textbf{EX 2}\right)$ Find the interval of convergence for the series $\displaystyle\sum_{n=1}^{\infty}\frac{x^{2n}}{n!}$.

Solution

$a_n = \dfrac{x^{2n}}{n!}$ 이므로 $\displaystyle\lim_{n\to\infty}\left|\dfrac{\frac{x^{2n+2}}{(n+1)!}}{\frac{x^{2n}}{n!}}\right| = \lim_{n\to\infty}\left|\dfrac{n!\cdot x^{2n+2}}{(n+1)!\cdot x^{2n}}\right| = \lim_{n\to\infty}\left|\dfrac{x^2}{n+1}\right| = \lim_{n\to\infty}\dfrac{|x^2|}{n+1} = 0 < 1$

이므로 $(-\infty,\infty)$ 에서 Converge!

정답　　$(-\infty,\infty)$

$\left(\textbf{EX 3}\right)$ Find the interval of convergence of $\displaystyle\sum_{n=1}^{\infty}\frac{x^n}{(n+1)\cdot 2^n}$.

Solution

$\displaystyle\sum_{n=1}^{\infty}\frac{x^n}{(n+1)\cdot 2^n}$ 이므로 $\displaystyle\lim_{n\to\infty}\left|\dfrac{\frac{x^{n+1}}{(n+2)\cdot 2^{n+1}}}{\frac{x^n}{(n+1)\cdot 2^n}}\right| = \dfrac{|x|}{2}\cdot\lim_{n\to\infty}\dfrac{n+1}{n+2} = \dfrac{|x|}{2} < 1$　에서 $-2 < x < 2$

① $x=2$ 을 원래 식 $\displaystyle\sum_{n=1}^{\infty}\frac{x^n}{(n+1)\cdot 2^n}$ 에 대입해보면 $\displaystyle\sum_{n=1}^{\infty}\frac{2^n}{(n+1)\cdot 2^n} = \sum_{n=1}^{\infty}\frac{1}{n+1}$ 은 Diverge!

(※ Integral Test에서 $\displaystyle\int_{1}^{\infty}\frac{1}{x+1}\,dx \Rightarrow \lim_{k\to\infty}\int_{1}^{k}\frac{1}{x+1}\,dx = \lim_{k\to\infty}\left[\ln|x+1|\right]_{1}^{k}$

$\Rightarrow \displaystyle\lim_{k\to\infty}\left[\ln|k+1|-\ln 2\right] = \infty$ 이므로 Diverge!)

② $x=-2$ 을 원래 식 $\displaystyle\sum_{n=1}^{\infty}\frac{x^n}{(n+1)\cdot 2^n}$ 에 대입해보면

$\displaystyle\sum_{n=1}^{\infty}\frac{(-1)^n\cdot 2^n}{(n+1)\cdot 2^n} = \sum_{n=1}^{\infty}\frac{(-1)^n}{n+1}$　(Alternating Series)이고 $\displaystyle\sum_{n=1}^{\infty}(-1)^n\cdot\frac{1}{n+1}$

(여기서 $\dfrac{1}{n+1} = b_n$), $\dfrac{1}{n+1} > \dfrac{1}{n+2}$ 이고 $\displaystyle\lim_{n\to\infty}b_n = 0$ 이므로 Converge!

그러므로, The Interval of Convergence is $-2 \le x < 2$.

정답　　$-2 \le x < 2$

Problem 1

Find the radius of convergence and interval of convergence of

(1) $\displaystyle\sum_{n=1}^{\infty} \frac{(x-1)^n}{3^n}$

(2) $\displaystyle\sum_{n=1}^{\infty} \frac{(x-2)^n}{n \cdot 3^n}$

Solution

(1) $\displaystyle\lim_{n \to \infty} \left| \frac{\frac{(x-1)^{n+1}}{3^{n+1}}}{\frac{(x-1)^n}{3^n}} \right| = \lim_{n \to \infty} \left| \frac{x-1}{3} \right| = \frac{|x-1|}{3} < 1$ 에서 $-3 < x-1 < 3$ 이므로 $-2 < x < 4$.

Radius of Convergence는 $\dfrac{4-(-2)}{2} = 3$.

① $x = -2$ 일 때, $\displaystyle\sum_{n=1}^{\infty} \frac{(-3)^n}{3^n} = \sum_{n=1}^{\infty} (-1)^n$ 이므로 Diverge.

② $x = 4$ 일 때, $\displaystyle\sum_{n=1}^{\infty} \frac{3^n}{3^n} = \sum_{n=1}^{\infty} 1$ 이므로 Diverge 그러므로 Interval of Convergence는 $-2 < x < 4$

(2) $\displaystyle\lim_{n \to \infty} \left| \frac{\frac{(x-2)^{n+1}}{(n+1) \cdot 3^{n+1}}}{\frac{(x-2)^n}{n \cdot 3^n}} \right| = \lim_{n \to \infty} \left| \frac{n(x-2)}{(n+1) \cdot 3} \right| = \frac{|x-2|}{3} < 1$ 에서 $|x-2| < 3$.

그러므로, $-3 < x-2 < 3$ 에서 $-1 < x < 5$. Radius of Convergence는 $\dfrac{5-(-1)}{2} = 3$.

① $x = -1$ 일 때, $\displaystyle\sum_{n=1}^{\infty} \frac{(-3)^n}{n \cdot 3^n} = \sum_{n=1}^{\infty} \frac{(-1)^n}{n}$ 에서 $\displaystyle\sum_{n=1}^{\infty} \frac{(-1)^n}{n}$ 에서 $\displaystyle\sum_{n=1}^{\infty} (-1)^n \cdot \frac{1}{n}$. $b_n = \frac{1}{n}$ 이라고 하면, 1) $b_n > 0$, 2) $b_n > b_{n+1}$, 3) $\displaystyle\lim_{n \to \infty} b_n = 0$ 이므로 Converge.

② $x = 5$ 일 때, $\displaystyle\sum_{n=1}^{\infty} \frac{3^n}{n \cdot 3^n} = \sum_{n=1}^{\infty} \frac{1}{n}$ 에서 P-series에 의해 Diverge.

그러므로 Interval of Convergence는 $-1 \leq x < 5$.

정답
(1) Radius of Convergence : 3, Interval of Convergence : $-2 < x < 4$
(2) Radius of Convergence : 3, Interval of Convergence : $-1 \leq x < 5$

Explanation & Answer : ☞p.377

1. Find the interval of convergence for the series $\displaystyle\sum_{n=1}^{\infty} (-1)^{n+1} \cdot \frac{x^n}{n}$.

2. Find the interval of convergence for the series $\displaystyle\sum_{n=1}^{\infty} \frac{n}{3^n (n^2+1)} \cdot (x+5)^n$.

<AP CALCULUS AB&BC>

3. Find the interval of convergence for the series $\displaystyle\sum_{n=1}^{\infty} \frac{x^n}{n!}$.

4. Find the radius of convergence for the series $\displaystyle\sum_{n=1}^{\infty} \frac{(x-3)^n}{2n}$.

Exercise 10

1. $-1 < x \leqq 1$

$a_n = (-1)^{n+1} \cdot \dfrac{x^n}{n}$ 이라 하면 $\displaystyle\lim_{n \to \infty} \dfrac{|a_{n+1}|}{|a_n|} = \lim_{n \to \infty} \left| \dfrac{(-1)^{n+2} \cdot \dfrac{x^{n+1}}{n+1}}{(-1)^{n+1} \cdot \dfrac{x^n}{n}} \right| = |x| \cdot \lim_{n \to \infty} \dfrac{n}{n+1} = |x| < 1$

에서 $-1 < x < 1$

① $x = -1$을 $\displaystyle\sum_{n=1}^{\infty} (-1)^{n+1} \cdot \dfrac{x^n}{n}$ 에 대입하면 $-\displaystyle\sum_{n=1}^{\infty} \dfrac{1}{n}$ 에서 Diverge (The P-series Test)

② $x = 1$을 $\displaystyle\sum_{n=1}^{\infty} (-1)^{n+1} \cdot \dfrac{x^n}{n}$ 에 대입하면 $\displaystyle\sum_{n=1}^{\infty} \dfrac{(-1)^{n+1}}{n}$ 이고 $\displaystyle\sum_{n=1}^{\infty} (-1)^{n+1} \cdot \dfrac{1}{n}$ 에서 $b_n = \dfrac{1}{n}$

이라고 하면 $b_n > b_{n+1}$. 즉, $\dfrac{1}{n} > \dfrac{1}{n+1}$ 이고 $\displaystyle\lim_{n \to \infty} b_n = \lim_{n \to \infty} \dfrac{1}{n} = 0$ 이므로 Converge.

그러므로 $-1 < x \leqq 1$.

2. $-8 \leqq x < -2$

$a_n = \dfrac{n}{3^n (n^2+1)} \cdot (x+5)^n$ 이라 하면

$\displaystyle\lim_{n \to \infty} \dfrac{|a_{n+1}|}{|a_n|} = \lim_{n \to \infty} \left| \dfrac{\dfrac{(n+1)(x+5)^{n+1}}{3^{n+1} \cdot ((n+1)^2+1)}}{\dfrac{n(x+5)^n}{3^n \cdot (n^2+1)}} \right| = \left| \dfrac{x+5}{3} \right| \cdot \lim_{n \to \infty} \dfrac{(n+1)(n^2+1)}{n(n^2+2n+2)} = \left| \dfrac{x+5}{3} \right| < 1$

에서 $-8 < x < -2$

① $x = -8$을 $\displaystyle\sum_{n=1}^{\infty} \dfrac{n}{3^n (n^2+1)} \cdot (x+5)^n$ 에 대입하면 $\displaystyle\sum_{n=1}^{\infty} (-1)^n \cdot \dfrac{n}{n^2+1}$ 이고 $b_n = \dfrac{n}{n^2+1}$ 에서

$b_n > b_{n+1}$. 즉, $\dfrac{n}{n^2+1} > \dfrac{n+1}{(n+1)^2+1}$ ($n = 1,2,3,\cdots$ 대입해 본다.)

이고, $\displaystyle\lim_{n \to \infty} b_n = \lim_{n \to \infty} \dfrac{n}{n^2+1} = 0$ 이므로 Converge!

② $x = -2$을 $\displaystyle\sum_{n=1}^{\infty} \dfrac{n}{3^n (n^2+1)} \cdot (x+5)^n$ 에 대입하면 $\displaystyle\sum_{n=1}^{\infty} (-1)^n \cdot \dfrac{n}{n^2+1}$

$\Rightarrow \displaystyle\int_1^{\infty} \dfrac{x}{x^2+1} dx = \lim_{k \to \infty} \int_1^k \dfrac{x}{x^2+1} dx$ 에서 $x^2+1 = u$ 라고 치환하고 양변을 x에 대해서 미분하면

Explanations and Answers for Exercises

$2x = \dfrac{du}{dx}$ 에서 $dx = \dfrac{1}{2x}du$

$\displaystyle\lim_{k\to\infty}\int_1^k \dfrac{x}{u}\cdot\dfrac{1}{2x}du = \dfrac{1}{2}\cdot\lim_{k\to\infty}\int_1^k \dfrac{1}{u}du = \dfrac{1}{2}\cdot\lim_{k\to\infty}[\ln u]_1^k = \dfrac{1}{2}\cdot\lim_{k\to\infty}[\ln k] = \infty$ 이므로 Diverge

그러므로, $-8 \leqq x < -2$

3. $-\infty < x < \infty$

$a_n = \dfrac{x^n}{n!}$ 이라고 하면

$\displaystyle\lim_{n\to\infty}\left|\dfrac{a_{n+1}}{a_n}\right| = \lim_{n\to\infty}\left|\dfrac{\dfrac{x^{n+1}}{(n+1)!}}{\dfrac{x^n}{n!}}\right| = \lim_{n\to\infty}\left|\dfrac{x^{n+1}\cdot n!}{x^n\cdot(n+1)!}\right| = \lim_{n\to\infty}|\dfrac{x}{n+1}| = |x|\cdot\lim_{n\to\infty}\dfrac{1}{n+1} = 0 < 1$

이므로 x가 실수 전 범위 $(-\infty,\infty)$ 에서 Converge!

4. 1

$\displaystyle\lim_{n\to\infty}\left|\dfrac{\dfrac{(x-3)^{n+1}}{2(n+1)}}{\dfrac{(x-3)^n}{2n}}\right| = \lim_{n\to\infty}\left|\dfrac{2n(x-3)}{2(n+1)}\right| = |x-3| < 1$ 에서 $-1 < x-3 < 1$ 이므로 $2 < x < 4$.

그러므로, Radius of Convergence는 $\dfrac{4-2}{2} = 1$.

5. Taylor Series and Maclaurin Series

시작에 앞서서...

어려운 단원은 아니지만 처음 공부하는 학생들에게 생소해 보일 수 있는 단원이다. 공식을 암기하고 그 공식들을 상황에 맞게 대입하여야 하는 문제들을 많이 다루게 되므로 몇 번 반복하여 공부를 하다 보면 다른 단원들에 비해 어렵지 않다는 것을 느끼게 될 것이다.

1) Taylor Series and Maclaurin Series

Power Series $\displaystyle\sum_{n=0}^{\infty} a_n = f(x) = a_0 + a_1(x-a) + a_2(x-a)^2 + a_3(x-a)^3 + \cdots + a_n(x-a)^n + \cdots$

에서부터 Taylor Series와 Maclaurin Series가 증명된다.

$f(x) = a_0 + a_1(x-a) + a_2(x-a)^2 + a_3(x-a)^3 + \cdots + a_n(x-a)^n + \cdots$ 의

① 양변에 x 대신 a를 대입하면 $f(a) = a_0$

② 양변을 x에 대해서 미분(Differentiation)하면

$f'(x) = a_1 + 2a_2(x-a) + 3a_3(x-a)^2 + \cdots + na_n(x-a)^{n-1} + \cdots$

$\Rightarrow x$ 대신 a를 대입하면 $f'(a) = a_1$

$\Rightarrow a_1 = f'(a)$

③ ②의 양변을 다시 미분(Differentiation)하면

$f''(x) = 1 \cdot 2 \cdot a_2 + 2 \cdot 3 \cdot a_3(x-a) + \cdots + n(n-1) \cdot (x-a)^{n-2} + \cdots$

$\Rightarrow x$ 대신 a를 대입하면 $f''(a) = 1 \cdot 2a_2$

$\Rightarrow a_2 = \dfrac{f''(a)}{1 \cdot 2} = \dfrac{f''(a)}{2!}$

④ ③의 양변을 다시 미분(Differentiation)하면

$f'''(x) = 1 \cdot 2 \cdot 3 \cdot a_3 + \cdots + n(n-1)(n-2) \cdot (x-a)^{n-3} + \cdots$

$\Rightarrow x$ 대신 a를 대입하면 $f'''(a) = 1 \cdot 2 \cdot 3a_3$

$\Rightarrow a_3 = \dfrac{f'''(a)}{1 \cdot 2 \cdot 3} = \dfrac{f'''(a)}{3!}$

①,②,③,④의 결과를

$f(x) = a_0 + a_1(x-a) + a_2(x-a)^2 + a_3(x-a)^3 + \cdots + a_n(x-a)^n + \cdots$ 에 대입하면 다음과 같다.

무조건 암기하자! 이 결과를 "Taylor Series" 라고 한다.

 반드시 암기하자!

Taylor Series

$$f(x) = f(a) + f'(a)(x-a) + \frac{f''(a)}{2!}(x-a)^2 + \frac{f'''(a)}{3!}(x-a)^3 + \cdots + \frac{f^{(n)}(a)}{n!}(x-a)^n + \cdots$$

$\Rightarrow$ Taylor Series에서 a대신 0을 대입하면 "Maclaurin Series" 가 된다.

다음의 것도 반드시 암기하여야 한다.

Maclaurin Series

$$f(x) = f(0) + f'(0)x + \frac{f''(0)}{2!}x^2 + \frac{f'''(0)}{3!}x^3 + \cdots + \frac{f^{(n)}(0)}{n!}x^n + \cdots$$

자주 쓰이는 Maclaurin Series 5가지도 암기해두면 편하다.

Common Maclaurin Series

①	$\sin x$	$x - \dfrac{x^3}{3!} + \dfrac{x^5}{5!} + \cdots + \dfrac{(-1)^{n-1} \cdot x^{2n-1}}{(2n-1)!} + \cdots$	$-\infty < x < \infty$
②	$\cos x$	$1 - \dfrac{x^2}{2!} + \dfrac{x^4}{4!} + \cdots + \dfrac{(-1)^{n-1} \cdot x^{2n-2}}{(2n-2)!} + \cdots$	$-\infty < x < \infty$
③	e^x	$1 + x + \dfrac{x^2}{2!} + \dfrac{x^3}{3!} + \cdots + \dfrac{x^n}{n!} + \cdots$	$-\infty < x < \infty$
④	$\ln(1+x)$	$x - \dfrac{x^2}{2} + \dfrac{x^3}{3} - \dfrac{x^4}{4} + \cdots + \dfrac{(-1)^{n-1} \cdot x^n}{n} + \cdots$	$-1 \leq x \leq 1$
⑤	$\tan^{-1}x$	$x - \dfrac{x^3}{3} + \dfrac{x^5}{5} - \dfrac{x^7}{7} + \cdots + \dfrac{(-1)^{n-1} \cdot x^{2n-1}}{2n-1} + \cdots$	$-1 \leq x \leq 1$

 Shim's Tip

※ 필자는 위의 다섯 가지를 이런 식으로 암기하였다.
혹시 읽어보고 도움이 된다면 필자가 한 것처럼 암기하기 바란다.

① $\sin x$: Odd Function이라서 홀수(Odd)만 나온다고 외우자!
② $\cos x$: Even Function이라서 짝수(Even)만 나온다고 외우자!
　※ ①을 미분(Differentiation)하면 ②가 되고 분모(Denominator)에 "!" 이 있다.
　　그리고 +와 -가 번갈아 나온다.
③ e^x : 모든 term이 +로 연결되어 있고 순서대로 나온다.
④ $\ln(1+x)$: Even function, Odd function 아무것도 아니고 순서대로 나온다.
⑤ $\tan^{-1}x$: $\tan^{-1}x$가 Odd Function이라서 홀수(Odd)만 나온다고 외우자!
　※ ④와 ⑤는 분모(Denominator)에 "!" 이 없고 +와 -가 번갈아 나온다.

여기서 잠깐!

앞에서 공부한 내용들을 보면 하나의 공통점이 있다.

그것은 바로 e^x, $\sin x$, $\ln(1+x)$ 등을 Polynomial Function 형태로 표현하고 있다는 점이다. Infinite Series에서 Term 개수가 늘어날수록 실제 Graph와 상당히 유사해지는 것을 다음의 Graph들로부터 확인할 수 있다.

1. Find the first four Taylor polynomials for e^x about $x=0$

① $P_0(x) = 1$ ② $P_1(x) = 1 + x$

③ $P_2(x) = 1 + x + \dfrac{1}{2}x^2$ ④ $P_3(x) = 1 + x + \dfrac{1}{2}x^2 + \dfrac{1}{6}x^3$

이를 Graph로 그려보면 다음과 같다.

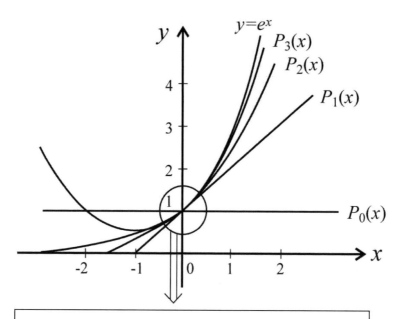

"Taylor polynomial for e^x about x=0" 에서 각각의 Graph들은 x=0에서 같은 값을 갖는다는 것을 확인할 수 있다.

여기서 잠깐!

2. Find the first three Taylor polynomials for $\ln x$ about $x = 2$.

① $P_0(x) = \ln 2$ ② $P_1(x) = \ln 2 + \dfrac{1}{2}(x-2)$

③ $P_2(x) = \ln 2 + \dfrac{1}{2}(x-2) - \dfrac{1}{8}(x-2)^2$

이를 Graph로 그려 보면 다음과 같다.

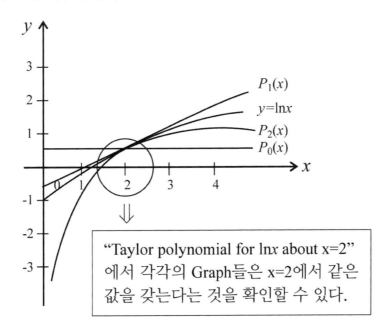

"Taylor polynomial for ln$x$ about x=2"
에서 각각의 Graph들은 x=2에서 같은
값을 갖는다는 것을 확인할 수 있다.

중요한 것은 Graph를 공부 한다기 보다 Taylor Series와 Maclaurin Series 공식을 암기하고 적용 시키는 것이다.
필자가 "심선생의 보충설명 코너"에 쓴 내용은 학생들이 암기한 사항에 대한 이해를 돕고자 한 것이다.
필자가 제시하는 다양한 문제들을 통해 숙달이 되도록 연습하도록 하자.

05 Taylor Series and Maclaurin Series

다음의 예제들을 보자.

(**EX 1**) Find the coefficient of x^2 in the Maclaurin Series for $e^{\cos x}$.

Solution

앞에서 암기했던 것처럼 Maclaurin Series에서 x^2의 Coefficient는 $\dfrac{f''(0)}{2!}$ 이다.

$f'(x) = -\sin x \cdot e^{\cos x} \Rightarrow f''(x) = -\cos x \cdot e^{\cos x} - \sin x \cdot e^{\cos x} \cdot (-\sin x)$ 에서

$f''(x) = -\cos x \cdot e^{\cos x} + \sin^2 x \cdot e^{\cos x}$ 에서 $f''(0) = -e$ 이므로 x^2의 coefficient는 $-\dfrac{e}{2!}$ 이다.

정답 $-\dfrac{e}{2}$

(**EX 2**) Write the third-degree of Taylor Series for $\ln(1+2x)$ about $x=0$.

Solution

The third-degree는 Exponent가 3이 될 때까지 쓰라는 것이다.
앞에서 암기했던 Taylor Series는

$f(x) = f(a) + f'(a)(x-a) + \dfrac{f''(a)}{2!}(x-a)^2 + \dfrac{f'''(a)}{3!}(x-a)^3 + \cdots$ 이었고 $a=0$이므로

① $f(0) = \ln 1 = 0$

② $f'(x) = \dfrac{2}{1+2x}$ 에서 $f'(0) = 2$

③ $f''(x) = -2(1+2x)^{-2} \cdot 2 = -4(1+2x)^{-2}$ 에서 $f''(0) = -4$

④ $f'''(x) = 8(1+2x)^{-3} \cdot 2$ 에서 $f'''(0) = 16$ 이므로

①~④를 $f(x) = f(0) + f'(0)x + \dfrac{f''(0)}{2!}x^2 + \dfrac{f'''(0)}{3!}x^3$ 에 대입하면 $f(x) = 2x - 2x^2 + \dfrac{8}{3}x^3$.

정답 $f(x) = 2x - 2x^2 + \dfrac{8}{3}x^3$

$\left(\textbf{EX 3}\right)$ The Taylor Series about $x=0$ or a certain function f convergence to $f(0)$ for all x in the interval of convergence.

The nth derivative of f at $x=0$ is given by $f^{(n)}(0)=\dfrac{(-1)^{n+1}(n+1)!}{5^n(n-1)^2}$ for $n \geq 2$.

The graph of f has a horizontal tangent line at $x=0$ and $f(0)=6$.

(a) Write the third-degree of Taylor polynomial for f about $x=0$.
(b) Find the radius of convergence of the Taylor Series for f about $x=0$.

Solution

(a) 앞에서 암기했던 Taylor Series는

$$f(x)=f(a)+f'(a)(x-a)+\frac{f''(a)}{2!}(x-a)^2+\frac{f'''(a)}{3!}(x-a)^3+\cdots+\frac{f^{(n)}(a)}{n!}(x-a)^n+\cdots$$

① $f(0)=6$

② $f'(0)=0$ ($x=0$ 에서 접선이 Horizontal Line이므로 Slope가 0이다.)

③ $n=2$ 대입, $f''(0)=-\dfrac{3!}{(5^2)(1^2)}=-\dfrac{6}{25}$

④ $n=3$ 대입, $f'''(0)=\dfrac{4!}{(5^3)(2^2)}$ 이므로 $f(x)=6-\dfrac{\left(\dfrac{6}{25}\right)}{2!}x^2+\dfrac{\left(\dfrac{4!}{(5^3)(2^2)}\right)}{3!}x^3$

(b) $a_n=\dfrac{f^{(n)}(0)}{n!}x^n$ 에서 $a_n=\dfrac{(-1)^{n+1}\cdot(n+1)!}{5^n(n-1)^2}x^n$,

$\displaystyle\lim_{n\to\infty}\left|\frac{a_{n+1}}{a_n}\right|=\lim_{n\to\infty}\left(\frac{n+2}{n+1}\right)\left(\frac{n-1}{n}\right)^2\cdot\frac{1}{5}|x|=\frac{1}{5}|x|<1$ 에서 $|x|<5$. 그러므로, $-5<x<5$

에서 Radius of Convergence는 $\dfrac{5-(-5)}{2}=5$.

정답 (a) $f(x)=6-\dfrac{3}{25}x^2+\dfrac{1}{125}x^3$ (b) 5

$\left(\textbf{EX 4}\right)$ Find the first three non-zero terms of the Maclaurin Series for $f(x) = \tan^{-1}(3x)$.

Solution

앞에서 $\tan^{-1}x$ 는 $x - \dfrac{x^3}{3} + \dfrac{x^5}{5} - \dfrac{x^7}{7} + \cdots + \dfrac{(-1)^{n-1} \cdot x^{2n-1}}{2n-1} + \cdots$ $(-1 \leqq x \leqq 1$)이라고 암기했다.

x 대신 $3x$ 를 대입하면 $\tan^{-1}(3x) = 3x - \dfrac{(3x)^3}{3} + \dfrac{(3x)^5}{5} = 3x - 9x^3 + \dfrac{3^5}{5}x^5$.

정답 $\qquad 3x - 9x^3 + \dfrac{3^5}{5}x^5$

Problem 1

(1) Find the coefficient of x^3 in the Taylor Series for e^{2x} about $x = 0$.

(2) Find the coefficient of x^5 in the Taylor Series for $\dfrac{2x}{1+x^2}$ about $x = 0$.

Solution

(1) $e^x = 1 + x + \dfrac{x^2}{2!} + \dfrac{x^3}{3!} + \cdots$ 에서 x 대신 $2x$를 대입하면,

$e^{2x} = \dfrac{1}{3!}(2x)^3 = \dfrac{8}{3!}x^3$ 에서 $\dfrac{4}{3}$.

(2) $\tan^{-1}x = x - \dfrac{x^3}{3} + \dfrac{x^5}{5} - \dfrac{x^7}{7} + \cdots$ 에서 $(\tan^{-1}x)' = \dfrac{1}{1+x^2} = 1 - x^2 + x^4 - x^6 + \cdots$ 에서

양변에 $2x$를 곱하면, $\dfrac{2x}{1+x^2} = 2x - 2x^3 + 2x^5 - 2x^7 + \cdots$ 이므로 x^5의 Coefficient는 2.

정답   (1) $\dfrac{4}{3}$ (2) 2

Problem 2

(1) What is the approximation of the value of $\tan^{-1}1$ obtained by using the fifth-degree Taylor polynomial about $x=0$ for $\tan^{-1}x$?

ⓐ $1-\dfrac{1}{3}+\dfrac{1}{5}$　　　ⓑ $1+\dfrac{1}{3}+\dfrac{1}{5}$　　　ⓒ $1-\dfrac{1}{9}+\dfrac{1}{25}$　　ⓓ $1+\dfrac{1}{9}+\dfrac{1}{25}$

(2) Let f be the function given by $f(x)=\ln(3-2x)$. Write the first three non-zero terms of the Taylor series for f about $x=1$.

(3) Let f be the function given by $f(x)=\dfrac{2x}{1+x^2}$. Write the first three non-zero terms of the Taylor series for f about $x=0$.

Solution

(1) $\tan^{-1}x = x - \dfrac{1}{3}x^3 + \dfrac{1}{5}x^5 + \cdots$　이므로 $\tan^{-1}1 = 1 - \dfrac{1}{3} + \dfrac{1}{5}$

(2) $f(x) = f(1) + f'(1)(x-1) + \dfrac{f''(1)}{2!}(x-1)^2 + \dfrac{f'''(1)}{3!}(x-1)^3$　에서

- $f(1) = \ln 1 = 0$
- $f'(x) = \dfrac{-2}{3-2x}$ 에서 $f'(1) = -2$
- $f''(x) = (-2(3-2x)^{-1})' = 2(3-2x)^{-2} \cdot (-2)$　에서 $f''(1) = -4$.
- $f'''(x) = 8(3-2x)^{-3} \cdot (-2)$ 에서 $f'''(1) = -16$

그러므로, $f(x) = -2(x-1) - 2(x-1)^2 - \dfrac{8}{3}(x-1)^3$.

(3) $\tan^{-1}x = x - \dfrac{1}{3}x^3 + \dfrac{1}{5}x^5 + \cdots$ 을 이용하기 위해 양변 미분(Differentiation)!

$\tan^{-1}x = \dfrac{1}{1+x^2} = 1 - x^2 + x^4 + \cdots$ 의 양변에 $2x$를 곱하면 $\dfrac{2x}{1+x^2} = 2x - 2x^3 + 2x^5$.

정답　　　(1) ⓐ　　　(2) $-2(x-1) - 2(x-1)^2 - \dfrac{8}{3}(x-1)^3$　　　(3) $2x - 2x^3 + 2x^5$

Problem 3

A function f has Maclaurin series given by $-\dfrac{x^4}{2}+\dfrac{x^5}{3}-\dfrac{x^6}{4}+\cdots+\dfrac{(-1)^{n-1}\cdot x^{n+2}}{n}+\cdots$.

Which of the following is an expression for $f(x)$?

ⓐ $-x\sin x-x^2$　　　ⓑ $x^2\cos x^2-x$　　　ⓒ $x^2\ln(1+x)-x^3$　　　ⓓ $x^2e^x-x^3$

Solution

$\ln(1+x)=x-\dfrac{x^2}{2}+\dfrac{x^3}{3}-\dfrac{x^4}{4}+\cdots+\dfrac{(-1)^{n-1}\cdot x^n}{n}+\cdots$ 이므로

양변에 x^2을 곱해서 정리해 보면 $x^2\ln(1+x)=x^3-\dfrac{x^4}{2}+\dfrac{x^5}{3}-\dfrac{x^6}{4}+\cdots+\dfrac{(-1)^{n-1}\cdot x^{n+2}}{n}$ 에서

$x^2\ln(1+x)-x^3=-\dfrac{x^4}{2}+\dfrac{x^5}{3}-\dfrac{x^6}{4}+\cdots+\dfrac{(-1)^{n-1}\cdot x^{n+2}}{n}$.

정답　　ⓒ

Problem 4

The sum of the series $2x + \dfrac{2}{3!}x^3 + \dfrac{2}{5!}x^5 + \dfrac{2}{7!}x^7 + \ldots$ is

ⓐ $\dfrac{1}{3!}(e^x + e^{-x})$

ⓑ $2\sin x$

ⓒ $e^x - e^{-x}$

ⓓ $2e^{2x}$

Solution

$$e^x = 1 + x + \frac{1}{2!}x^2 + \frac{1}{3!}x^3 + \frac{1}{4!}x^4 + \frac{1}{5!}x^5 + \ldots$$

$$-\mid e^{-x} = 1 - x + \frac{1}{2!}x^2 - \frac{1}{3!}x^3 + \frac{1}{4!}x^4 - \frac{1}{5!}x^5 + \ldots$$

$$e^x - e^{-x} = 2x + \frac{2}{3!}x^3 + \frac{2}{5!}x^5 + \ldots$$

그러므로, 정답은 ⓒ

정답   ⓒ

Problem 5

The function f has derivatives of all orders for all real numbers with $f(0) = 1$, $f'(0) = -1$, $f''(0) = 4$, and $f'''(0) = 2$. Let g be the function given by $g(x) = \int_0^x f(t)dt$. Write the first three non-zero terms Taylor Polynomial for g about $x = 0$.

Solution

$g(x) = F(x) - F(0)$에서 $g'(x) = f(x)$

$g(x) = g(0) + g'(0)x + \dfrac{g''(0)}{2!}x^2 + \dfrac{g'''(0)}{3!}x^3 + \ldots$ 에서

$f(0) = g'(0) = 1$, $f'(0) = g''(0) = -1$, $f''(0) = g'''(0) = 4$이고

$g(0) = \displaystyle\int_0^0 f(t)dt = 0$ 이므로 $g(x) = x - \dfrac{1}{2!}x^2 + \dfrac{4}{3!}x^3 + \ldots$ 에서

정답은 $g(x) = x - \dfrac{1}{2}x^2 + \dfrac{2}{3}x^3$.

정답 $\qquad g(x) = x - \dfrac{1}{2}x^2 + \dfrac{2}{3}x^3$

Problem 6

Let $P(x) = 4x - 4x^3 + 8x^5$ be the fifth-degree Taylor Polynomial for the function f about $x = 0$. Find the value of $f^{(5)}(0)$.

Solution

$f(x) = f(0) + f'(0)x + \dfrac{f''(0)}{2!}x^2 + \dfrac{f'''(0)}{3!}x^3 + \dfrac{f^{(4)}(0)}{4!}x^4 + \dfrac{f^{(5)}(0)}{5!}x^5 + \dots$ 이므로

$\dfrac{f^{(5)}(0)}{5!} = 8$ 에서 $f^{(5)}(0) = 960$.

정답　　960

Problem 7

The nth derivative of a function f at $x=1$ is given by $f^{(n)}(1) = (-1)^n \dfrac{n!}{2^n}$ for all $n \geq 0$.

Which of the following is the Taylor series for f?

ⓐ $1 - \dfrac{1}{2}(x-1) + \dfrac{1}{2}(x-1)^2 - \dfrac{1}{6}(x-1)^3 + \cdots$

ⓑ $1 + \dfrac{1}{2}(x-1) + \dfrac{1}{4}(x-1)^2 + \dfrac{1}{8}(x-1)^3 + \cdots$

ⓒ $1 + \dfrac{1}{2}(x-1) + \dfrac{1}{2}(x-1)^2 + \dfrac{1}{6}(x-1)^3 + \cdots$

ⓓ $1 - \dfrac{1}{2}(x-1) + \dfrac{1}{4}(x-1)^2 - \dfrac{1}{8}(x-1)^3 + \cdots$

Solution

- $f(x) = f(1) + f'(1)(x-1) + \dfrac{f''(1)}{2!}(x-1)^2 + \dfrac{f'''(1)}{3!}(x-1)^3 + \cdots$ 이므로

- $n=0$ 일 때, $f(1) = 1$ (※ $0! = 1$)

- $n=1$ 일 때, $f'(1) = -\dfrac{1}{2}$

- $n=2$ 일 때, $f''(1) = \dfrac{2!}{2^2} = \dfrac{1}{2}$

- $n=3$ 일 때, $f'''(1) = -\dfrac{3!}{2^3} = -\dfrac{6}{8} = -\dfrac{3}{4}$ $\cdots$

그러므로 $f(x) = 1 - \dfrac{1}{2}(x-1) + \dfrac{1}{2!} \cdot \dfrac{1}{2}(x-1)^2 - \dfrac{1}{3!} \cdot \dfrac{3}{4}(x-1)^3 + \cdots$

정답 ⓓ

Problem 8

Let f be the function given by $f(x) = \ln(x^2 + x + 1)$, and let $P(x)$ be the second-degree Taylor polynomial for f about $x = 0$.

(a) Find $P(x)$

(b) Let H be the function given by $H(x) = \int_0^x f(t)dt$. Write the third-degree Taylor polynomial for H about $x = 0$.

Solution

(a) $f(0) = \ln 1 = 0$

$f'(x) = \dfrac{2x+1}{x^2+x+1} \;\Rightarrow f'(0) = 1$

$f''(x) = \dfrac{(2x+1)' \cdot (x^2+x+1) - (2x+1) \cdot (x^2+x+1)'}{(x^2+x+1)^2}$

$\Rightarrow f''(x) = \dfrac{2(x^2+x+1) - (2x+1)^2}{(x^2+x+1)^2} \;\Rightarrow f''(0) = 1$

그러므로, $P_2(x) = f(0) + f'(0)x + \dfrac{f''(0)}{2!}x^2$ 에 대입하면 $P_2(x) = x + \dfrac{1}{2}x^2$

(b) $H(x) = \displaystyle\int_0^x (x + \dfrac{1}{2}x^2)dx = \dfrac{1}{2}x^2 + \dfrac{1}{6}x^3$

정답   (a) $x + \dfrac{1}{2}x^2$ (b) $\dfrac{1}{2}x^2 + \dfrac{1}{6}x^3$

Problem 9

Let f be a function with derivatives of all orders and for which $f(1) = 2$. The nth derivative of f at $x = 1$ is given by $f^{(n)}(1) = \dfrac{(n-1)!}{5^n} \ (n \geq 1)$

Write the fourth-degree Taylor polynomial for f about $x = 1$.

Solution

$f(x) = f^{(0)}(1) + f^{(1)}(1)(x-1) + \dfrac{f^{(2)}(1)}{2!}(x-1)^2 + \dfrac{f^{(3)}(1)}{3!}(x-1)^3 + \dfrac{f^{(4)}(1)}{4!}(x-1)^4$ 에서

- $f(1) = 2$

- $n = 1$ 일 때, $f^{(1)}(1) = \dfrac{0!}{5} = \dfrac{1}{5}$ (※ $0! = 1$)

- $n = 2$ 일 때, $f^{(2)}(1) = \dfrac{1}{5^2}$

- $n = 3$ 일 때, $f^{(3)}(1) = \dfrac{2!}{5^3} = \dfrac{2}{5^3}$

- $n = 4$ 일 때, $f^{(4)}(1) = \dfrac{3!}{5^4} = \dfrac{6}{5^4}$

그러므로, $f(x) = 2 + \dfrac{1}{5}(x-1) + \dfrac{1}{2! \cdot 5^2}(x-1)^2 + \dfrac{2}{3! \cdot 5^3}(x-1)^3 + \dfrac{6}{4! \cdot 5^4}(x-1)^4$ 으로부터

$f(x) = 2 + \dfrac{1}{5}(x-1) + \dfrac{1}{2 \cdot 5^2}(x-1)^2 + \dfrac{1}{3 \cdot 5^3}(x-1)^3 + \dfrac{1}{4 \cdot 5^4}(x-1)^4$

정답 $\qquad f(x) = 2 + \dfrac{1}{5}(x-1) + \dfrac{1}{2 \cdot 5^2}(x-1)^2 + \dfrac{1}{3 \cdot 5^3}(x-1)^3 + \dfrac{1}{4 \cdot 5^4}(x-1)^4$

Problem 10

Let f be the function given by $f(x) = e^{x^3}$.

(a) Write the first four non-zero terms of the Taylor series for f about $x = 2$.

(b) Write the first three non-zero terms of the Taylor series for $\int_2^x e^{t^3} dt$ about $x = 2$.

Solution

(a)

$f(x) = f(2) + f'(2)(x-2) + \dfrac{f''(2)}{2!}(x-2)^2 + \dfrac{f'''(2)}{3!}(x-2)^3$ 으로부터

- $f(2) = e^8$
- $f'(x) = 3x^2 \cdot e^{x^3} \Rightarrow f'(2) = 12e^8$
- $f''(x) = 9x^4 e^{x^3} + 6x \cdot e^{x^3} \Rightarrow f''(2) = 156e^8$
- $f'''(x) = 27x^6 e^{x^3} + 36x^3 \cdot e^{x^3} + 18x^3 \cdot e^{x^3} + 6e^{x^3} \Rightarrow f'''(2) = 2166e^8$

그러므로, $f(x) = e^8 + 12e^8(x-2) + \dfrac{156e^8}{2!}(x-2)^2 + \dfrac{2166e^8}{3!}(x-2)^3$.

여기서 잠깐!

수업을 하다 보면 (a)번의 경우 많은 학생들이 Chain Rule을 하지 않고 무심하게 넘어가는 경우가 많다. 생각보다 계산이 어렵지는 않지만 지저분한 편이다 보니 "설마...이 정도는 아니겠지?" 라고 안이한 생각을 가지는 학생들이 많다. 반드시 꼼꼼히 써야 함을 명심하자!

Solution

(b) $\int_2^x e^{t^3} dt = \int_2^x (e^8 + 12e^8(t-2) + \dfrac{156e^8}{2!}(t-2)^2 + \cdots)dt$

$\qquad = e^8 x + 6e^8(x-2)^2 + 26e^8(x-2)^3 + \cdots$

정답   (a) $f(x) = e^8 + 12e^8(x-2) + \dfrac{156e^8}{2!}(x-2)^2 + \dfrac{2166e^8}{3!}(x-2)^3$

              (b) $e^8 x + 6e^8(x-2)^2 + 26e^8(x-2)^3$

Problem 11

Let f be the function given by $f(x) = \dfrac{3x}{1+x^3}$

(a) Write the first four non-zero terms and the general term of the Taylor series for f about $x = 0$.

(b) Write the first four non-zero terms of the Taylor series for $\displaystyle\int_0^x \dfrac{3t}{1+t^3}\, dt$ about $x = 0$.

Solution

(a) "Taylor series about $x = 0$" 는 Maclaurin Series이다.

$\ln(1+x) = x - \dfrac{1}{2}x^2 + \dfrac{1}{3}x^3 - \dfrac{1}{4}x^4 + \cdots$ 에서 양변을 Differentiate하면

$\dfrac{1}{1+x} = 1 - x + x^2 - x^3 + \cdots$ 에서 x 대신 x^3을 대입하고 양변에 $3x$를 곱하면,

$\dfrac{3x}{1+x^3} = 3x(1 - x^3 + x^6 - x^9 + \cdots)$ 에서

$\dfrac{3x}{1+x^3} = 3x - 3x^4 + 3x^7 - 3x^{10} + \cdots$

이제 General Term을 구해 보자.

① 3은 Constant이다. 계속 일정하다.

② Power를 보면 x^1, x^4, x^7, $x^{10}, \cdots$ 에서 1, 4, 7, 10 $\cdots$ 이므로 Arithmetic Sequence이다.

그러므로, $a_n = 1 + (n-1) \cdot 3 = 3n - 2$

이는 $n \geq 1$일 때의 공식이므로 $n \geq 0$ 이라면 Term의 개수가 하나 늘게 되어 n 대신 $n+1$을 대입한다. 그렇게 되면 $a_n = 3n+1$ 이 된다.

③ 이 Series는 Alternating Series이다. 그러므로, $(-1)^n$ 이 되어야 한다. $n = 0$일 때, $(-1)^n = 1$ 이기 때문이다.

그러므로, General term은 $(-1)^n \cdot 3x^{3n+1}$ 이 된다.

Solution

여기서 잠깐!

n 대신 0을 대입하였을 때 $(-1)^{n+2}$ 도 1이 되지 않는가? 그러므로, General Term을 $(-1)^{n+2} \cdot 3x^{3n+1}$ 로 쓰면 안 되는가?

$\Rightarrow$ 정답은 $(-1)^{n+2} \cdot 3x^{3n+1}$ 로 써도 크게 상관이 없다. 즉, 정답이 된다. $(-1)^n$ or $(-1)^{n+2}$ 에서 n or $n+2$가 중요한 것이 아니라 n 대신 0, 1, 2, 3, $\cdots$을 대입한 결과와 우리가 펼친 식이 같으면 되는 것이다. 학생들이 이 부분을 많이 헷갈려한다.

$\Rightarrow$ 뒤에 나오는 "심선생의 보충설명 코너"를 한번 더 확인하기 바란다.

(b) $\dfrac{3x}{1+x^3} = 3x - 3x^4 + 3x^7 - 3x^{10} + \cdots$ 이었으므로

$$\int_0^x \frac{3t}{1+t^3}\, dt = \int_0^x (3t - 3t^4 + 3t^7 - 3t^{10} + \cdots)dt$$

$$= \frac{3}{2}x^2 - \frac{3}{5}x^5 + \frac{3}{8}x^8 - \frac{3}{11}x^{11} + \cdots$$

정답

(a) $3x - 3x^4 + 3x^7 - 3x^{10} + \cdots + (-1)^n \cdot 3x^{3n+1} + \cdots$

(b) $\dfrac{3}{2}x^2 - \dfrac{3}{5}x^5 + \dfrac{3}{8}x^8 - \dfrac{3}{11}x^{11}$

심 선생의 보충설명 코너

1. Problem 11에서 Geometric Sequence와 Arithmetic Sequence로 구한 General term은 $n \geq 1$인데 왜 Taylor Series로 답을 할 때의 n은 $n \geq 0$인가?

⇒ 이는 Taylor Series의 공식을 보면 알 수 있다.

① Taylor Series about $x = a$

$$f(x) = f^{(0)}(a) + f^{(1)}(a)(x-a) + \frac{f^{(2)}(a)}{2!}(x-a)^2 + \frac{f^{(3)}(a)}{3!}(x-a)^3 + \cdots$$

② Taylor Series about $x = 0$

$$f(x) = f^{(0)}(0) + f^{(1)}(0)x + \frac{f^{(2)}(0)}{2!}x^2 + \frac{f^{(3)}(0)}{3!}x^3 + \cdots$$

위의 ①,②에서 보듯이 First term이 $f^{(0)}(a)(x-a)^0$ 과 $f^{(0)}(0)x^0$ 이므로 $n \geq 0$이 된다.

2. Taylor Series에서는 왜 굳이 Polynomial Function 형태로 식을 다시 쓰려는 노력을 할까?

⇒ Polynomial Function은 Differentiate, Integrate를 하기에 수월한 Function이다.

Problem 10의 $\int_0^x e^{t^3} dt$ 의 경우나 Problem 11의 $\int_0^x \frac{3t}{1+t^3} dt$의 경우 $\int_0^x e^{t^3} dt$, $\int_0^x \frac{3t}{1+t^3} dt$ 를 직접 구할 수는 없지만 e^{t^3} 과 $\frac{3t}{1+t^3}$를 Polynomial Function으로 다시 나타내게 되면 우리는 $\int_0^x e^{t^3} dt$나 $\int_0^x \frac{3t}{1+t^3} dt$ 처럼 직접 계산이 불가능한 경우도 정확하게는 아니지만 어느 정도 비슷하게 구할 수 있게 되는 것이다.

Problem 12

The function f is defined by the power series

$$f(x) = -\frac{2}{3}x^2 + \frac{3}{4}x^3 - \frac{4}{5}x^4 + \cdots + \frac{(-1)^n \cdot (n+1)x^{n+1}}{(n+2)} + \cdots$$

for all real numbers x for which the series converges.

(a) Find the interval of convergence of the power series for f.

(b) Determine whether f has a local maximum, a local minimum, or neither at $x = 0$.

Solution

(a) $a_n = \dfrac{(-1)^n \cdot (n+1)x^{n+1}}{(n+2)}$ 이므로

$$\lim_{n \to \infty} \left| \frac{a_{n+1}}{a_n} \right| = \lim_{n \to \infty} \left| \frac{\dfrac{(-1)^n \cdot (-1) \cdot (n+2) \cdot x^n \cdot x^2}{(n+3)}}{\dfrac{(-1)^n \cdot (n+1) \cdot x^n \cdot x}{(n+2)}} \right| < 1 \quad \text{인 } x\text{범위를 찾는다.}$$

$$\lim_{n \to \infty} \left| -\frac{(n+2)^2}{(n+1)(n+3)} \cdot x \right| = |-x| < 1 \quad \text{이므로 } -1 < x < 1$$

① $x = 1$일 때, $\displaystyle\sum_{n=1}^{\infty} \frac{(n+1)}{(n+2)} \cdot (-1)^n$ 에서 The nth term test에 의해

$$\lim_{n \to \infty} (-1)^n \cdot \frac{n+1}{n+2} \neq 0 \text{ 이므로 Diverge.}$$

② $x = -1$일 때, $-\displaystyle\sum_{n=1}^{\infty} \frac{(n+1)}{(n+2)}$ 에서 The nth term test에 의해

$$\lim_{n \to \infty} \frac{n+1}{n+2} \neq 0 \text{ 이므로 Diverge.}$$

그러므로, Interval of Convergence는 $-1 < x < 1$

(b) $f'(x) = -\dfrac{4}{3}x + \dfrac{9}{4}x^2 - \dfrac{16}{5}x^3 + \cdots$ 에서 $f'(0) = 0$

$f''(x) = -\dfrac{4}{3} + \dfrac{9}{2}x - \dfrac{48}{5}x^2 + \cdots$ 에서 $f''(0) < 0$

$f'(0) = 0$ 이고 $f''(0) < 0$ 이므로 f는 $x = 0$에서 Local(Relative) Maximum Value를 갖는다.

정답   (a) $-1 < x < 1$ (b) Maximum Value

1. Find the coefficient of x^3 in the Maclaurin series for $f(x) = \ln(1+3x)$.

2. Find the first three non-zero terms of the Maclaurin series for $f(x) = x \cdot e^x$

3. Write the three-degree Taylor series for $f(x) = e^{-x}$ about the point $x = \ln 3$.

4. Find the first three non-zero terms of the Maclaurin series for $f(x) = \sin(2x)$.

5. Find the first three non-zero terms of the Maclaurin series for $f(x) = \dfrac{1}{1+x^2}$.

6. Find the coefficient of $(x - \dfrac{\pi}{3})^3$ in the Taylor series about $\dfrac{\pi}{3}$ of $f(x) = \sin x$.

7. Find the coefficient of $(x-1)^3$ in the Taylor series about 1 of $f(x) = e^{x^2}$.

8. Find the coefficient of x^{22} in the Taylor series about $x = 0$ of $f(x) = \sin(5x + \dfrac{\pi}{4})$.

9.The sum of the series $2x - 2x^3 + 2x^5 - 2x^7 + \dots$ is

ⓐ $\dfrac{2x}{\ln(1+x)}$

ⓑ $\ln(1+2x)$

ⓒ $\dfrac{x}{1+2x}$

ⓓ $\dfrac{2x}{1+x}$

10. The function f has derivatives of all orders for all real numbers with $f(1)=2$, $f'(1)=4$, $f''(1)=-6$, and $f'''(1)=-4$.

Let g be the function given by $g(x)=\displaystyle\int_0^x f(t)dt$. Write the first three nonzero terms Taylor Polynomial for g about $x=1$.

11.Let $P(x)=1-x^2+\dfrac{1}{2!}x^4$ be the fourth-degree Taylor Polynomial for the function f about $x=0$. Find the value of $f^{(4)}(0)$.

12. Let f be the function given by $f(x) = \dfrac{3x}{1+x}$.

(a) Write the first four nonzero terms and the general term of the Taylor series for f about $x = 0$.

(b) Write the first three nonzero terms of the Taylor series for $\displaystyle\int_0^x \frac{3t}{1+t}\,dt$ about $x = 0$.

13. Let f be the function given by $f(x) = e^{2x}$

(a) Write the first four nonzero terms and the general term of the Taylor series for f about $x = 1$.

(b) Write the first three nonzero terms of the Taylor series for $\displaystyle\int_0^x e^{2t}\,dt$ about $x = 1$.

14. Let f be the function with derivatives of all orders and for which $f(1) = 1$. The nth derivative of f at $x = 1$ is given by $f^{(n)}(1) = \dfrac{n!}{2^{n-1}}$ $(n \geq 1)$. Write the third degree Taylor Polynomial for f about $x = 1$.

15. The f is defined by the power series

$$f(x) = \sum_{n=0}^{\infty} \frac{(-1)^{n+1} \cdot x^{2n}}{(n+1)!} = -1 + \frac{1}{2!}x^2 - \frac{1}{3!}x^4 + \frac{1}{4!}x^6 - \cdots$$

for all real numbers x. Determine whether f has a relative maximum, a relative minimum, or neither at $x = 0$.

16. The Maclaurin series for the function f is given by $f(x) = \sum_{n=0}^{\infty} \frac{x^{n+1}}{2n+1}$ on its interval of convergence. Find the interval of convergence of the Maclaurin series for f.

Exercise 11

1. 9

x^3의 Coefficient는 $\dfrac{f^{(3)}(0)}{3!}$ 이므로

$f'(x) = (\dfrac{1}{1+3x}) \times 3$, $f''(x) = -9(1+3x)^{-2}$, $f^{(3)}(x) = 54(1+3x)^{-3}$ 에서 $f^{(3)}(0) = 54$ $\Rightarrow$ $\dfrac{54}{3!} = 9$

2. $f(x) = x + x^2 + \dfrac{1}{2}x^3$

① $f(0) = 0$

② $f'(x) = e^x + xe^x$ 에서 $f'(0) = 1$

③ $f''(x) = e^x + e^x + xe^x$ 에서 $f''(0) = 2$

④ $f'''(x) = e^x + e^x + e^x + xe^x$ 에서 $f'''(0) = 3$ 이므로

$f(x) = f(0) + f'(0)x + \dfrac{f''(0)}{2!}x^2 + \dfrac{f'''(0)}{3!}x^3 + \cdots$ 에 대입하면 $f(x) = x + x^2 + \dfrac{1}{2}x^3$

3. $f(x) = \dfrac{1}{3} - \dfrac{1}{3}(x - \ln 3) + \dfrac{1}{6}(x - \ln 3)^2 - \dfrac{1}{18}(x - \ln 3)^3$

① $f(x) = e^{-x}$ 에서 $f(\ln 3) = e^{-\ln x} = e^{\ln \frac{1}{3}} = \dfrac{1}{3}$

② $f'(x) = -e^{-x}$ 에서 $f'(\ln 3) = -e^{-\ln x} = -e^{\ln \frac{1}{3}} = -\dfrac{1}{3}$

③ $f''(x) = e^{-x}$ 에서 $f''(\ln 3) = -e^{-\ln x} = e^{\ln \frac{1}{3}} = \dfrac{1}{3}$

④ $f^{(3)}(x) = -e^{-x}$ 에서 $f^{(3)}(\ln 3) = -e^{-\ln x} = -e^{\ln \frac{1}{3}} = -\dfrac{1}{3}$

$f(x) = f(\ln 3) + f'(\ln 3)(x - \ln 3) + \dfrac{f''(\ln 3)}{2!}(x - \ln 3)^2 + \dfrac{f^{(3)}(\ln 3)}{3!}(x - \ln 3)^3$ 에서

$f(x) = \dfrac{1}{3} - \dfrac{1}{3}(x - \ln 3) + \dfrac{1}{6}(x - \ln 3)^2 - \dfrac{1}{18}(x - \ln 3)^3$

4. $f(x) = 2x - \dfrac{4}{3}x^3 + \dfrac{4}{15}x^5$

$f(x) = \sin x = x - \dfrac{x^3}{3!} + \dfrac{x^5}{5!} - \dfrac{x^7}{7!} + \cdots$ 에서 x 대신 $2x$를 대입하면

$\sin(2x) = 2x - \dfrac{8x^3}{3!} + \dfrac{32x^5}{5!} = 2x - \dfrac{4}{3}x^3 + \dfrac{4}{15}x^5$

5. $f(x) = 1 - x^2 + x^4$

앞에서 암기한 Common Maclaurin Series를 이용하자!!

$\tan^{-1}x = x - \dfrac{x^3}{3} + \dfrac{x^5}{5} - \dfrac{x^7}{7} + \cdots$ 를 미분(Differentiation)!! $\Rightarrow \dfrac{1}{1+x^2} = 1 - x^2 + x^4 - x^6 + \cdots$

6. $-\dfrac{1}{12}$

$f(x) = \sin x$ 이고

① $f'(x) = \cos x$

② $f''(x) = -\sin x$

③ $f^{(3)}(x) = -\cos x$ 에서 $\dfrac{f^{(3)}(\frac{\pi}{3})}{3!}(x - \frac{\pi}{3})^3$ 에서 $\dfrac{-\cos\frac{\pi}{3}}{3!} = \dfrac{-\dfrac{1}{2}}{3!} = -\dfrac{1}{12}$

7. $\dfrac{10e}{3}$

$f(x) = e^{x^2}$ 이고

① $f'(x) = 2x \cdot e^{x^2}$

② $f''(x) = 2e^{x^2} + 4x^2 \cdot e^{x^2}$

③ $f'''(x) = 4x \cdot e^{x^2} + 8x \cdot e^{x^2} + 8x^3 \cdot e^{x^2}$

에서 $f'''(1) = 4e + 8e + 8e = 20e$ 이므로 $\dfrac{f^{(3)}(1)}{3!} = \dfrac{20e}{6} = \dfrac{10e}{3}$

8. $\dfrac{-5^{22} \cdot \sqrt{2}}{2 \cdot (22!)}$

x^{22}의 Coefficient는 $\dfrac{f^{(22)}(0)}{22!}$ 이므로

① $f(x) = \sin\left(5x + \dfrac{\pi}{4}\right)$

② $f'(x) = 5\cos\left(5x + \dfrac{\pi}{4}\right)$

③ $f''(x) = -5^2 \cdot \sin\left(5x + \dfrac{\pi}{4}\right)$

④ $f'''(x) = -5^3 \cdot \cos\left(5x + \dfrac{\pi}{4}\right)$

⑤ $f^{(4)}(x) = 5^4 \cdot \sin\left(5x + \dfrac{\pi}{4}\right)$

⑥ $f^{(5)}(x) = 5^5 \cdot \cos\left(5x + \dfrac{\pi}{4}\right) \cdots$ 로 부터 $f^{(22)}(x)$를 유추해보면 $f^{(22)}(x) = -5^{(22)}\sin\left(5x + \dfrac{\pi}{4}\right)$

에서 $\dfrac{f^{(22)}(0)}{22!} = \dfrac{-5^{22}}{22!} \cdot \sin\dfrac{\pi}{4} = \dfrac{-5^{22} \cdot \sqrt{2}}{2 \cdot (22!)}$

9. ⓓ

$(\tan^{-1}x)' = \left(x - \dfrac{1}{3}x^3 + \dfrac{1}{5}x^5 - \dfrac{1}{7}x^7 + \ldots\right)'$

$\Rightarrow \dfrac{1}{1+x^2} = 1 - x^2 + x^4 - x^6 + \ldots.$의 양변에 $2x$를 곱하면

$\dfrac{2x}{1+x^2} = 2x - 2x^3 + 2x^5 - 2x^7 + \ldots.$

10. $2(x-1) + 2(x-1)^2 - (x-1)^3$

$g(x) = \displaystyle\int_0^x f(t)\,dt$에서 $(g(x))' = (F(x) - F(0))'$

$\Rightarrow g'(x) = f(x)$

$\Rightarrow f(1) = g'(1) = 2,\; f'(1) = g''(1) = 4,\; f''(1) = g'''(1) = -6$ 이고

$g(1) = \displaystyle\int_1^1 f(t)\,dt = 0.$

$g(x) = g(1) + g'(1)(x-1) + \dfrac{g''(1)}{2!}(x-1)^2 + \dfrac{g'''(1)}{3!}(x-1)^3 + \ldots$ 에서

$g(x) = 2(x-1) + 2(x-1)^2 - (x-1)^3$

11. 12

$$f(x) = f(0) + f'(0)x + \frac{f''(0)}{2!}x^2 + \frac{f'''(0)}{3!}x^3 + \frac{f^{(4)}(0)}{4!}x^4 + \cdots \quad \text{에서}$$

$$\frac{f^{(4)}(0)}{4!} = \frac{1}{2!} \Rightarrow f^{(4)}(0) = 12$$

12. (a) $3x - 3x^2 + 3x^3 - 3x^4 + \cdots 3(-1)^n x^{n+1} + \cdots$ (b) $\frac{3}{2}x^2 - x^3 + \frac{3}{4}x^4$

$\ln(1+x) = x - \frac{1}{2}x^2 + \frac{1}{3}x^3 - \frac{1}{4}x^4 + \frac{1}{5}x^5 + \cdots$ 에서 양변을 Differentiate!

$\frac{1}{1+x} = 1 - x + x^2 - x^3 + \cdots$ 의 양변에 $3x$를 곱하면 $\frac{3x}{1+x} = 3x - 3x^2 + 3x^3 - 3x^4 + \cdots$

General Term은 $3(-1)^n x^{n+1}$ (※ $n = 0, 1, 2, 3, 4 \cdots$ 를 대입하면 결과가 같게 나온다.)

(b) $\displaystyle\int_0^x \frac{3t}{1+t}dt = \int_0^x (3t - 3t^2 + 3t^3 - \cdots)dt \quad = \frac{3}{2}x^2 - x^3 + \frac{3}{4}x^4$

13. (a) $e^2 + 2e^2(x-1) + \frac{4e^2}{2!}(x-1)^2 + \frac{8e^2}{3!}(x-1)^3 + \cdots + \frac{2^n e^2}{n!}(x-1)^n + \cdots$

    (b) $e^2 x + e^2(x-1)^2 + \frac{4e^2}{3 \cdot 2!}(x-1)^3$

(a)

- $f(x) = e^{2x} \Rightarrow f(1) = e^2$
- $f'(x) = 2e^{2x} \Rightarrow f'(1) = 2e^2$
- $f''(x) = 4e^{2x} \Rightarrow f''(1) = 4e^2$
- $f'''(x) = 8e^{2x} \Rightarrow f'''(1) = 8e^2$

그러므로, $f(x) = e^2 + 2e^2(x-1) + \frac{4e^2}{2!}(x-1)^2 + \frac{8e^2}{3!}(x-1)^3 + \cdots + \frac{2^n e^2}{n!}(x-1)^n + \cdots$

General Term은 $\frac{2^n e^2}{n!}(x-1)^n$

(b) $\displaystyle\int_0^x e^{2t}dt = \int_0^x \left(e^2 + 2e^2(t-1) + \frac{4e^2}{2!}(t-1)^2 + \cdots\right)dt \quad = e^2 x + e^2(x-1)^2 + \frac{4e^2}{3 \cdot 2!}(x-1)^3$

※정답을 적을 때 Numerator와 Denominator를 약분(Cancelation)해도 되지만 General term을 쉽게 쓰기 위해 일부러 약분(Cancelation)을 안 했다. 이처럼 General term을 쓸 때는 약분(Cancelation)을 하지 않고 쓰면 보다 쉽게 General term을 찾을 수 있다.

---

14. $1 + (x-1) + \dfrac{1}{2}(x-1)^2 + \dfrac{1}{4}(x-1)^3$

- $n = 0$일 때, $f^{(0)}(1) = 1$

- $n = 1$일 때, $f^{(1)}(1) = \dfrac{1}{2^0} = 1$

- $n = 2$일 때, $f^{(2)}(1) = \dfrac{2!}{2} = 1$

- $n = 3$일 때, $f^{(3)}(1) = \dfrac{3!}{2^2} = \dfrac{3}{2}$

$f(x) = f^{(0)}(1) + f^{(1)}(1)(x-1) + \dfrac{f^{(2)}(1)}{2!}(x-1)^2 + \dfrac{f^{(3)}(1)}{3!}(x-1)^3$ 에 대입하면

$f(x) = 1 + (x-1) + \dfrac{1}{2}(x-1)^2 + \dfrac{1}{4}(x-1)^3$.

15. Relative minimum

$f'(x) = x - \dfrac{4}{3!}x^3 + \dfrac{6}{4!}x^5 + \cdots$ 에서 $f'(0) = 0$

$f''(x) = 1 - \dfrac{12}{3!}x^2 + \dfrac{30}{4!}x^4 + \cdots$ 에서 $f''(0) = 1 > 0$

$f'(0) = 0$이고 $f''(x) > 0$ 이므로 $x = 0$에서 Relative minimum을 갖는다.

16. $-1 \leqq x < 1$

$a_n = \dfrac{x^{n+1}}{2n+1}$ 이므로 $\lim\limits_{n \to \infty} \left| \dfrac{\frac{x^n \cdot x^2}{2n+3}}{\frac{x^n \cdot x}{2n+1}} \right| < 1$ 에서 $\lim\limits_{n \to \infty} \left| \dfrac{2n+1}{2n+3} \cdot x \right| < 1 \Rightarrow |x| < 1 \Rightarrow -1 < x < 1$

① $x = 1$일 때, $\sum\limits_{n=0}^{\infty} \dfrac{1}{2n+1}$

Limit Comparison Test 사용!

$\sum\limits_{n=0}^{\infty} \dfrac{1}{2n}$ 이 Diverge하고 $\lim\limits_{n \to \infty} \dfrac{2n}{2n+1} = 1$ 이므로 Diverge

② $x = -1$일 때 $\sum\limits_{n=0}^{\infty} (-1)^{n+1} \cdot \dfrac{1}{2n+1}$ 에서 $b_n = \dfrac{1}{2n+1}$ 이라 하면

- $b_n > 0$ - $b_n > b_{n+1}$ - $\lim\limits_{n \to \infty} b_n = 0$ 이므로 Converge.

그러므로 Interval of Convergence는 $-1 \leqq x < 1$

심선생의 주절주절 잔소리 4

"미국의 명문 대학은 어떤 학생들이 진학하는 것일까?" 대학 결과가 나오고 나면 필자는 부모님들로부터 여러 말들을 듣게 된다. "저 아이는 우리아이보다 성적이 별루인데...아마 빽이 있었을 거야..." 라던가.." 저 아이가 어떻게 그 대학에? 우리 아이보다 SAT점수도 100점이나 낮고 AP도 별로 없는데 말이야...뭔가..수상해.." 물론 수상하거나 빽이 있었을 수도 있다. 하지만 필자가 봐 왔던 학생들은 절대 그런 학생들이 아니었다. 예전 SAT가 2400만점일 때 2100점이 안 되는 학생이 한 아이비리그에 입학을 한 반면 2300점이 넘는 학생이 그 대학으로부터 Reject를 받았다.

한국 사람들에게는 뭐든지 점수로 등급을 매기는 버릇이 있는 것 같다. 실제로 SAT가 1600점이 만점이 되면서 1550밑으로는 명문대는 꿈도 꾸지 말라는 말들도 많이 들려오곤 한다. 과연 그럴까?

물론 SAT성적이 우수하면 어느 정도 유리한 것은 사실이지만 SAT성적이 대학 입시결과에 절대적이지가 않다. 한국 수능시험의 경우 하루에 결판이 나고 점수가 좋을수록 좋은 대학에 진학을 하지만 미국 대학의 경우 학생의 그 동안의 과정을 중요시 한다. SAT점수가 안 좋더라도 꾸준히 여러 대회에 참가를 했었고 본인의 재능도 기부했었으며 미국의 명문 Summer Camp에도 다녀왔던 학생이 입시 결과가 좋았다. 물론 GPA가 좋고 학교생활이 성실했다는 것은 기본이다. 꾸준히 컴퓨터를 공부하면서 본인만의 작품을 만들고 여러 경쟁력 있는 캠프에 도전을 했었으며 교내에서 Math Tutor활동을 하며 여러 친구들과 후배들을 도왔던 학생이 결과가 좋았다. 단지 점수만으로 원하는 대학에 진학할 수 있다는 생각은 버려야 한다.

많은 학생들이 SAT나 ACT성적이 만족스럽지 못하면 매 방학 때마다 모든 일을 놔두고 성적향상에만 몰두를 한다. 다행인 것은 그렇게 공부를 한 대부분의 학생들이 원하는 SAT나 ACT성적이 나온다는 점이다. 이는 유능한 SAT ACT강사들이 많다는 점도 큰 영향이 있다. 하지만 대학 원서를 쓸 때가 되면 상당히 난감해지는 일이 벌어진다. 성적 말고는 원서에 쓸 것이 없기 때문이다.

필자는 항상 이런 점을 강조해왔고 앞으로도 강조하고 싶다. 성공하는 자는 시간을 아껴서 쓸 줄 알아야 한다는 것이다. 단어를 하루에 몇 백 개 외운다고 아침부터 밤까지 학원에 앉아 있다면 과연 그 시간동안 그 만큼의 공부를 하는 것일까 싶다. SAT나 ACT성적이 쉽게 나오는 학생들의 경우 평소 책 읽기가 습관화 되어 있거나 그것이 아니라면 공부시간을 세세하게 잘 짜서 버려지는 시간을 최소화 시키는 학생들이 대부분 이었다. 남들은 12시간 동안 SAT나 ACT하나에 올인할 때 시간을 잘 쓰는 학생은 그 시간 안에 SAT, ACT 공부뿐만 아니라 본인의 프로젝트(논문, 컴퓨터 프로젝트...등등) 그리고 운동 봉사활동까지 해나간다. SAT ACT 때문에 시간이 없어서 다른 것을 못한다는 것은 본인의 나태함을 감싸기 위한 변명일 뿐이다.
명문 대학 진학을 원한다면 시간 관리를 철저하게 해야 된다는 점을 명심하자.

6. Error Bound

1. Lagrange error bound
2. Alternating Series with error bound

시작에 앞서서...

5월 AP 시험에서 출제 비중은 낮은 편이지만 대부분의 미국 학교에서는 자세하게 수업을 하는 내용이다. Error Bound가 어렵다고 느끼는 이유는 책마다 조금씩 디테일한 내용들이 다르기 때문이다. 이에 필자는 그 동안 학생들을 가르치면서 학생들이 어려워하는 부분과 책마다 다른 내용들에 대해 최대한 자세한 설명을 쓰도록 노력하였다.
특히 AP 시험을 준비하는 많은 학생들이 이 부분 문제를 Skip하는 경우가 많은데 앞으로는 절대로 Skip하지 말고 자세히 공부하기를 부탁드린다.

⎧06⎫ Error Bound

1 Lagrange error bound for Taylor Polynomials

Taylor's Series로부터 알 수 있는 것은 모든 Function을 Polynomial Function 형태로 표현하려고 노력한다는 점이다. 왜 그럴까? 필자의 생각으로는 "Polynomial Function이 가장 심플한 모양이면서 Integral, Differentiate 이 가장 쉬운 형태라서 그렇지 않을까…?" 라고 조심스럽게 생각이 든다.

다음의 예를 보자.

$e^x = 1 + x + \frac{1}{2!}x^2 + \frac{1}{3!}x^3 + \frac{1}{4!}x^4 + \cdots$ 에서 x 대신 1을 대입하면 $e = 1 + 1 + \frac{1}{2} + \frac{1}{6} + \frac{1}{24} + \cdots$ 이 된다. 이것을 한없이 더할 수 없기 때문에 처음의 세 개의 Term만 계산해 보면 $1 + 1 + \frac{1}{2} = 2.5$ 이고 $e \approx 2.71$ 이므로 $\frac{1}{6} + \frac{1}{24} + \cdots \approx 0.21$ 정도가 된다. 우리는 Infinite Series의 정확한 계산을 할 수 없기 때문에 (한없이 더할 수 없으므로) 어느 정도 까지만 계산을 하게 된다.

이로 인해 Exact Value와 Approximate 사이에 Error가 생기게 된다.

$$\underbrace{e}_{\substack{\approx 2.71 \\ \text{(Exact Value)}}} = \underbrace{1 + 1 + \frac{1}{2}}_{\substack{= 2.5 \\ \text{(Approximate)}}} + \underbrace{\frac{1}{6} + \frac{1}{24} + \cdots}_{\substack{\approx 0.21 \\ \text{(Remainder)}}}$$

즉, $\underbrace{f(x)}_{\text{Exact Value}} = \underbrace{P_n(x)}_{\text{Approximate Value}} + \underbrace{R_n(x)}_{\text{Remainder}}$

$f(x) = P_n(x) + R_n(x)$ 로부터 $R_n(x) = f(x) - P_n(x)$ 임을 알 수 있고, $R_n(x)$를 Error라고 한다.

Lagrange Error Bound

Taylor's Series로부터

$$f(x) = f(a) + f'(a)(x-a) + \frac{f''(a)}{2!}(x-a)^2 + \cdots + \frac{f^{(n)}(a)}{n!}(x-a)^n + \frac{f^{(n+1)}(a)}{(n+1)!}(x-a)^{n+1} + \cdots$$

$$\Rightarrow f(x) = f(a) + f'(a)(x-a) + \frac{f''(a)}{2!}(x-a)^2 + \cdots + \frac{f^{(n)}(a)}{n!}(x-a)^n + R_n(x)$$

우선 우리는 "**Lagrange Error Bound**" 공식을 외워야 한다.
(※ 참고로 말씀 드리면 이를 "라그랑주 에러 바운드"라고 읽는다. 라그랑주는 프랑스의 수학자이자
천문학자였다.)

반드시 암기하자!

$$|R_n(x)| \leq \frac{M}{(n+1)!} \cdot (x-a)^{n+1}$$

※ M 은 $\left| f^{(n+1)}(x) \right|$ 에서 a와 x 사이의 Maximum Value이다.

이 식은 어떻게 만들어졌을까? 일단 암기하는 것이 중요하겠지만 필자는 여기에 자세히 증명 과정을
설명하고자 한다.

☞ Proof 과정

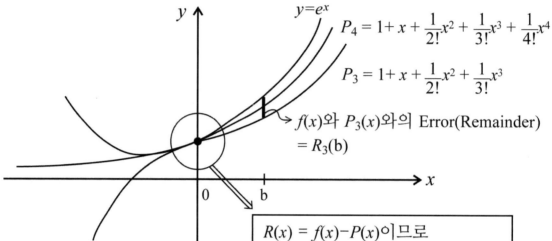

$P_4 = 1 + x + \dfrac{1}{2!}x^2 + \dfrac{1}{3!}x^3 + \dfrac{1}{4!}x^4$

$P_3 = 1 + x + \dfrac{1}{2!}x^2 + \dfrac{1}{3!}x^3$

$f(x)$와 $P_3(x)$와의 Error(Remainder) $= R_3(b)$

$R(x) = f(x) - P(x)$이므로
① $R(0) = f(0) - P(0) = 0$
② $R'(0) = f'(0) - P'(0) = 0$
③ $R''(0) = f''(0) - P''(0) = 0$
    $\vdots$
④ $R^{(n)}(0) = f^{(n)}(0) - P^{(n)}(0) = 0$

⇒ Taylor Series about $x=0$
(=Maclaurin's Series)
는 $x=0$ 근처에서
항상
$R^{(n)}(0) = f^{(n)}(0) - P^{(n)}(0) = 0$
이 성립한다.
뿐만 아니라
$R^{(n+1)}(0) = f^{(n+1)}(0) - P^{(n+1)}(0) = 0$
도 성립한다.

⇒ 여기에서 알 수 있는 사항들은
다음과 같다.

① $f(0) = P(0)$
② $f'(0) = P'(0)$
③ $f''(0) = P''(0)$
    $\vdots$
④ $f^{(n)}(0) = P^{(n)}(0)$

위의 사항들로부터 다음을 알 수 있다.

$$R_n^{(n+1)}(x) = f^{(n+1)}(x) - \underset{= \, 0}{P_n^{(n+1)}(x)}$$

만약 "Taylor's Series about $x = a$" 조건이었다면 다음과 같은 식이 성립하게 된다.

$R(x) = f(x) - P(x)$ 에서

① $R(a) = f(a) - P(a) = 0$
② $R'(a) = f'(a) - P'(a) = 0$
③ $R''(a) = f''(a) - P''(a) = 0$
$$\vdots$$
④ $R^{(n)}(a) = f^{(n)}(a) - P^{(n)}(a) = 0$

⇒ 그러므로,
① $f(a) = P(a)$
② $f'(a) = P'(a)$
③ $f''(a) = P'(a)$
$$\vdots$$
④ $f^{(n)}(a) = P^{(n)}(a)$

여기서 잠깐!

왜 $P^{(n+1)}(x) = 0$ 일까?

예를 들어, $f(x) = e^x$ 라고 할 때, Third Degree까지 써 보면

$f(x) = P_3(x) = e^x = 1 + x + \dfrac{1}{2!}x^2 + \dfrac{1}{3!}x^3$ 이고

$P_3^{(4)}(x) = 0$ 이 되기 때문이다.

즉, Polynomial의 Highest Degree가 3인데 4번 Derivative를 하면 당연히 0이 되는 것이다.

앞에서 언급한 $R_n^{(n+1)}(x) = f^{(n+1)}(x) - P_n^{(n+1)}(x)$ 로 부터 $P^{(n+1)}(x) = 0$ 이므로 $R^{(n+1)}(x) = f^{(n+1)}(x)$ 가 성립하게 되고 양변에 Absolute Value를 취하면 $\left| R_n^{(n+1)}(x) \right| = \left| f^{(n+1)}(x) \right|$ 이 성립하게 된다.

여러분들은 혹시 Extreme Value Theorem이 기억나는가?

"$y = f(x)$ 가 주어진 구간 내에서 연속(Continuity)이면 반드시 그 구간 내에서 Maximum Value와 Minimum Value를 갖는다"는 이론이었다.

$f^{(n+1)}(x)$ 가 연속(Continuity)이라면 다음의 식이 성립하게 된다.

$\left| R_n^{(n+1)}(x) \right| = \left| f^{(n+1)}(x) \right| \leq M$ (※ M은 $\left| f^{(n+1)}(x) \right|$ 의 주어진 구간 내에서의 Maximum Value)

$\left| R_n^{(n+1)}(x) \right| \leq M$ 으로부터, $-M \leq R_n^{(n+1)}(x) \leq M$

$\Rightarrow$ "Taylor's Series about $x = a$" 라고 가정하고 양 변에 $\int$를 취하면,

$$\int_a^x -M dx \leq \int_a^x R_n^{(n+1)}(x) dx \leq \int_a^x M dx$$

(1번 진행)$\Rightarrow -M(x-a) \leq R_n^{(n)}(x) - R_n^{(n)}(a) \leq M(x-a)$

여기에서 $R_n^{(n)}(a) = 0$ 이 되므로

$-M(x-a) \leq R_n^{(n)}(x) \leq M(x-a)$

여기서 잠깐!

① $\displaystyle\int_a^x R_n^{(n+1)}(x) dx$ 가 왜 $\left[R_n^{(n)}(x) \right]_a^x$ 일까?

$\Rightarrow$ "$(n+1)$ 은 Derivative를 몇 번 했는가?" 이다.

$\displaystyle\int_a^x f''(x) dx = \left[f'(x) \right]_a^x$ 에서 보듯이 Integrate를 하면 Derivative를 한 횟수가 한번 줄어들게 되는 것이다.

② 왜 $R_n^{(n)}(a) = 0$ 일까?

$\Rightarrow$ 앞에서도 언급했듯이

"Taylor's series about $x = 0$" 인 경우 $R^{(n)}(0) = f_n^{(n)}(0) - P_n^{(n)}(0) = 0$ 이고

"Taylor's series about $x = a$" 인 경우 $R^{(n)}(a) = f_n^{(n)}(a) - P_n^{(n)}(a) = 0$ 이기 때문이다.

$-M(x-a) \leq R_n^{(n)}(x) \leq M(x-a)$ 로부터 $\displaystyle\int_a^x (-M(x-a)) dx \leq \int_a^x R_n^{(n)}(x) dx \leq \int_a^x M(x-a) dx$

(2번 진행)$\Rightarrow -\dfrac{M}{2}(x-a)^2 \leq R_n^{(n-1)}(x) \leq \dfrac{M}{2}(x-a)^2$

$\Rightarrow$ 이 과정을 $n+1$번 반복하게 되면,

($n+1$번 진행)$\Rightarrow -\dfrac{M}{(n+1)!}(x-a)^{n+1} \leq R_n(x) \leq \dfrac{M}{(n+1)!}(x-a)^{n+1}$

그러므로, 다음의 "Lagrange Error Bound" 가 완성된다.

Lagrange Error Bound

$\left| R_n(x) \right| \leq \dfrac{|M|}{(n+1)!} \cdot |x-a|^{n+1}$

(※ M은 $\left| f^{(n+1)}(x) \right|$ 에서 a와 x 사이의 Maximum Value)

다음의 Example들을 풀어보도록 하자.

(**EX 1**) Estimating cos(0.5) using a Maclaurin Polynomial, what is the least degree of the polynomial that assures an error smaller than 0.003?

Solution

$\left| f^{(n+1)}(x) \right|$ 의 Maximum Value는 1이므로 ($\sin x$와 $\cos x$의 Maximum Value는 1이기 때문에) $M=1$.

$\left| R_n(x) \right| \leq \dfrac{|M|}{(n+1)!} \cdot |x-a|^{n+1}$ 에서 $M=1$, $x=0.5$, $a=0$이므로

(Maclaurin Polynomial은 $a=0$이기 때문에)

$\left| R_n(x) \right| \leq \dfrac{1}{(n+1)!} \cdot |0.5|^{n+1}$ 에서 $\dfrac{0.5^{n+1}}{(n+1)!} < 0.003$ 을 만족하는 최소값 n을 찾는다.

계산기를 이용하여 직접 찾아보면 …

① $n=1$일 때, $\dfrac{0.5^2}{2!} = 0.125$ ② $n=2$일 때, $\dfrac{0.5^3}{3!} \approx 0.02083$

③ $n=3$일 때, $\dfrac{0.5^4}{4!} \approx 0.0026$ ④ $n=4$일 때, $\dfrac{0.5^5}{5!} \approx 0.0002604$

그러므로, $n=3$.

※ $\sin x$와 $\cos x$의 Maximum Value가 1인 것은 알겠지만 범위와 주어진 상황에 관계없이 항상 1인가?

⇒ 그것은 아니다. 궁금하시면 뒤에 나오는 "심선생의 보충설명 코너"를 보시기 바란다.

정답   Third Degree

$\left(\textbf{EX 2}\right)$ Assume that f is a function with $\left|f^{(n+1)}(x)\right| \le 1$ for all n and all real x.

(1) Estimate the maximum possible error if $P_4(\frac{1}{4})$ is used to estimate $f(\frac{1}{4})$. (P_4 is the degree 4 Maclaurin Polynomial for f.)

(2) Find the least integer n for which you can be sure $P_n(\frac{1}{3})$ approximates $f(\frac{1}{3})$ within 0.0006.

Solution

(1) Maximum Value를 M이라고 하면 $M=1$ 이므로

$$\left|R_4\left(\frac{1}{4}\right)\right| \le \frac{1}{(4+1)!} \cdot \left(\frac{1}{4}\right)^5 \approx 0.0000081$$

(2) $\left|f\left(\frac{1}{3}\right) - P_n\left(\frac{1}{3}\right)\right| = \left|R_n\left(\frac{1}{3}\right)\right| \le \frac{1}{(n+1)!} \cdot \left(\frac{1}{3}\right)^{n+1} < 0.0006$

① $n=1$일 때, $\frac{1}{(n+1)!} \cdot \left(\frac{1}{3}\right)^{n+1} \approx 0.056$

② $n=2$일 때, $\frac{1}{(n+1)!} \cdot \left(\frac{1}{3}\right)^{n+1} \approx 0.006$

③ $n=3$일 때, $\frac{1}{(n+1)!} \cdot \left(\frac{1}{3}\right)^{n+1} \approx 0.00051$

정답　　　(1) 0.0000081　　　(2) $n=3$

2 Alternating Series with Error Bound

Infinite Series의 경우 그 합은 무한 번 더해서 구하기가 불가능하므로 어디까지만 Sum을 구해서 정확한 값을 예측하게 된다. 그러다 보니 우리가 계산한 Approximate Value와 Exact Value 사이에 Error가 생기게 된다.

이번 단원에서는 Alternating Series Remainder에 대해서 알아보고자 한다.

다음을 보자.

① $\underbrace{\sum_{n=1}^{\infty} \frac{(-1)^{n+1}}{n}}_{\substack{\text{Exact Value} \\ = S}}$ = $\underbrace{1 - \frac{1}{2} + \frac{1}{3} - \frac{1}{4}}_{\substack{\text{Approximate Value} \\ = S_4}}$ + $\underbrace{\frac{1}{5} - \frac{1}{6} + \frac{1}{7} - \frac{1}{8} + \frac{1}{9} - \cdots}_{\substack{\text{Remainder} \\ = \text{Error} \\ = R_4}}$

$\Rightarrow S = 1 - \frac{1}{2} + \frac{1}{3} - \frac{1}{4} + R_4$

$\Rightarrow S = \frac{7}{12} + R_4$

위의 ①에서 $R_4 = \frac{1}{5} - \frac{1}{6} + \frac{1}{7} - \frac{1}{8} + \frac{1}{9} - \cdots$

$\Rightarrow R_4 = \frac{1}{5} - (\frac{1}{6} - \frac{1}{7}) - (\frac{1}{8} - \frac{1}{9}) + \cdots$ 에서 $(\frac{1}{6} - \frac{1}{7})$, $(\frac{1}{8} - \frac{1}{9}) \ldots$등은 모두 Positive이므로

$R_4 = \frac{1}{5} - \alpha$ (α는 Positive number)

그러므로, $R_4 < \frac{1}{5}$ 이고 $|R_4| < \frac{1}{5}$ 이 된다.

앞의 ①과 비슷하지만 살짝 차이가 나는 다음의 경우를 보자.

② $$\underbrace{\sum_{n=1}^{\infty} \frac{(-1)^n}{n}}_{\substack{\text{Exact Value} \\ =S}} = \underbrace{-1+\frac{1}{2}-\frac{1}{3}+\frac{1}{4}}_{\substack{\text{Approximate Value} \\ =S_4}} + \underbrace{-\frac{1}{5}+\frac{1}{6}-\frac{1}{7}+\frac{1}{8}-\frac{1}{9}+\cdots}_{\substack{\text{Remainder} \\ = \text{Error} \\ = R_4}}$$

$\Rightarrow S = -1+\dfrac{1}{2}-\dfrac{1}{3}+\dfrac{1}{4}+R_4$

$\Rightarrow S = -\dfrac{7}{12}+R_4$

위의 ②에서 $R_4 = -\dfrac{1}{5}+\dfrac{1}{6}-\dfrac{1}{7}+\dfrac{1}{8}-\dfrac{1}{9}+\cdots$

$\Rightarrow R_4 = -\dfrac{1}{5}+(\dfrac{1}{6}-\dfrac{1}{7})+(\dfrac{1}{8}-\dfrac{1}{9})+\cdots$ 에서 $(\dfrac{1}{6}-\dfrac{1}{7})$, $(\dfrac{1}{8}-\dfrac{1}{9})$은 모두 Positive이므로

$R_4 = -\dfrac{1}{5}+\alpha$ (α는 Positive number)

그러므로, $R_4 > -\dfrac{1}{5}$ 이지만 Absolute Value를 취하면 $|R_4| < |-\dfrac{1}{5}|$ 이 된다.

즉, Absolute Value를 취하게 되면 ①의 R_4와 같은 결과를 가지게 된다.

지금까지의 내용을 정리해 보면 다음과 같다.

Alternating Series에서 $a_1, a_2, a_3 \cdots$ 이 decreasing이고 0으로 다가갈 때,

$$S = \underbrace{a_1+a_2+a_3+\cdots+a_n}_{=S_n} + a_{n+1}+\cdots$$

$\Rightarrow |S-S_n| < a_{n+1}$

다음의 예제들을 풀어보자.

$\left(\text{EX 3} \right)$ The partial sum indicated is used to estimate the sum of the series. Estimate the error.

(1) $\displaystyle\sum_{k=1}^{\infty} (-1)^{k+1} \cdot \dfrac{1}{\sqrt{k^3+1}}$; S_{20}

(2) $\displaystyle\sum_{k=1}^{\infty} (-1)^{k+1} \cdot \dfrac{1}{k^2}$; S_5

Solution

(1) $|S - S_{20}| < |a_{21}| = \left| (-1)^{22} \cdot \dfrac{1}{\sqrt{21^3+1}} \right| \approx 0.01$

(2) $|S - S_5| < |a_6| = \left| (-1)^7 \cdot \dfrac{1}{6^2} \right| = 0.028$

정답   (1) 0.01   (2) 0.028

$\left(\textbf{EX 4}\right)$ The function f has derivatives of all orders, and Maclaurin series for f is

$$\sum_{n=0}^{\infty}(-1)^n \cdot \frac{(0.5)^{n+1}}{3n+1} = 0.5 - \frac{0.5^2}{4} + \frac{0.5^3}{7} - \cdots \quad .$$

If P_3 is the first three non-zero terms of the alternating series and S is the exact value, show that $|S-P_3| < 0.003$.

Solution

$\displaystyle\sum_{n=0}^{\infty}(-1)^n \cdot \frac{(0.5)^{n+1}}{3n+1}$ 에서 $a_n = (-1)^n \cdot \dfrac{(0.5)^{n+1}}{3n+1}$ 이므로

$|S-P_3| < a_4$ 에서 $a_4 = \dfrac{(0.5)^5}{13} \approx 0.0024$

여기서 잠깐!

$|S-P_3| \leq a_4$ 와 같이 써도 상관이 없다.

여러 책이나 AP Calculus 기출문제를 공부했던 학생들은 $|S-P_3| < a_4$ 인지 $|S-P_3| \leq a_4$ 인지 헷갈려 하는 경우가 있다. 이유는 책마다 다르게 써 있어서 그렇지만 모두 같은 답이므로 고민할 필요가 없다.

어차피 Error를 찾는 것이고 Approximation이므로 "=" 이 있는지 없는지 여부가 중요한 것이 아니다. 어차피 "=" 있고 없고에 따라 Error의 범위가 크게 변하지 않는다.

Problem 1

Let f be the function given by $f(x) = e^{2x}$

(1) Write the first four non-zero terms of the Taylor series for $\int_0^x e^{-2t}dt$ about $x = 0$.

Use the first two terms of your answer to estimate $\int_0^{\frac{1}{3}} e^{-2t}dt$.

(2) Explain why the estimate found in part (1) differs from the actual value of $\int_0^{\frac{1}{3}} e^{-2t}dt$ by less than $\frac{1}{25}$.

Solution

(1) $e^x = 1 + x + \dfrac{x^2}{2!} + \dfrac{x^3}{3!} + \cdots + \dfrac{x^n}{n!} + \cdots$ 에서 x 대신 $-2x$를 대입하면

$e^{-2x} = 1 - 2x + 2x^2 - \dfrac{4}{3}x^3$ 에서 $\displaystyle\int_0^x e^{-2t}dt = \int_0^x (1 - 2t + 2t^2 - \dfrac{4}{3}t^3 + \cdots)dt$

$= [t - t^2 + \dfrac{2}{3}t^3 - \dfrac{1}{3}t^4 + \cdots]_0^x = x - x^2 + \dfrac{2}{3}x^3 - \dfrac{1}{3}x^4 + \cdots$

Thus, $\displaystyle\int_0^{\frac{1}{3}} e^{-2t}dt \approx \dfrac{1}{3} - \dfrac{1}{9} \approx \dfrac{2}{9}$

(2) $\left| \displaystyle\int_0^{\frac{1}{3}} e^{-2t}dt - \dfrac{2}{9} \right| < \dfrac{2}{3} \cdot (\dfrac{1}{3})^3 = \dfrac{2}{81} < \dfrac{1}{25}$. This alternating series with individual terms

that decrease in absolute value to 0.

정답　　　(1) $\dfrac{2}{9}$　　　(2) Above Explanation

Problem 2

x	$f(x)$	$f'(x)$	$f''(x)$	$f'''(x)$	$f^{(4)}(x)$
0	3	27	31	71	11
1	15	33	$\dfrac{171}{5}$	121	17
2	51	$\dfrac{103}{2}$	207	$\dfrac{511}{3}$	$\dfrac{1133}{7}$

Let f be a function having derivatives of all orders for $x > 0$. Selected values of f and its first four derivatives are indicated in the table above. The function f and four derivatives are increasing on the interval $0 \leqq x \leqq 2$.

Use the Lagrange error bound to show that the third-degree Taylor polynomial for f about $x = 1$ approximates $f(0.8)$ with error less than 0.0012.

Solution

$|f(0.8) - P_3(0.8)| \leqq |M| \dfrac{|0.8 - 1|^4}{4!}$ 에서 $|M|$ 은 $0.8 \leqq x \leqq 1$ 에서 17이므로

$|M| \dfrac{|0.8 - 1|^4}{4!}$ $= 17 \times \dfrac{0.2^4}{4!} \approx 0.0011\overline{3} < 0.0012$

Problem 3

Assume that f is a function with $\left|f^{(n+1)}(x)\right| \leq 2$ for all n and all real x. ($P_n(x)$ is the degree n Maclaurin Polynomial for f.)

(1) Find the least integer n for which you can be sure that $P_n(\frac{1}{4})$ approximates $f(\frac{1}{4})$ within 0.004.

(2) Find the values of x for which you can be sure that $P_3(x)$ approximates $f(x)$ within 0.1

Solution

$\left|f^{(n+1)}(x)\right| \leq 2$ 로부터 Maximum Value를 M 이라 하면 $M=2$.

(1) $\left|f(\frac{1}{4}) - P_n(\frac{1}{4})\right| = \left|R_n(\frac{1}{4})\right| \leq \dfrac{2}{(n+1)!} \cdot (\frac{1}{4})^{n+1} < 0.004$

① $n=1$일 때, $\dfrac{2}{(n+1)!} \cdot (\frac{1}{4})^{n+1} = 0.0625$

② $n=2$일 때, $\dfrac{2}{(n+1)!} \cdot (\frac{1}{4})^{n+1} \approx 0.0052$

③ $n=3$일 때, $\dfrac{2}{(n+1)!} \cdot (\frac{1}{4})^{n+1} \approx 0.00391$

그러므로, $n=3$.

(2) $\left|f(x) - P_3(x)\right| = \left|R_3(x)\right| \leq \dfrac{2}{(4)!} \cdot |x|^4 < 0.1$ 로부터 $|x|^4 < 1.2$

그러므로, $|x| < \sqrt[4]{1.2} = 1.0466$

정답　　　(1) $n=3$　　　(2) $|x| < 1.0466$

Problem 4

(1) What is the maximum possible error we incur using $P_3(x)$ to estimate $f(x) = e^x$ for x in the interval $[0, 1]$?

(2) Find the least degree of Maclaurin polynomial in which the approximation for $\sin(0.5)$ has an error bound less than 0.003. Then, using that Maclaurin polynomial, approximate $\sin(0.5)$.

Solution

(1) $e^x = 1 + x + \dfrac{1}{2!}x^2 + \dfrac{1}{3!}x^3 + \cdots + \dfrac{x^n}{n!} + \cdots$ 에서

$P_3(x) = 1 + x + \dfrac{1}{2!}x^2 + \dfrac{1}{3!}x^3$

$|R_3(x)| \leq \dfrac{M}{4!}|x|^4$ ($0 \leq x \leq 1$ 이므로 $x = 1$ 대입, Maximum Value를 M 이라고 하면 $M = e$)

그러므로, $|R_3(x)| \leq \dfrac{M}{4!}|x|^4 \leq \dfrac{e}{4!} \approx 0.11326$

(2) 우선 Error가 0.003 미만인 n 값을 찾는다.

$|R_n(0.5)| \leq \dfrac{(0.5)^{n+1}}{(n+1)!} < 0.003$

- $n = 1$일 때, $\dfrac{(0.5)^{n+1}}{(n+1)!} \approx 0.125$

- $n = 2$일 때, $\dfrac{(0.5)^{n+1}}{(n+1)!} \approx 0.0208$

- $n = 3$일 때, $\dfrac{(0.5)^{n+1}}{(n+1)!} \approx 0.0026$

- $n = 4$일 때, $\dfrac{(0.5)^{n+1}}{(n+1)!} \approx 0.00026$ 즉, $n = 3$

그러므로, $\sin(0.5) = 0.5 - \dfrac{1}{3!}(0.5)^3 \approx 0.4792$

정답　　　(1) 0.11326　　　(2) 0.4792

Problem 5

Estimate $e^{2.1}$ using a Taylor Polynomial about $x = 1$ with an error of less than 0.5.

Solution

$f(x) = e^x$ 라고 하면, $f^{(n+1)}(x) = e^x$ 이다.

$|R_n(2.1)| \leq \dfrac{|M|}{(n+1)!} \cdot |x-a|^{n+1} < 0.5$ 에서 $x = 2.1$ 이고 $a = 1$ 이다.

$1 < x < 2.1$ 이므로 $M = e^{2.1}$ 이 된다.

$\Rightarrow$ | $1 < x < 2.1$ 에서 $x = 2.1$ 이 아닌데 왜 Maximum Value가 $e^{2.1}$일까?
이는 뒤에 나오는 "심 선생의 보충설명 코너"를 이용하시면 된다.

그러므로, $|R_n(2.1)| \leq \dfrac{e^{2.1}}{(n+1)!}(2.1-1)^{n+1} < 0.5$ 에서 n을 찾아본다.

① $n = 1$일 때, $\dfrac{e^{2.1}}{2!} \times 1.1^2 \approx 4.9405$

② $n = 2$일 때, $\dfrac{e^{2.1}}{3!} \times 1.1^3 \approx 1.8115$

③ $n = 3$일 때, $\dfrac{e^{2.1}}{4!} \times 1.1^4 \approx 0.4982$

그러므로, $n = 3$일 때, $f(x) = e\left(1 + (x-1) + \dfrac{(x-1)^2}{2!} + \dfrac{(x-1)^3}{3!}\right)$ 에서

$f(2.1) = e^{2.1} = e(1 + 1.1 + \dfrac{1.1^2}{2!} + \dfrac{1.1^3}{3!}) \approx 7.956$.

정답   7.956

Problem 6

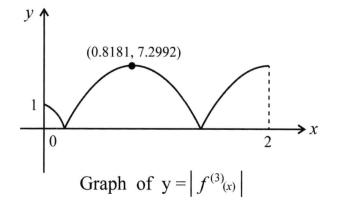

Graph of $y = \left| f^{(3)}_{(x)} \right|$

Let $f(x) = \cos(2x) + \sin x$. The graph of $y = \left| f^{(3)}(x) \right|$ is shown above.
Let $P_2(x)$ be the second-degree Taylor Polynomial for f about $x = 0$.

Using information from the graph of $y = \left| f^{(3)}(x) \right|$ shown above,
show that $\left| P_2(0.8) - f(0.8) \right| < 0.7$

Solution

$\left| P_2(0.8) - f(0.8) \right| \leq \dfrac{|M|}{3!}(0.8)^3$ 에서 $0 < x < 0.8$ 이고 Maximum Value인 M 은 7.2992이다.

여기서 잠깐!

$0 < x < 0.8$ 인데 왜 $x = 0.8181$ 일 때의 Maximum Value를 쓰는가?
⇒ 이는 뒤에 나오는 "심선생의 보충 설명 코너"를 이용하시면 된다.

그러므로, $\dfrac{7.2992}{3!} \times (0.8)^3 \approx 0.6228 < 0.7$

심 선생의 보충설명 코너

Lagrange Error Bound에서 $\left|f^{(n+1)}(x)\right|$ 의 Maximum Value인 M 값에 대해서...

① 우선 공식을 보자.

" $\left|R_n(x)\right| \leq \dfrac{|M|}{(n+1)!} \cdot |x-a|^{n+1}$ 이고 M 은 $f^{(n+1)}(x)$ 에서 a 와 x 사이의 Maximum Value이다"

예를 들어, "Taylor Series about $x=1$" 이면 a 가 1이고 문제에서 $x=\dfrac{1}{2}$ 로 주어진다면 범위는 $\dfrac{1}{2} < c < 1$ (c 는 임의의 값) 안에서 Maximum Value를 찾아야 하지만 책에 따라서는 $\dfrac{1}{2} \leq c \leq 1$ 또는 $\dfrac{1}{2} < c \leq 1$ ... 와 같이 "=" 이 포함될 때가 있다.

⇒ 왜 그럴까?

우리가 구하는 값은 모두 Approximation이지 Exact Value가 아니다. 그러므로, 어느 정도 Error 가 생겨도 크게 상관이 없기 때문이다. 단, Problem 6과 같이 x 가 0.8일 때의 Maximum Value는 x 가 0.8181일 때의 7.2992보다는 작지만 $x=0.8$ 일 때의 정확한 Maximum Value를 써도 되지만 정확한 값을 알 수 없을 때에는 정확한 Maximum Value보다 조금 더 큰 값을 쓰면 되는 것이다.

② Page 419의 (EX1)의 경우를 보자.

우리는 계산기 없이는 주어진 범위 내에서 $\sin x$, $\cos x$ 의 정확한 Maximum Value를 알 수 없기에 Maximum Value를 1로 쓰는 것이다. $\sin x$, $\cos x$ 의 어떠한 값도 1을 넘지 않기 때문이다. 물론 약간의 Error가 있을 수 있지만 그 정도 Error는 신경 쓰지 않는다.

우리가 구하는 값은 모두 Approximation이지 Exact Value가 아니다.

③ Problem 5의 경우 $1 < x < 2.1$ 인데 왜 Maximum Value가 $x=2.1$ 일 때인 $e^{2.1}$ 인가?

⇒ 앞에서도 언급했듯이 x 가 2.1보다 작다고 하여도 $x=2.1$ 일 때와 큰 차이가 없으므로 x 대신 2.1을 대입하여도 상관이 없다. $y=e^x$ 는 Increasing Function이므로 $x < 2.1$ 인 $x=2.099999$ 를 대입한 값보다 $x=2.1$ 을 대입한 값이 미세하게 더 크게 나오므로 상관이 없는 것이다.

④ $\left|f^{(n+1)}(x)\right|$ 의 Maximum Value를 정확히 구하기 위해서 대학에서는 컴퓨터를 이용하게 된다. 사실 그만큼 정확하게 구하기가 애매한 값이기도 하다. 그러므로, 어느 정도 비슷한 값을 구하면 되는 것이다. 그러다 보니, 책마다 구하는 값이 약간씩 차이가 날 수는 있지만 그 정도 차이로 인해 틀린 답이 되는 것은 아니다.

 **Error Bound**

Problem 7

The function f has derivatives of all orders and the Maclarin Series for f is

$$\sum_{n=0}^{\infty}(-1)^n\frac{(0.2)^{2n}}{3n+1}$$

(1) Write the first three nonzero terms.

(2) Show that this approximation differs from f by less than 6.5×10^{-6} .

Solution

(1) $\displaystyle\sum_{n=0}^{\infty}(-1)^n\cdot\frac{(0.2)^{2n}}{3n+1}=1-\frac{0.2^2}{4}+\frac{0.2^4}{7}$

(2) (1)에서 구한 Approximation을 P 라고 하면

$$|f-P|=|R|<\frac{0.2^6}{10}\approx6.4\times10^{-6}$$

정답　　　(1) $1-\dfrac{0.2^2}{4}+\dfrac{0.2^4}{7}$ 　　(2) Explanation

1. Let f be the function given by $f(x) = \sin(5x + \frac{\pi}{4})$ and let $P(x)$ be the third-degree Taylor polynomial for f about $x = 0$. Use the Lagrange error bounded to show that $|f(0.1) - P(0.1)| < 0.01$

2. Let f be the function given by $f(x) = \sin(2x + \frac{\pi}{6})$ and let $P(x)$ be the third-degree Taylor polynomial for f about $x = 0$. Use the Lagrange error bounded to show that $|f(0.2) - P(0.2)| < 0.0015$

3. Let f be the function given by $f(x) = 1 - x^3 + x^6 - x^9 + \cdots$

(1) Write the first four non-zero terms of the Taylor series for $\int_0^x f(t)dt$ about $x = 0$. Use the first three terms of your answer to estimate $\int_0^{\frac{1}{2}} f(t)dt$.

(2) Explain why the estimate found in part (1) differs from the actual value of $\int_0^{\frac{1}{2}} f(t)dt$ by less than 0.0001

4. Assume that f is a function with $\left|f^{(n)}(x)\right| \le 1$ for all $n \ge 0$ and all real x.

(1) Find the least integer n for which you can be sure that $P_n(\frac{1}{5})$ approximates $f(\frac{1}{5})$ within 0.00007

(2) Find the values of x for which you can be sure that $P_3(x)$ approximates $f(x)$ within 0.2

5. What is the maximum possible error we incur using $P_4(x)$ to estimate $f(x) = e^x$ for x in the interval $[0, 1]$?

6. Calculate $\cos(0.7)$ with an error of less than 0.0015.

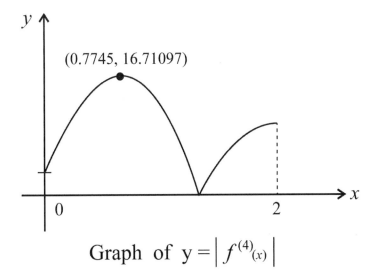

(0.7745, 16.71097)

0   2

Graph of $y = \left| f^{(4)}{}_{(x)} \right|$

7. Let $f(x) = \sin(2x) + \cos x$. The graph of $y = \left| f^{(4)}(x) \right|$ is shown above. Let $P_3(x)$ be the third-degree Taylor Polynomial for f about $x = 0$. Using information from the graph of $y = \left| f^{(4)}(x) \right|$ shown above, show that $\left| f(0.75) - P_3(0.75) \right| < 0.25$

8. The function f has derivatives of all orders, and the Maclaurin series for f is

$$\sum_{n=0}^{\infty} (-1)^n \frac{(0.4)^{2n}}{2n+1} \ .$$

(1) Write the first three nonzero terms.

(2) Show that this approximation differs from f by less than 6×10^{-4}.

Exercise 12

1.

$|f(0.1) - P(0.1)| \leq |M| \cdot (\frac{1}{4!}) \cdot (\frac{1}{10})^4$ 에서 $0 \leq c \leq 0.1$ 이지만

$M = \left| 5^4 \cdot \sin(5x + \frac{\pi}{4}) \right| = 5^4$

(※ $|\sin x|$, $|\cos x|$는 범위에 관계 없이 항상 Maximum Value가 1이다.)

그러므로, $|f(0.1) - P(0.1)| \leq M \cdot (\frac{1}{4!}) \cdot (\frac{1}{10})^4 = \frac{1}{384} = 0.0026 < 0.01$

2.

$f(x) = P(x) + R_3(x)$ 에서 $f(0.2) - P(0.2) = R_3(0.2)$, $|R_3(0.2)| \leq M(\frac{1}{4!})(0.2)^4$

$f^{(4)}(c) = 16\sin(2c + \frac{\pi}{6})$ 에서 Maximum Value는 16이므로

$M \cdot (\frac{1}{4!})(0.2)^4 = 16 \times \frac{1}{4!} \times 0.2^4 \approx 0.001067 < 0.0015$

3.

(1) $\int_0^x (1 - t^3 + t^6 - t^9 + \cdots)dt = x - \frac{x^4}{4} + \frac{x^7}{7} - \frac{x^{10}}{10} + \cdots$

and thus, $\int_0^{\frac{1}{2}} f(t)dt \approx \frac{1}{2} - \frac{1}{4}(\frac{1}{2})^4 + \frac{1}{7}(\frac{1}{2})^7 \approx 0.4855$.

(2) $\left| \int_0^{\frac{1}{2}} f(t)dt - (\frac{1}{2} - \frac{1}{4}(\frac{1}{2})^4 + \frac{1}{7}(\frac{1}{2})^7) \right| < \frac{1}{10}(\frac{1}{2})^{10} = \frac{1}{10240} < 0.0001$

This alternating series with individual terms that decrease in absolute value to 0.

4. (1) $n = 3$ (2) $|x| < 4.8$

$\left| f^{(n)}(x) \right| \leq 1$ 로부터 Maximum Value를 M 이라 하면 $M = 1$.

(1) $\left| f\left(\dfrac{1}{5}\right) - P_n\left(\dfrac{1}{5}\right) \right| = \left| R_n\left(\dfrac{1}{5}\right) \right| \leq \dfrac{1}{(n+1)!} \cdot \left(\dfrac{1}{5}\right)^{n+1}$

① $n = 1$일 때, $\dfrac{1}{2}\left(\dfrac{1}{5}\right)^2 = 0.02$

② $n = 2$일 때, $\dfrac{1}{3!}\left(\dfrac{1}{5}\right)^3 \approx 0.001333$

③ $n = 3$일 때, $\dfrac{1}{4!}\left(\dfrac{1}{5}\right)^4 \approx 0.00006667$

그러므로, $n = 3$.

(2) $\left| f(x) - P_3(x) \right| = \left| R_3(x) \right| \leq \dfrac{1}{4!} \times |x|^4 < 0.2$ 에서

$|x|^4 < 0.2 \times 4!$ 이므로 $|x|^4 < 4.8$.

5. 0.02265

$P_4(x) = 1 + x + \dfrac{1}{2!}x^2 + \dfrac{1}{3!}x^3 + \dfrac{1}{4!}x^4$

$\left| R_4(x) \right| \leq \dfrac{|M|}{5!}|x|^5 \leq \dfrac{e}{5!} \approx 0.02265$

6. $1 - \dfrac{1}{2!}(0.7)^2 + \dfrac{1}{4!}(0.7)^4$

우선 Error가 0.0015 미만인 n 값을 찾는다.

$\left| R_n(0.7) \right| \leq \dfrac{0.7^{n+1}}{(n+1)!} < 0.001$

• $n = 1$ 일 때, $\dfrac{0.7^{n+1}}{(n+1)!} = 0.245$

• $n = 2$ 일 때, $\dfrac{0.7^{n+1}}{(n+1)!} \approx 0.05716$

• $n = 3$ 일 때, $\dfrac{0.7^{n+1}}{(n+1)!} \approx 0.01$

• $n = 4$ 일 때, $\dfrac{0.7^{n+1}}{(n+1)!} \approx 0.0014$

그러므로, $n = 4$.

그러므로, $\cos(0.7) = 1 - \dfrac{1}{2!}(0.7)^2 + \dfrac{1}{4!}(0.7)^4$

7.

$|f(0.75) - P_3(0.75)| \leq \dfrac{M}{4!}(0.75)^4$ 에서 $0 < x < 0.75$ 이고

Maximum Value인 M은 대략 16.71097이다.

그러므로, $\dfrac{16.71097}{4!} \times (0.75)^4 \approx 0.22 < 0.25$

8.

(1) $\displaystyle\sum_{n=0}^{\infty} (-1)^n \cdot \dfrac{(0.4)^{2n}}{2n+1} = 1 - \dfrac{0.4^2}{3} + \dfrac{0.4^4}{5}$

(2) (1)에서 구한 Approximation을 P 라고 하면

$|f - P| = |R| < \dfrac{(0.4)^6}{7} \approx 5.8514 \times 10^{-4}$

Supplement

Conics

대부분의 학생들이 Precalculus과정에서 Function, Trigonometric Function은 공부를 많이 한 반면에 CONICS는 공부를 많이 하지 않아서 어려움을 겪는 경우가 많다. 학생들의 요구에 따라 CONICS에서 Circle을 뺀 Parabola, Ellipse, Hyperbola에 대한 설명을 실었다. 많은 도움이 되기를 바라면서...^.^m

1. Parabola

막대자, 실, 압정, 펜으로 다음과 같이 그려보자.

①

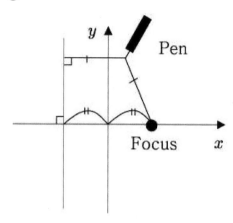

②

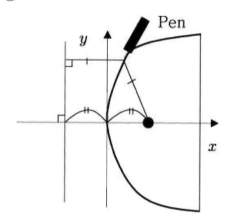

$\Rightarrow$

압정을 고정하고 싶은 위치에 고정하고 압정이 원점과 떨어진 거리만큼 막대자를 X축과 직각이 되게 설치하고 실로 묶는다.

압정과 펜 사이 거리, 막대자와 펜 사이 거리를 같게 유지시키며 그리면 Parabola가 된다. 주의할 점은 실과 막대자는 항상 수직이라는 점이다.

즉, Parabola는 평면 위 한 정점과 이 점을 지나지 않는 한 정직선에 이르는 거리가 같은 점들의 집합.

③

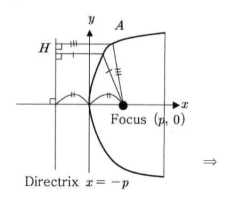

$\Rightarrow$

다음을 반드시 암기하자!

* Focus $(p, 0)$
* Directrix: $x = -p$
* Vertex $(0, 0)$
* $y^2 = 4px \Rightarrow (p : Focus\ \text{좌표})$
  $Focus$가 X축 위!!

④

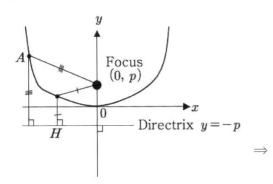

> **다음을 반드시 암기하자!**
>
> * Focus $(0, p)$
> * Directrix: $y = -p$
> * Vertex $(0, 0)$
> * $x^2 = 4py \Rightarrow (p : Focus\,좌표)$
> $Focus가\ Y축\ 위!!$

$\Rightarrow$

위에 설명한 내용이 Parabola의 기본 형태이다.
이동이란 것은… 한 번에 그리려 하지 말고 기본 형태에서 이동시키자.
다음의 예를 통해서 알아보도록 하자.

(EX 1) Find the vertex, focus, and directrix

(1) $(y-1)^2 = 8(x+2)$

(2) $(x-3)^2 = 2(y+1)$

Solution

(1) 우리가 앞에서 공부한 기본 형태는 $y^2 = 4px$이므로 $y^2 = 8x$라고 보면

$y^2 = 4 \cdot 2 \cdot x \begin{cases} p = 2 \\ Focus가\ X축\ 위! \end{cases}$

즉, Focus는 $(2, 0)$, directrix는 $x = -2$, vertex는 $(0, 0)$가 된다.

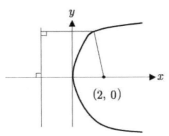

Directrix $x = -2$

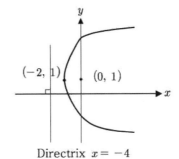

Directrix $x = -4$

$(y-1)^2 = 8(x+2)$는 $y^2 = 8x$를
x축으로 -2만큼, y축으로
1만큼 이동 시킨 것이다.

즉, Focus $(2, 0) \to (0, 1)$,
Directrix : $x = -2 \to x = -4$
Vertex $(0, 0) \to (-2, 1)$

Solution

(2) 기본 형태 $x^2 = 4py$ 에서 $x^2 = 2y$ 라고 보면 $x^2 = 4py$ 에서 $x^2 = 4 \cdot \frac{1}{2} \cdot y$

Focus가 y축 위!, 즉 Focus는 $(0, \frac{1}{2})$, directrix는 $y = -\frac{1}{2}$, vertex는 $(0, 0)$이다.

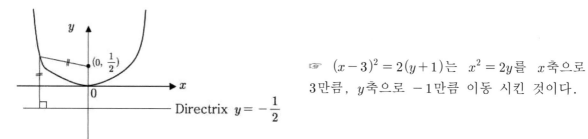

☞ $(x-3)^2 = 2(y+1)$는 $x^2 = 2y$를 x축으로 3만큼, y축으로 -1만큼 이동 시킨 것이다.

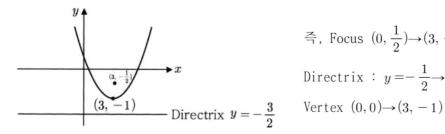

즉, Focus $(0, \frac{1}{2}) \rightarrow (3, -\frac{1}{2})$

Directrix : $y = -\frac{1}{2} \rightarrow y = -\frac{3}{2}$

Vertex $(0, 0) \rightarrow (3, -1)$

2. Ellipse

압정 2개, 실, 펜으로 다음과 같이 그려보자

①

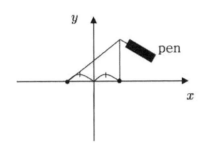

x축 위나 y축 위에 원점에서 같은 거리의 두 곳에 압정을 고정시키고 실을 묶는다.

②

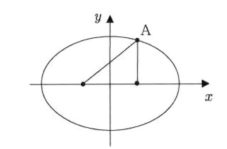

$\Rightarrow$

실을 팽팽하게 유지하면서 펜을 돌리면 타원이 된다.

③

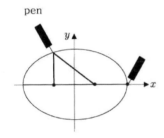

그림과 같이 실 길이의 합은 언제나 같으며 그 길이는 타원의 장축(major axis)과 같다. 즉, 타원(Ellipse)은 서로 다른 두 점으로부터 거리의 합이 일정

④

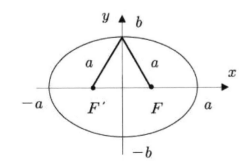

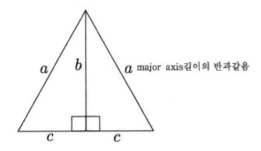

a major axis길이의 반과같음

다음을 반드시 암기하자!

$*\dfrac{x^2}{a^2}+\dfrac{y^2}{b^2}=1$

*Length of major axis : $2a$
*Length of minor axis : $2b$
*Focus : 피타고라스 정리에 의해
$a^2=b^2+c^2$에서 $c=\pm\sqrt{a^2-b^2}$
즉, $F(\pm\sqrt{a^2-b^2},0)$
*Center $(0,0)$

<AP CALCULUS AB&BC>

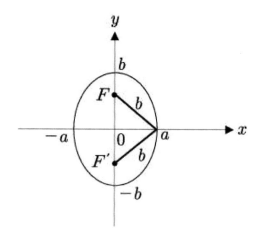

다음을 반드시 암기하자!

* $\dfrac{x^2}{a^2} + \dfrac{y^2}{b^2} = 1$

* Length of major axis : $2b$ Length of minor axis : $2a$
* Focus :

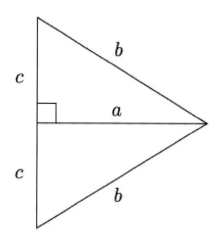

피타고라스의 정리에 의해

$b^2 = a^2 + c^2$에서 $c = \pm \sqrt{b^2 - a^2}$ 즉, $F(0, \pm \sqrt{b^2 - a^2})$

* Center $(0, 0)$

위에서 설명한 내용이 Ellipse의 기본 형태이다. **Ellipse도 Parabola와 마찬가지로 한 번에 그리려 하지 말고 기본 형태에서 이동**시키자.

☞ 심선생 Math Series

다음의 예를 통해서 알아보도록 하자.

$\left(\text{ EX 1}\right)$ Find the center, focus and length of the major and minor axis.

(1) $\dfrac{(x-2)^2}{25}+\dfrac{(y+1)^2}{16}=1$ (2) $25x^2+50x+9y^2-18y-191=0$

Solution

(1) 기본 형태 $\dfrac{x^2}{5^2}+\dfrac{y^2}{4^2}=1$ $\left(\dfrac{x^2}{a^2}+\dfrac{y^2}{b^2}=1\right)$을 그려보면 $a=5,\ b=4$이므로

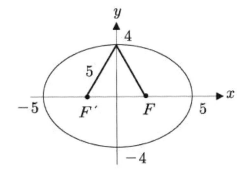

* Center $(0,0)$

* Focus :

$\qquad$ 에서 $(\pm 3,0)$

* Length of major axis : 10

* Length of minor axis : 8

$\dfrac{(x-2)^2}{5^2}+\dfrac{(y+1)^2}{4^2}=1$은 $\dfrac{x^2}{5^2}+\dfrac{y^2}{4^2}=1$을 x축으로 2, y축으로 -1만큼 이동시킨 것이다.

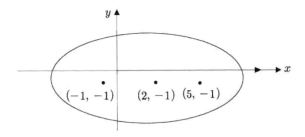

* Center $(0,0)\to(2,-1)$

* Focus

$(-3,0),(3,0)\to(-1,-1),(5,-1)$

* Length of major axis(변화 없음):10

* Length of minor axis(변화 없음):8

Solution

(2) 주어진 식을 $\dfrac{(x-p)^2}{a^2}+\dfrac{(y-q)^2}{b^2}=1$ 의 꼴로 바꾸면

$\dfrac{(x+1)^2}{3^2}+\dfrac{(y-1)^2}{5^2}=1$ 이 되며 기본 형태인 $\dfrac{x^2}{3^2}+\dfrac{y^2}{5^2}=1$ 을 그려보면

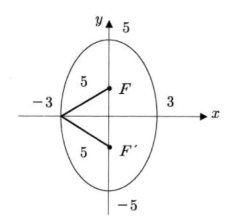

* Center $(0,0)$
* Focus :

$\Rightarrow$ 에서 $(0, \pm 4)$

* Length of major axis : 10
* Length of minor axis : 6

☞ $\dfrac{(x+1)^2}{3^2}+\dfrac{(y-1)^2}{5^2}=1$ 은 $\dfrac{x^2}{3^2}+\dfrac{y^2}{5^2}=1$ 을 x축으로 -1만큼, y축으로 1만큼 이동시킨 것이다.

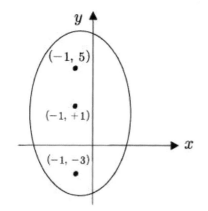

* Center $(0,0) \rightarrow (-1,1)$
* Focus

$\Rightarrow$ $(0,-4),(0,4) \rightarrow (-1,-3),(-1,5)$

* Length of major axis (변화 없음): 10
* Length of minor axis (변화 없음): 6

3. Hyperbola

압정 2개, 실, 펜으로 다음과 같이 그려보자.

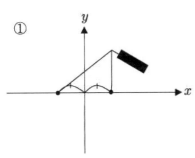

① x축 위나 y축 위에 원점에서 같은 거리의 두 곳에 압정을 고정시키고 실을 묶는다.

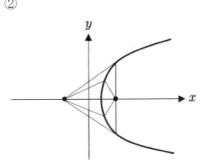

② 실 길이의 차이를 일정하게 유지 시키면서 점을 찍고 점들을 연결한다.

③ 반대편도 마찬가지로 실 길이의 차이를 일정하게 유지시키면서 점을 찍고 점들을 연결한다.

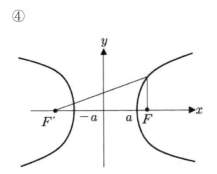

④ 그림과 같이 실 길이의 차이는 언제나 같으며 그 길이는 $2a$이다. 즉, 쌍곡선(Hyperbola)은 서로 다른 두 점으로부터 거리의 차가 항상 일정하다.

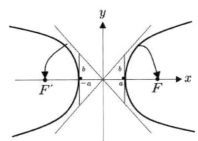

⑤ 쌍곡선은 다른 것들과 달리 점근선 (Asymptote)이 존재한다.

다음을 꼭 알아두자.

* $\dfrac{x^2}{a^2} - \dfrac{y^2}{b^2} = 1$ (Focus가 x축 위에 있을 때, 우변 1)

* Vertex $(\pm a, 0)$

* Focus:

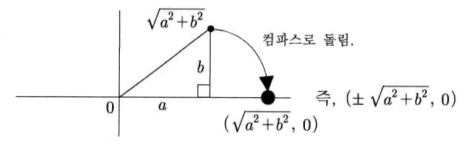

$$\sqrt{a^2+b^2}$$

컴파스로 돌림.

0 a

$(\sqrt{a^2+b^2},\ 0)$

즉, $(\pm\sqrt{a^2+b^2},\ 0)$

* The equation of the asymptote:

$\dfrac{x^2}{a^2} - \dfrac{y^2}{b^2} = 1$ 에서 1 대신 0대입 !

$\dfrac{x^2}{a^2} - \dfrac{y^2}{b^2} = 0$ 에서 y 대해서 정리하면 $y = \pm\dfrac{b}{a}x$

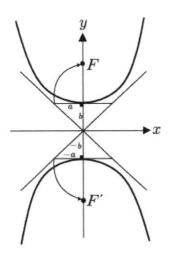

다음을 꼭 알아두자.

* $\dfrac{x^2}{a^2} - \dfrac{y^2}{b^2} = -1$ (Focus가 y축 위에 있을 때, 우변 -1)

* Vertex $(0, \pm b)$

* Focus :

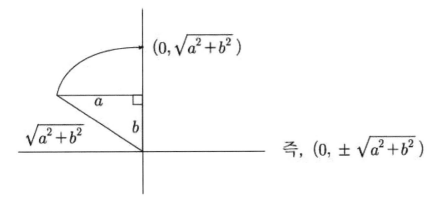

즉, $(0, \pm\sqrt{a^2+b^2})$

* The equation of the asymptote : $\dfrac{x^2}{a^2} - \dfrac{y^2}{b^2} = -1$ 에서 -1 대신 0대입 $y = \pm\dfrac{b}{a}x$

위에 설명한 내용이 Hyperbola의 기본 형태이고, Hyperbola도 마찬가지로 **한 번에 그리려 하지 말고 기본 형태에서 이동시키자.**

심선생의 주절주절 잔소리 5

"문과 성향이고 문과로 지원하려 하는데 수학은 적당히 하면 되지 않나요?" 필자는 이러한 질문들도 많이 받는다. 이에 대해 이런 답변을 많이 준다. "수학을 전공하던 공대에 진학을 하더라도 수학을 적당히 해도 상관이 없습니다. 단, 원하는 대학이 어느 수준입니까?"라는 대답을 내 놓는다. 문과 이과는 한국에 존재하는 것이지 미국에는 존재하지 않는다. 미국은 우리나라처럼 문과가 해야 할 분량과 이과생이 해야 할 분량이 정해져 있지 않다. 즉, 본인이 해야 할 만큼 하면 되는 것이다. 그렇다면 어디까지 해야 할까?

앞에서도 말했지만 교과는 학교 과정대로 따라가면 된다. 대부분 한국의 학생들이 AP calculus BC 까지 하는 것이 대부분이고 그보다 조금 더 하는 학생들은 Multivariable이나 Linear Algebra까지 한다. 사실 어느 과에 진학하는지에 관계없이 AP Calculus AB 또는 BC까지 공부하여도 크게 상관은 없다. 그래도 AP Calculus BC 이상까지 하는 것을 권장해 드리고 싶다. 대학 원서에 보면 대학과정 공부한 것을 적는 곳이 있다. 대학 원서를 작성할 때는 되도록 빈칸이 없도록 해야 한다.

교과 이외에는 어디까지 해야 할까? 보통 학생들은 SAT Subject Test에서 Math Level 2, AP Calculus AB 또는 BC, SAT나 ACT까지 시험을 본다. 여기에 더해 요즘에는 AMC Test도 많이 응시를 한다. 필자도 AMC만큼은 반드시 응시하라고 말씀 드리고 싶다. 대학 원서에 봐도 AMC를 쓰는 칸이 있고 점점 AMC성적을 요구하는 대학들이 늘고 있다. AMC이외에도 할 것이 무궁무진하다. 여기서 일일이 모두 나열하기에는 무리가 있어서 쓰지는 않지만 필자는 꼭 AMC만큼은 준비를 하라고 말씀드리고 싶다.

심선생 Math Series

AP Calculus AB&BC 심화편

Questions & Answers

Calculus AB와 BC에는 어떤 차이가 있나요?

AB와 BC의 큰 차이가 있다면 Series단원입니다. 이 단원은 BC에만 있는 단원입니다.

그 외에는 거의 80%정도 내용이 같지만 BC과정은 중간 중간에 소단원들이 더 추가되어 있습니다. AB과정을 알아야 BC과정을 알 수 있습니다. BC과정이 더 어렵다기 보다는 내용이 좀 더 추가되어 있다고 생각하시면 됩니다.

수학이 약하다고 해서 BC과정을 포기하려는 학생들이 있는데 전혀 그럴 필요가 없습니다.

자신감을 가지고 도전하시기 바랍니다.

다음 학기 에 AP Calculus AB Class입니다
그런데 선행을 BC과정까지 하고 가야 하나요?

BC과정까지 하시고 가야 합니다.

마지막 단원인 Series는 안하더라도 그 외 단원들만큼은 철저하게 준비해 가야 합니다.

거의 대부분의 미국 고등학교의 수학선생님들은 AB Class에서 AB와 BC단원을 구별하지 않고 그냥 수업을 하시는 것 같습니다. 어느 선생님들은 BC과정에 있는 단원인데도 AB Class에서 여러 번 시험을 보는 것도 보았습니다. 조금 시간이 더 걸리더라도 BC 과정까지 마치고 가야 합니다.

CALCULUS를 더 잘하려면 TI-84보다 TI-89를 사용해야 하나요?

필자는 개인적으로 TI-84를 더 선호합니다. 하지만 TI-89도 좋은 계산기입니다. 오히려 TI-84보다는 TI-89가 기능면에서는 훨씬 좋습니다. 하지만 너무 계산기에 의존해서는 안 됩니다.

SAT 시험이든 AP시험이든 TI-89를 허용해놓고 실제 시험에서는 기본적인 개념과 풀이를 모르고서는 풀 수 없게끔 .. 즉, TI-89의 장점을 이용하지 못하게 출제를 하고 있습니다. MATH LEVEL II의 경우도 그러합니다. 이는 시험을 한번이라도 봤던 학생이라면 누구나 알 수 있는 사실입니다.

계산기의 테크닉 보다는 수학실력을 쌓으세요. 실력을 쌓은 다음 계산기의 기능을 이용할 줄 알아야 합니다. 그렇지 않을 경우 실제 AP시험을 앞두고 후회할 수 있습니다.

단지 제가 여기서 말씀드리고 싶은 것은 계산기에만 의존했다가는 낭패를 볼 수 있다는 것입니다.

계산기의 테크닉 보다는 실력을 쌓으세요~

평소에 공부했던 것에 비해 성적이 잘 안 나오는 편입니다

수학 시험지만 보면 앞이 캄캄해지는데 이를 극복할 수 있는 방법이 있을까요? 또 AP 시험을 앞두고 봐야 할 것이 있다면 추천 부탁드립니다.

수학시험지만 보면 앞이 캄캄해지는 현상... 기초가 조금이라도 부족한 학생들이 공통적으로 겪는 어려움인 것 같습니다. 실제로 많은 유학생들이 이런 어려움을 겪고 있습니다. 기초가 부족하니 남보다 많이 봐야한다고 해서 이 책 저책 사서 공부하다보면 오히려 더 불안해질 수 있습니다. AP Calculus AB 혹은 BC 시험은 다소 기초가 부족하더라도 충분히 만점(5점)을 받을 수 있는 과목입니다. 이 책 저 책 산만하게 보지마시고 봤던 책을 반복해서 여러 번 보세요. 반복을 많이 한 학생 일수록 앞이 캄캄해지는 현상이 줄어들 것입니다. 실제 시험을 앞두고 Free Response 최근 3~4년 정도의 분량과 약간 오래된 문제 2년 정도의 분량을 여러 번 반복해서 풀어보세요. Multiple Choice의 경우에는 College board에서 공개한 문제들을 풀어보시면 좋습니다.

필자에게 수업을 들었던 학생들의 경우에는 필자가 제공하는 기출예상문제집을 중점적으로 풀어보시면 됩니다. 자 힘내시고.. 화이팅-!!

Precalculus가 많이 부족한데 Calculus를 잘 할 수 있을까요?

Precalculus에 나오는 여러 가지 공식이나 내용을 알아야 Calculus를 할 수 있는 것은 사실이지만 그렇다고 Precalculus부터 다시 볼 필요는 없습니다. Calculus를 하면서 그때그때 부족한 부분을 병행하시면 됩니다. 그렇게 해도 충분히 따라가실 수 있습니다. 대부분의 유학생들이 Precalculus를 많이 잊어버린 상태에서 Calculus를 공부하는 것이 현실입니다.

유학생들이 CALCULUS를 하면서 가장 문제되는 단원이 Trigonometric Function, Function, Conics입니다. 특히 Integration단원에서 면적 부피 등을 구할 때 Conics, Function의 여러 그래프를 그려야 할 때가 많습니다. Trigonometric Function에서 $\sin x$, $\tan x$, $\cos x$ 등의 기본적인 그래프와 Power-reduce, Double-angle공식 등은 자주 쓰이므로 반드시 알아두어야 합니다.

<AP CALCULUS AB&BC>

실제 AP시험의 시험이 총 4시간 정도 걸린다고 하는데 그 만큼 시간이 넉넉한 시험인가요? 선생님의 시간분배에 대해서 알려주세요.

필자의 경우 Multiple Choice의 PART A에서는 시간이 많이 남습니다.

30문제에 60분 동안 시험을 보구요. 이 파트에서는 계산기 사용이 안 됩니다.

PART B는 15문제에 45분 시험을 보며 이 부분 역시 시간은 넉넉합니다.

저의 생각으로는 Multiple Choice는 시간을 여유 있게 주는 것 같습니다.

학생들마다 차이가 있겠지만 시간이 모자라서 시험을 못 보는 일은 없는 것 같습니다.

급한 마음을 안 가지셔도 됩니다. 최대한 집중해서 여유 있게 문제를 푸세요.

먼저 눈에 확 들어오는 문제부터 차근히 푸신다음에 다른 문제들을 차근히 풀어나갑시다...^^

Free Response의 경우에는 모두 작성 하는데 시간이 딱 맞는다는 느낌이 듭니다.

상세히 적으면 시간이 모자를 것 같습니다. 그러므로 자신 있는 문제부터 쓰고 넘겨야 합니다.

예를 들어 2번의 (a)번을 모른다고 하여서 (b)번을 못 푸는 것이 아닙니다. 가끔 연결되는 문제도 있기는 하지만 그런 경우는 극히 일부이므로 자신 있는 문제부터 풀어나가세요. 어느 문제는 한 문제 답을 쓰는데 다른 문제 2문제 쓰는 시간보다 더 걸리는 문제들도 있습니다. 너무 완벽하게 다 쓴다는 마음보다는 내가 알고 있는 문제는 시간 내에 최대한 다 쓴다는 마음가짐이 필요합니다.

AP과정이 바뀌었다고 하는데 크게 바뀌었나요?

크게 바뀐 부분은 없습니다. 크게 바뀐 부분이라면 BC과정에 있던 L'Hopital's Rule가 AB과정에 포함되게 되었고 BC는 Series파트에 Absolute and Conditional Convergence 와 Alternating Series with Error Bound가 새롭게 추가가 되었지만 내용상 그리 어려운 내용들이 아닙니다.

AP Calculus AB & BC 심화편 vol.2 (개정판)

초판인쇄 2020년 6월 5일
초판발행 2020년 6월 5일

지은이 심현성
펴낸이 채종준
펴낸곳 한국학술정보㈜
주소 경기도 파주시 회동길 230(문발동)
전화 031) 908-3181(대표)
팩스 031) 908-3189
홈페이지 http://ebook.kstudy.com
전자우편 출판사업부 publish@kstudy.com
등록 제일산-115호(2000. 6. 19)

ISBN 978-89-268-9981-6 13410

심현성(Albert Shim) 선생 저서안내

/ 이담북스
심현성(Albert Shim)선생 저서 목록

AP Calculus AB&BC 심화편 Vol.1

AP Calculus AB&BC 심화편 Vol.2

AP Calculus AB&BC 핵심편

AP Calculus AB 실전편

AP Calculus BC 실전편

Math Level 2 18 Practice Tests

Math Level 2 필수 Concept완성을 위한 핵심 110제